Günter Eppert

Einführung in die
Schnelle Flüssigchromatographie

Günther Eppert

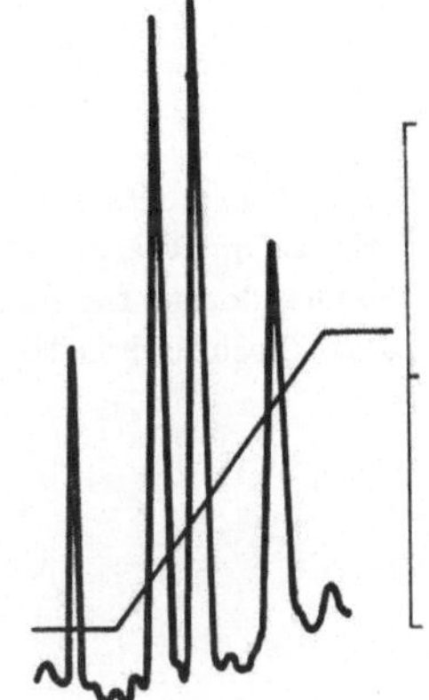

EINFÜHRUNG IN DIE
SCHNELLE
FLÜSSIG-
CHROMATOGRAPHIE

2., neubearbeitete Auflage

Friedr. Vieweg & Sohn
Braunschweig / Wiesbaden

Verfasser:
Dozent Dr. sc. Günter Eppert
VEB Leuna-Werke „Walter Ulbricht"
Honorardozent für Analytische Chemie
in der Technischen Hochschule „Carl Schorlemmer" Merseburg

CIP-Kurztitelaufnahme der Deutschen Bibliothek

Eppert, Günter:
Einführung in die schnelle Flüssigchromatographie:
(Hochdruckflüssigchromatographie) / Günter Eppert. — 2.,
bearb. Aufl. — Braunschweig ; Wiesbaden : Vieweg, 1988
ISBN 978-3-663-01879-7   ISBN 978-3-663-01878-0 (eBook)
DOI 10.1007/978-3-663-01878-0

1988
Alle Rechte vorbehalten
© Akademie-Verlag 1988
Lizenzausgabe für
Friedr. Vieweg & Sohn Verlagsgesellschaft mbH, Braunschweig,
mit Genehmigung des Akademie-Verlages Berlin, DDR - Berlin
Herstellung: VEB Druckhaus „Maxim Gorki", DDR-7400 Altenburg

ISBN 978-3-663-01879-7

Vorwort zur ersten Auflage

Dieses Buch ist die erste geschlossene Darstellung der Schnellen Flüssigchromatographie in der DDR. Es wurde mit der Zielstellung geschrieben, die Einführung einer modernen Methode in die analytische Praxis zu beschleunigen, und wendet sich an Chemiker, Pharmazeuten, Biochemiker und Beschäftigte in chemischen, pharmazeutischen, biochemischen und klinisch-chemischen Laboratorien sowie an Studierende.

Der Band soll eine erste Arbeitsgrundlage und Bindeglied zu umfangreicheren Monographien sein. Sein knapper Umfang und die gleichzeitig angestrebte vertiefende Darstellung wichtiger Sachverhalte machten eine Stoffbeschränkung notwendig. Gebiete, wie z. B. die Molekülgrößen-Ausschlußchromatographie, die Ionenaustauschchromatographie, die Ionenpaar-Verteilungschromatographie u. a., konnten vorerst keine Berücksichtigung finden. Auch speziellere Problemstellungen müssen einer erweiterten Auflage vorbehalten bleiben.

Besondere Aufmerksamkeit galt bei der Manuskripterarbeitung solchen theoretischen Zusammenhängen, die zum vollen Verständnis der chromatographischen Vorgänge bzw. zur erfolgreichen Anwendung notwendig sind. Dabei wurde berücksichtigt, daß erfahrungsgemäß oft die Zeit fehlt, durch Benutzung einschlägiger Literatur Anschluß an Nachbardisziplinen herzustellen.

Eine Reihe praktischer Hinweise sollte die Zusammenstellung leistungsfähiger Apparaturen erleichtern.

Mein Dank gilt Frau *H. Ludwig* für ihre Hilfe bei der Fertigstellung des druckreifen Manuskriptes sowie Herausgebern und Verlag.

G. Eppert

Vorwort zur zweiten Auflage

Seit der ersten Auflage 1979 hat sich die Flüssigchromatographie mit unvermindert hohem Tempo weiterentwickelt, und die aus äußeren Gründen verzögerte zweite Auflage scheint nunmehr dringend geboten.

Die gute Aufnahme, die das Buch fand, rechtfertigte eine Beibehaltung seiner grundsätzlichen Zielstellung. Wiederum habe ich mich bemüht, dem Neuling wie dem erfahrenen Fachkollegen die wichtigsten theoretischen und praktischen Kenntnisse anwendungsbereit zu vermitteln. Um dabei die neueste Entwicklung ausreichend berücksichtigen zu können, mußte das Buch völlig überarbeitet und erweitert werden. Da sein begrenzter Umfang gleichzeitig eine Beschränkung notwendig machte, wurden die Literaturzitate stark gekürzt, und der Abschnitt über präparative Flüssigchromatographie sowie der Anhang „Anwendungsbeispiele" entfiel.

Mein Dank gilt wiederum Frau *H. Ludwig* für ihre Hilfe bei der Fertigstellung des druckreifen Manuskriptes, darüber hinaus danke ich Frau *I. Schinke* für ihre Unterstützung bei der Literaturaufbereitung sowie dem Herausgeber und dem Verlag.

G. Eppert

Inhalt

1.	Einführung	9
2.	Allgemeine theoretische Grundlagen	13
2.1.	Prinzip der Flüssigchromatographie, Definition und Grundbegriffe	13
2.2.	Die Verteilungskonstante	17
2.3.	Diffusion, GAUSS-Verteilung	23
2.4.	Die Peakdispersion	27
2.4.1.	Dispersion außerhalb der Trennsäule	28
2.4.1.1.	Mischphänomene in Rohren	29
2.4.1.2.	Dispersion der Signalgewinnung	31
2.4.2.	Dispersion der Trennung	33
2.4.2.1.	Die theoretische Trennstufenhöhe	33
2.4.2.2.	Die $H_T(u)$-Funktion	37
2.5.	Die Parameter des Chromatogramms	43
2.6.	Reduzierte Größen	52
2.7.	Der Strömungswiderstand der Trennsäule	54
2.8.	Temperaturgradienten innerhalb der Trennsäule	57
2.9.	Anwendung statistischer Momente	58
2.10.	Englumige und sehr kurze Trennsäulen	60
3.	Der chromatographische Träger	64
3.1.	Allgemeines	64
3.2.	Silikagel	69
3.3.	Träger mit chemisch gebundenen Wirkphasen	73
3.3.1.	Übersicht	73
3.3.2.	Herstellung und Eigenschaften von Trägern mit Si—C-Bindungen	74
3.4.	Methoden zur Charakterisierung und Fraktionierung (Klassierung) von Trägern	80
3.4.1.	Charakterisierung	80
3.4.1.1.	Korngerüst	80
3.4.1.2.	Korngrößenverteilung	82
3.4.2.	Fraktionierverfahren	83
4.	Die Trennsäule	83

4.1. Allgemeine Anforderungen 83
4.2. Konventionelle Säulen und PMB-Säulen 84
4.3. Mikro- und Kapillarsäulen 86
4.4. Die Trennsäulenpackung 90
4.5. Fülltechniken 93
4.6. Qualitätskriterien für Trennsäulen 96
4.7. Säulenschalten 97

5. Das Elutionsmittel 101

5.1. Allgemeines 101
5.2. Eluotrope Serien 107
5.2.1. Der SNYDERsche Polaritätsindex 107
5.2.2. Der HILDEBRANDsche Löslichkeitsparameter 111
5.2.3. Der Lösungsmittelstärkeparameter ε^0 112

6. Fixphasen- und Ionentauschchromatographie 114

6.1. Bedeutung 114
6.2. Normalphasenchromatographie 114
6.3. Umkehrphasenchromatographie 116
6.4. Chromatographie ionogener Verbindungen an RP-Trägern . 122
6.4.1. Trennungen mittels Ionenunterdrückung 122
6.4.2. Trennungen mittels Ionenwechselwirkung (Ionenpaarchromatographie) 125
6.5. Chromatographie ionogener Verbindungen durch Ionentausch 128
6.5.1. Besonderheiten von Ionentauschern als Kompaktphase . 128
6.5.2. Trennung organischer Ionen 130
6.5.3. Trennung anorganischer Ionen 130

7. Apparative Hilfsmittel 139

7.1. Druckerzeugung 139
7.1.1. Oszillierende Verdrängerpumpen 140
7.1.2. Langhubkolbenpumpen (Spritzentyp) 142
7.2. Der Hochdruck-Flüssigchromatograph 144
7.3. Detektoren 146
7.3.1. Klassifizierung und Charakterisierung 146
7.3.2. Kommerzielle Detektoren 148
7.3.3. Konventionelle UV-Detektoren 153
7.3.4. Der Photodioden-Multikanaldetektor 155
7.3.5. Differentialrefraktometer 158
7.3.5.1. Reflexionsprinzip 159
7.3.5.2. Deflexionsprinzip 161

8. Programmierte Elution 163

8.1. Programmiermethoden 163
8.2. Lösungsmittelprogrammierung 164
8.2.1. Allgemeines 164
8.2.2. Klassifizierung 165

9.   Analytische Chromatographie 169
9.1.   Vorbereitung zur Analyse. 169
9.2.   Optimierung der Trennung 169
9.3.   Qualitative Auswertung 172
9.3.1.   Peakcharakterisierung 172
9.3.2.   Peakidentifizierung 173
9.4.   Quantitative Auswertung. 173
9.4.1.   Automatisierte Methoden.. 173
9.4.2.   Manuelle Peakflächenermittlung. 175
9.4.3.   Berechnungs- und Eichmethoden 177
9.4.4.   Analysenfehler 179

10.   Die Dünnschichtchromatographie als Pilottechnik der Säulen-
          chromatographie 181

11.   Literatur 185

12.   Symbol- und Abkürzungsverzeichnis 190

13.   Sachregister 195

1. Einführung

Die Geschichte der Chromatographie beginnt im 19. Jahrhundert mit der Entdeckung der frontalen Papierchromatographie („Kapillaranalyse") [1]. Auf der Grundlage der TSWETTschen Arbeiten entwickelte sich nach der Jahrhundertwende die Säulen-Flüssigchromatographie, deren höchste Entwicklungsstufe die Hochleistungs-Flüssigchromatographie darstellt.

Im Jahre 1903 zeigte der russische Botaniker M. S. TSWETT vor der Biologischen Sektion der Warschauer Naturforschenden Gesellschaft, daß sich bei der Elution der Blattfarbstoffe an Adsorptionssäulen unterschiedliche Farbzonen ausbilden. Wenig später nannte er die neue Trennmethode Chromatographie[1]) [2]. Mit der Wortwahl entstand ein interessantes Kryptonym, denn der russische Name ЦВЕТ bedeutet Farbe.

Das Wort Chromatographie wird schon im 18. Jahrhundert als Synonym für Chromatologie (Farbenlehre) gebraucht. Es stellt also ein Lehnwort aus der Farbenkunde dar, dessen Bedeutungswandel erst in der Gegenwart perfekt wurde.

Heute charakterisiert der Begriff Chromatographie das Grundprinzip einer Vielzahl von Methoden, Techniken und Verfahren, die aus Wissenschaft und Technik nicht mehr wegzudenken sind.

Eine stärkere Verbreitung der Säulen-Elutionschromatographie an Adsorbenzien begann dann 1931, ausgehend von R. KUHNS Laboratorium in Heidelberg.

Die Chromatographie an Adsorbenzien ist in erster Linie für lipophile Stoffe geeignet. Eine Methode zur Untersuchung hydrophiler Verbindungen fehlte, bis MARTIN und SYNGE 1941 die Verteilungschromatographie an wasserbeladenem Kieselgel fanden. Sie legten schon damals wichtige theoretische Grundlagen der Methode [3] (Nobelpreis 1952). Ferner kündigten sie in ihrer

---

[1]) *griech.:* χρῶμα — Farbe
griech.: γράφειν — schreiben

epochemachenden Arbeit die Gas-flüssig-Chromatographie und die Hochleistungs-Flüssigchromatographie an: "Very refined separations of volatile substances should therefore be possible in a column in which permanent gas is made to flow over gel impregnated with a non-volatile solvent in which the substances to be separated approximately obey RAOULT's law". Und ebenda S. 1363: "...the HETP[1]) is proportional to the rate of flow of liquid and to the square of the particle diameter. Thus the smallest HETP should be obtainable by *using very small particles and a high pressure difference* across the length of the column."

Zunächst entwickelte MARTIN mit CONSDEN und GORDON die moderne Papierchromatographie (1944). Diese Elutionsvariante fand alsbald außerordentlich große Verbreitung. Das Prinzip wurde bereits in einer Arbeit von W. G. BROWN (1939) verwirklicht.

Ein Jahr früher (1938) hatten ISMAILOW und SCHRAJBER im Ukrainischen Institut für Experimentelle Pharmazie der UdSSR in Charkov die TSWETTsche Methode auf dünnen Adsorbensschichten an Objektträgern erprobt und auf diese Weise die Dünnschichtchromatographie (Zirkularmethode) gefunden. Diesmal blieb es E. STAHL und seiner Schule (ab 1958) vorbehalten, die Methode in ihrer heutigen Form einzuführen.

MARTIN verwirklichte seine Idee der Gas-flüssig-Chromatographie zusammen mit JAMES in einer grundlegenden Arbeit über „Gas-flüssig-Verteilungschromatographie" (1952). Sie sollte die Analytik sehr nachhaltig beeinflussen. Zuvor entdeckte MARTIN mit HOWARD die „Reversedphase-Verteilungschromatographie", eine Methode, die in der modernen Flüssigchromatographie als Umkehrphasenchromatographie (Hydrophobe Chromatographie) erhebliche Bedeutung erlangte.

Die Idee der Anwendung kleiner Partikel bei hohen Drücken hat MARTIN nicht verwirklicht, und erst rund 15 Jahre Gaschromatographie schufen solide Voraussetzungen für eine durchgreifende Weiterentwicklung der klassischen Flüssigchromatographie zur Hochleistungsmethode. Dessen ungeachtet entstanden in der Zwischenzeit bedeutende neue chromatographische Arbeitsgebiete.

Als 1935 die Synthese von Ionentauschern auf Kunstharzbasis gelungen war, fand während des 2. Weltkrieges die Chromato-

---

[1]) *engl.:* Height equivalent to a theoretical plate (HETP) — Höhenäquivalent eines theoretischen Bodens

graphie anorganischer Ionen eine forcierte Entwicklung (Manhattan Projekt[1]), USA). Nach dem Kriege erlangten die Ionentauscher in der Biochemie Bedeutung. Der Aminosäure-Analysator von S. MOORE und W. H. STEIN (Nobelpreis 1972) kann als erster moderner Flüssigchromatograph angesehen werden.

Nach der Einführung vernetzter Polydextrangele (J. PORATH und P. FLODIN 1959) und etwas später der vernetzten Polystyrengele (J. C. MOORE 1964) zur Molekülgrößen-Ausschlußchromatographie erfuhren zwei weitere wichtige Methoden eine starke Verbreitung: die Gelfiltrationschromatographie für wäßrige Systeme und die Gelpermeationschromatographie zur Untersuchung wasserunlöslicher Polymerer in organischen Lösungsmitteln.

Schließlich sei die Affinitätschromatographie (bioselektive Adsorption) erwähnt, die sich nach Anwendung des Bromcyans zur Immobilisierung Aminogruppen haltiger Affinitätsliganden an Polysacchariden (R. AXÉN, J. PORATH, S. ERNBACK 1967) rasch zu einem eigenständigen Arbeitsgebiet der Biochemie entwickelte.

Ab Mitte der sechziger Jahre wurde MARTINS Erkenntnis, daß kleine Trägerpartikel unter Verwendung höherer Drücke kleine Trennstufen und damit hohe Leistungsfähigkeit ergeben sollten, theoretisch und experimentell umgesetzt (J. C. GIDDINGS, J. F. K. HUBER, L. R. SNYDER, J. H. KNOX u. a.).

Interessanterweise teilte E. V. PIEL um diese Zeit ein ziemlich unbeachtet gebliebenes Experiment mit: An gefälltem Kieselgel (0,013 μm) erreichte er in kurzen Glaskapillaren bei 250 bar nach 40 Sekunden die Trennung verschiedener Farbstoffe [4].

Von den bis dahin meist verwendeten Teilchengrößen um 100 μm [5] ging man rasch zu immer kleineren, eng fraktionierten Materialien über. Zwischen 1975 und 1980 setzten sich bereits die porösen 10 μm Silikagelpartikel allgemein durch, und der Trend ging weiter zu den 5 μm Teilchen. Gegenwärtig sind analytische Trennsäulen mit vorwiegend 5 und 3 μm Trägern auf dem Markt.

Für die Chromatographie mit so kleinkörnigen Materialien waren Fortschritte in der Fülltechnik (J. J. KIRKLAND 1971) und ein kommerzielles Träger-Angebot die wichtigsten Voraussetzungen. Kommerzielle Interessen waren es letztlich auch, die die Entwicklung mit immer leistungsfähigeren Geräten modernster Technologie (Mikroelektronik, Computertechnik) enorm schnell vorantrieben.

Die Verwendung der kleinen Korngrößen führte über die zum

---

[1]) Kode für das Atombombenentwicklungsprojekt

Schutz der Hauptsäule im Handel befindlichen „Guard"-Säulen zu den sehr kurzen „schnellen Säulen" konventioneller Dicke. Ferner setzten sich ab 1976 (SCOTT und KUCERA) die englumigen (Microbore) gepackten Säulen mit Durchmessern um 1 mm durch. Der gegenwärtige Trend ist durch das Bestreben zur weiteren Miniaturisierung (ISHII 1977) sowie Einführung der Kapillarsäulen charakterisiert (TSUDA, NOVOTNY und ISHII 1978). Die gerätetechnischen Voraussetzungen für den breiteren Einsatz englumiger Kapillaren sind allerdings noch zu schaffen.

Während einerseits die Miniaturisierung in der analytischen Anwendung der Flüssigchromatographie fortschreitet, kann man auf der anderen Seite einen bemerkenswerten Durchbruch der präparativen und technischen Chromatographie feststellen, sicherlich nicht zuletzt unter dem Einfluß der Fortschritte der Biotechnologie.

Beachtliche Erfolge bei der im doppelten Wortsinn immer „schnelleren Entwicklung" der Flüssigchromatographie waren die Herstellung sphärischer Träger (LE PAGE, DE VRIES, C. G. HORVATH, J. J. KIRKLAND) und die hydrolysestabile Fixierung organischer Reste auf anorganischen Trägern, insbesondere solcher mit Alkylketten. Auch hier stand, wie oft, die Gaschromatographie Pate.

Das erste internationale Symposium über Säulen-Flüssigchromatographie (ISCLC) im Mai 1973 in Interlaken demonstrierte überzeugend den erreichten Stand. 1986 zog das zehnte Symposium in San Francisco wiederum eine imponierende Bilanz.

Im Gegensatz zur Gaschromatographie, die in erster Linie nach Siedepunkten trennt, nutzt man in der Flüssigchromatographie die selektiven Effekte zweier Phasen. Die Flüssigchromatographie ist der Gaschromatographie auf Grund der großen Zahl zur Verfügung stehender Trennsysteme und in bezug auf die Anzahl methodisch zugänglicher Stoffe eindeutig überlegen[1].

Zur Unterscheidung der modernen Flüssigchromatographie von der klassischen Chromatographie sind die Bezeichnungen Schnelle Flüssigchromatographie, Hochleistungs-Flüssigchromatographie und Hochdruck-Flüssigchromatographie gebräuchlich[2].

---

[1] Nur etwa zwanzig Prozent der bekannten Verbindungen lassen sich gaschromatographisch untersuchen.

[2] *engl.:* "High Speed Liquid Chromatography (HSLC), High Performance Liquid Chromatography, High Pressure Liquid Chromatography (HPLC)"; *russ.:* „жидкостная хроматография под высоким давлением"; *franz.:* "chromatographie en phase liquide á haute performance"

2.   Allgemeine theoretische Grundlagen

2.1.   *Prinzip der Flüssigchromatographie.*
Definition und Grundbegriffe

Unter Chromatographie versteht man den Stofftransport durch ein für den Stoffaustausch selektives Zweiphasensystem, bewirkt durch Relativbewegung der Phasen. Eine Phase ist stets kompakt, die andere fluid[1]) [19].

Nach dieser Definition kann der Stofftransport sowohl durch gleichzeitige Bewegung beider Phasen als auch durch Fortbewegen einer Phase allein erfolgen. Es ist gleichgültig, ob Einzelkomponenten oder Substanzgemische chromatographiert werden.

Die Definition gilt für beliebig dimensionalisierte (also ebenfalls für dreidimensionale) Prozesse. Auch verfahrenstechnische Lösungen und mikroanalytische Problemstellungen sind eingeschlossen. Die Probe darf dem chromatographischen Phasensystem diskontinuierlich oder kontinuierlich, mit oder ohne Hilfsstoffe zugeführt werden. Im letzteren Fall bilden die Probenanteile selbst die Fluidphase (direkte Frontal- oder direkte Verdrängungschromatographie). Schließlich kann die Probe von vornherein Bestandteil des Phasensystems sein (Vakanzchromatographie, inverse Chromatographie).

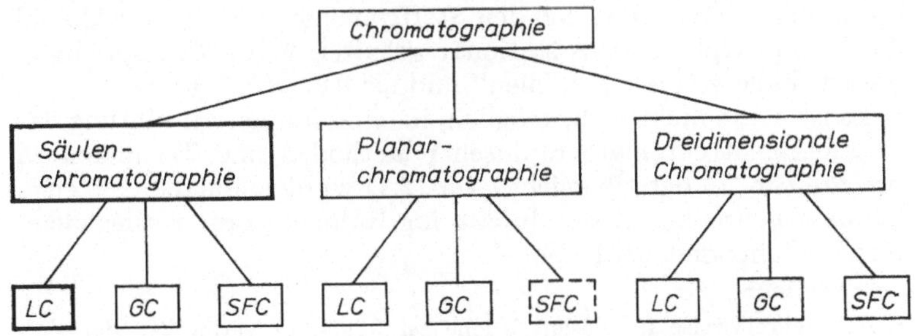

Abb. 2.1 a. Zur Systematik der Chromatographie; Hauptgliederung
Ebenen: (1) Prinzip, (2) System bzw. Methodik, (3) Prozesse bzw. Methoden
LC = Flüssigchromatographie; GC = Gaschromatographie; SFC = Superkritische Fluidchromatographie

---

[1]) *lat.:* compactus — festgefügt;
  lat.: fluidus — fließend

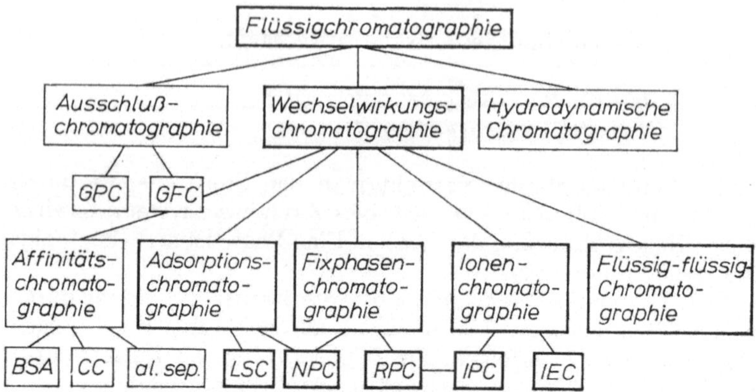

Abb. 2.1 b. Zur Systematik der Chromatographie; Gliederung der Flüssigchromatographie[1])

BSA = Bioselektive Adsorptionschromatographie; CC = Kovalentchromatographie; GFC = Gelfiltrationschromatographie; GPC = Gelpermeationschromatographie; IEC = Ionentauschchromatographie; IPC = Ionenpaarchromatographie; LSC = Flüssig-fest-Chromatographie; NPC = Normalphasenchromatographie; RPC = Umkehrphasenchromatographie, al. sep. = sonstige Trennungen
Zur Definition des Begriffes Wechselwirkungschromatographie siehe Abschn. 2.2. Unter Ionenchromatographie wird in diesem Buch jede Art Chromatographie von Ionen verstanden.

Die vorliegende kurze Einführung wird sich ausschließlich auf die Flüssig-Elutionschromatographie im analytischen Maßstab mit diskontinuierlicher Probenzuführung zur Fluidphase beschränken. Nur letztere soll den Stofftransport bewirken, während die Kompaktphase stets stationär gehalten wird. Man spricht in diesem Falle von der „mobilen" und „stationären" Phase.

Es ist heute nicht mehr möglich, in einer kurzen Einführung das Gesamtgebiet chromatographischer Methoden und Techniken zu beschreiben. In der Übersicht (Abb. 2.1) wurden alle die Kästchen halbfett gedruckt, deren Inhalt im Rahmen des vorliegenden Bandes behandelt wird.

---

[1]) Zur Schreibweise in diesem Buche sei folgendes vermerkt: Bei Verbindung von Substantiven mit dem Wort Chromatographie wird kein Bindestrich benutzt. Jedes weitere Wort ist mit diesen Begriffen durch einen Bindestrich verbunden. Es steht daher Gelfiltrationschromatographie, aber Hochleistungs-Flüssigchromatographie. Stellt jedoch das Wort Chromatographie innerhalb der Zusammensetzung einen selbständigen Begriff dar, heißt es entsprechend Duden z. B. Flüssig-fest-Chromatographie.

Die Auftrennung eines Substanzgemisches innerhalb des chromatographischen Phasensystems kommt dadurch zustande, daß die mit der Geschwindigkeit der Fluidphase durch die Trennsäulenfüllung (Kompaktphase) wandernden Einzelkomponenten beim Übergang in die Wirkphase (Abb. 2.2) unterschiedlich verzögert werden. Die Zeit, in der sie nicht mit der Fluidphase wandern, heißt Nettoretentionszeit[1]). Voraussetzung für unterschiedliche Retentionszeiten sind unterschiedliche Verteilungskonstanten (s. Abschn. 2.2.).

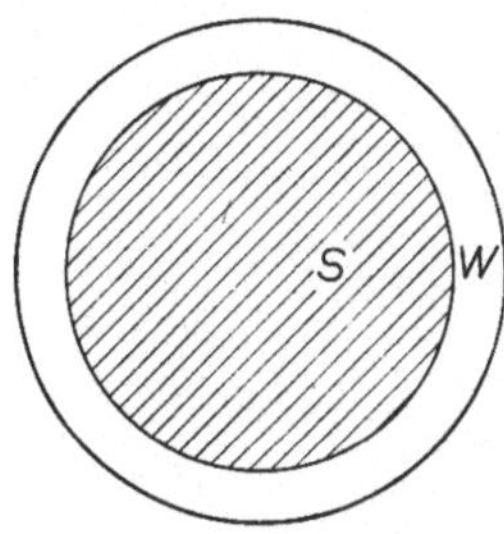

Abb. 2.2. Schema zur Definition der Kompaktphase

W — chromatographisch aktive Wirkphase;
S — Stütz- oder Trägerphase

Zur Durchführung aller notwendigen chromatographischen Operationen wird eine Vorrichtung benötigt, die man zweckmäßig als System betrachtet und Chromatograph nennt. Im Sinne der Systemtheorie handelt es sich um ein lineares, zeitinvariantes, dynamisches System (s. u.). Der Chromatographierende (Chromatographer) interessiert sich in erster Linie für den Response[2]) des Gesamtsystems auf die durch die Probeninjektion vorgegebene Eingangsfunktion (Input). Man nennt diesen Response Chromatogramm[3]).

Ein Chromatogramm besteht aus reproduzierbaren Änderungen eines Grundsignals während der Zeit t, beispielsweise in differentialer, analoger Form wie in Abb. 2.3 (unterer Teil) aus einer Folge von Chromatogrammbergen P in der Zeitspanne t_A (Trenn-, Analysen-, Untersuchungszeit). Jeder solche Signalpeak gibt den bei Verlassen der Apparatur vorliegenden zeitlichen Konzentrationsverlauf der Substanzen im Elutionsmittel wieder.

Das kybernetische System bezeichnet man als linear, wenn

---

[1]) *lat.:* retinēre — zurückhalten
[2]) *lat.:* responsio — Antwort
[3]) *griech.:* τὸ γράμμα — Geschriebenes

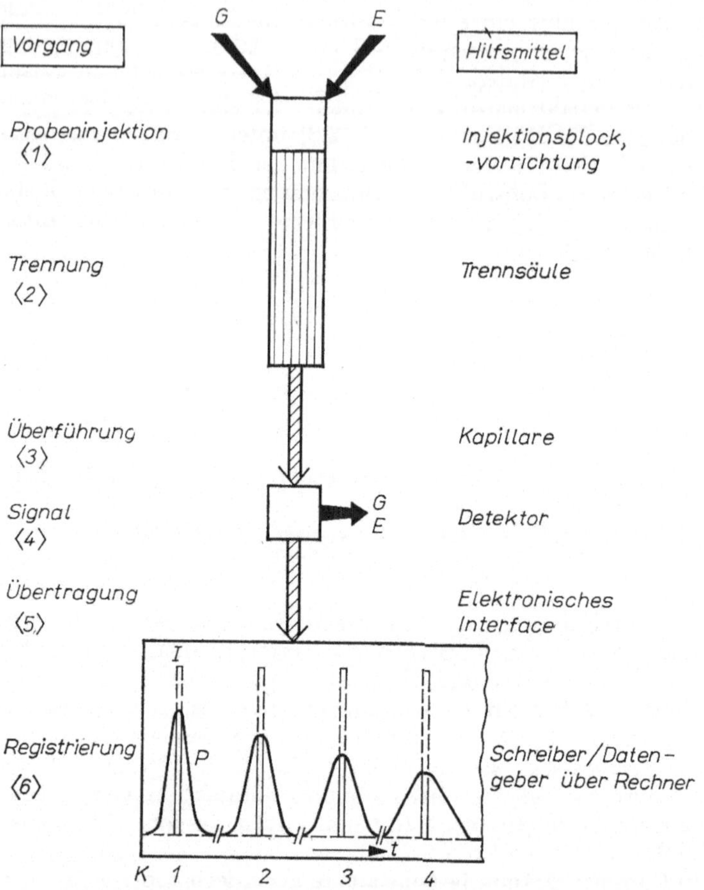

Abb. 2.3. Prinzip der Schnellen Flüssigchromatographie

G — Gemisch der Komponenten K 1, 2, 3...n; E — mittels Hochdruckpumpe zugeführte Elutionsflüssigkeit; I — Impuls; P — Peak; t — Zeit

jeder als Eingangsgröße zulässigen Linearkombination[1]) eine Linearkombination von Wirkungen entspricht. Zeitinvarianz bedeutet, daß es für das Ausgangssignal gleichgültig ist, wann das Eingangssignal (Probe) in das System eingegeben wurde. Ein dynamisches System liegt vor, weil das chromatographische Aus-

---

[1]) Ausdrücke der Form $p_1 x_1 + p_2 x_2 + \cdots + p_n x_n$ (p_i — Koeffizienten der Linearkombination)

gangssignal außer vom Eingangssignal von einer Anzahl unabhängiger Teilsysteme abhängt (Abb. 2.3): von der Injektionsvorrichtung, der Trennsäule, der Überführungskapillare, vom Detektor sowie vom elektronischen Interface und Datengeber („hardware"). Infolge statistisch wirkender Einflüsse, die in den nachfolgenden Abschnitten behandelt werden, verbreitern sich die anfänglich rechteckförmigen Probenimpulse I (Abb. 2.3) von Teilsystem zu Teilsystem. Sie nehmen angenähert die Form von GAUSS-Verteilungen an, die um so flacher ausfallen, je später die betreffende Substanz eluiert wird.

Die Verteilungsbreite jeder Substanz i, ihre Peakbreite, wird durch eine Größe charakterisiert, die Varianz oder Dispersion heißt. Nach den Regeln der Wahrscheinlichkeitsrechnung ist die Varianz $\sigma_i{}^2$ einer Summe von Zufallsgrößen gleich der Summe aller Teilvarianzen σ_{in}^2. Somit gilt für die Vorgänge $\langle 1 \rangle$ bis $\langle 6 \rangle$:

$$\sigma_i{}^2 = \sigma_{i1}^2 + \sigma_{i2}^2 + \sigma_{i3}^2 + \cdots + \sigma_{i6}^2 = \sum_{n=1}^{6} \sigma_{in}^2. \tag{2.1}$$

Es ist einleuchtend, daß sich im Chromatogramm, dessen Länge durch t_A festgelegt ist, um so mehr Peaks unterbringen lassen, je kleiner ihre Varianzen $\sigma_i{}^2$ sind. Für $\sigma_i{}^2 \to 0$ ginge die Peakzahl gegen Unendlich. Kleinste Unterschiede in der Wanderungsgeschwindigkeit würden getrennte Peaks ergeben.

In der Praxis muß jedoch jede Trennung mit einem mehr oder weniger großen $\sigma_i{}^2$ der Einzelpeaks erkauft werden.

Das Hauptproblem der Schnellen Chromatographie ist demnach ein Optimierungsproblem: Die Peaks müssen hinreichend große Abstände besitzen. Gleichzeitig sollen sie schmal bleiben, damit kurze Analysenzeiten und hohe Empfindlichkeiten erreicht werden. Dabei kommt es, wie ersichtlich, nicht allein darauf an, Hochleistungs-Trennsäulen zu entwickeln. Vielmehr müssen alle Teilsysteme in ihrem dynamischen Verhalten aufeinander abgestimmt sein — eine Aufgabe, die in erster Linie den Geräteproduzenten obliegt. Der Chromatographer kümmert sich um die „software". Er wählt die geeignetsten Phasensysteme und legt entsprechende Geräteparameter fest.

2.2. Die Verteilungskonstante

Zwischen den Konzentrationen eines Stoffes, der in zwei nicht mischbaren, miteinander in Berührung befindlichen Flüssigkeiten (Phasen) gelöst ist, stellt sich ein Verteilungsgleichgewicht ein.

Hat der gelöste Stoff i in den Phasen 1 und 2 die chemischen Potentiale $\mu_{i1} = \mu_{i1}^{\ominus} + RT \ln a_{i1}$ und $\mu_{i2} = \mu_{i2}^{\ominus} + RT \ln a_{i2}$, gilt im Gleichgewichtszustand (Bedingung $\mu_{i1} = \mu_{i2}$, siehe Lehrbücher der physikalische Chemie)

$$\ln \frac{a_{i1}}{a_{i2}} = \frac{\mu_{i2}^{\ominus} - \mu_{i1}^{\ominus}}{RT} \tag{2.2}$$

a_{i1} und a_{i2} sind die Gleichgewichtsaktivitäten, $\mu_i^{\ominus}$ die auf den reinen Stoff bezogenen Standardpotentiale, die somit für beide Phasen gleiche Werte haben. Hieraus folgt

$$\frac{a_{i1}}{a_{i2}} = \frac{x_{i1} \cdot f_{i1}}{x_{i2} \cdot f_{i2}} = 1, \tag{2.3a}$$

und bei Normierung der Aktivitätskoeffizienten auf die ∞ verdünnten Lösungen ($\gamma = 1$)

$$\frac{x_{i1} \cdot \gamma_{i1}}{x_{i2} \cdot \gamma_{i2}} = K_x^{th}. \tag{2.3b}$$

Im Falle hoher (unendlicher) Verdünnung geht der Aktivitätskoeffizient f_i in seinen Grenzwert $f_{i\infty}$ über. Umformen von Gl. (2.3a) liefert dann

$$x_{i1}/x_{i2} = f_{i2\infty}/f_{i1\infty} = K_x^{th}. \tag{2.4}$$

K^{th} ist die thermodynamische Verteilungskonstante. Sie hängt mit der freien Standardenthalpie des Phasenübergangs wie folgt zusammen:

$$\Delta G_i^{\ominus} = -RT \ln K_i^{th} \tag{2.5}$$

$\Delta G_i^{\ominus}$ stellt die partielle molare freie Standardenthalpie des hypothetischen Phasenübergangs dar, d. h. die Änderung der freien Enthalpie, wenn 1 Mol des Stoffes i unter Standardbedingungen aus der fluiden in die kompakte Phase übergeht.

Da für verdünnte Lösungen der Molenbruch x der Konzentration c proportional ist, kommt man von Gl. (2.3b) ($\gamma_{i1} = \gamma_{i2} = 1$) und Gl. (2.4) unmittelbar zu dem von W. NERNST 1890 in den „Göttinger Nachrichten" erstmals formulierten und später nach ihm benannten Verteilungssatz:

$$K_i = \frac{\text{Konzentration in der kompakten (stationären) Phase}}{\text{Konzentration in der fluiden (mobilen Phase)}} \qquad (2.6\,\text{a})$$

Gleichung (2.6a) läßt sich folgendermaßen darstellen:

$$K_i = \frac{m_K}{m_F} \cdot \frac{V_F}{V_K} = k_i \cdot \frac{V_F}{V_K} = k_i \cdot \beta_{F/K}. \qquad (2.6\,\text{b})$$

k_i kennzeichnet das Massenverteilungsverhältnis, β wird Phasenverhältnis genannt[1]).

In der Flüssigchromatographie ist die fluide Phase immer eine Flüssigkeit. Die Wirkphase (Abb. 2.2) kann flüssig oder fest sein.

Gleichung (2.6) charakterisiert eine lineare Verteilungsisotherme (Abb. 2.4, Kurve *a*). In diesem Fall ist das Gleichgewicht nur von der Temperatur und nicht von der Konzentration abhängig („lineare Chromatographie"). Je steiler die Isotherme ansteigt, um so größer ist K_i, d. h., um so größer ist die Aufenthaltswahrscheinlichkeit der Molekeln in der Kompaktphase und um so

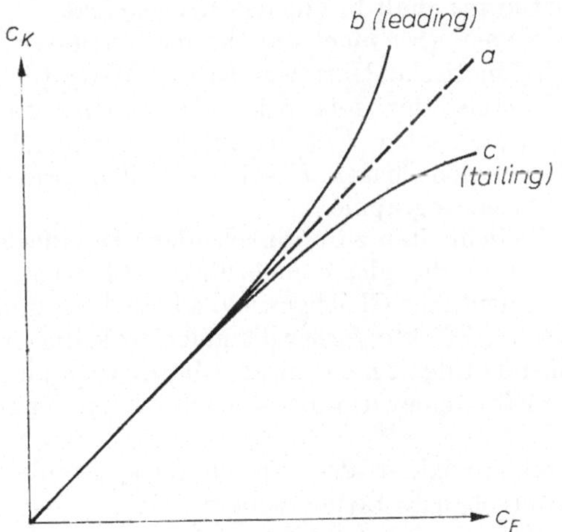

Abb. 2.4. Verteilungsisothermen (schematisch)

c_K, c_F — Konzentration in der kompakten bzw. fluiden Phase

---

[1]) Die Bezeichnung Phasenverhältnis ist auch für das umgekehrte Verhältnis üblich, weshalb sich die Indizierung empfiehlt.

2*

kleiner ist ihre (scheinbare) Wanderungsgeschwindigkeit. Umgekehrt bedeutet geringe Isothermensteigung kleine Verteilungskonstanten und schnelle Peakwanderung.

Die Verteilungsisothermen krümmen sich mit wachsender Konzentration mehr oder weniger stark. Man erhält zur c_F-Achse hohl gewölbte (konkave) oder erhaben gewölbte (konvexe) Isothermen. Beide Formen führen zu asymmetrischen Peaks. Im ersten Fall (c) ist die Peakrückseite verflacht, sog. Tailing, im Fall b die Peakvorderseite, sog. Leading („nichtlineare Chromatographie").

Diese Verzerrung ist leicht erklärbar: Betrachtet man die Isotherme c, so gilt für $c_1 < c_2$ $K_1 > K_2$. Das bedeutet, daß hohe Konzentrationen schneller wandern als niedrige und deshalb Peakvorder- und Peakrückseite zurückbleiben müssen. Im Falle b gilt für $c_1 < c_2$ $K_1 < K_2$. Das Peakmaximum wandert dadurch langsamer als seine Vorder- und Rückseite. Leading tritt z. B. in der Flüssig-flüssig-Verteilungschromatographie bei überladenen Trennsäulen auf.

Je größer im Falle c die insgesamt aufgegebene Probenmenge ist, um so kleiner wird die Retentionszeit des betreffenden Peaks und um so ausgeprägter die Abflachung seiner Rückseite. Bei konvexer Verteilungsisotherme (Fall b) gilt das Umgekehrte.

Peakverbreiterungen können aber nicht nur thermodynamische, sondern vor allem auch kinetische Ursachen haben. Wesentlich für die Praxis ist beispielsweise der stets mehr oder weniger verzögerte Massenübergang (kinetischer Widerstand) bei der Gleichgewichtseinstellung zwischen den Phasen. In solchen Fällen spricht man von „nichtidealer Chromatographie".

Somit sind folgende Möglichkeiten zu unterscheiden: Die ideale lineare Chromatographie und die ideale nichtlineare Chromatographie mit praktisch momentaner Gleichgewichtseinstellung und Vernachlässigung kinetischer Effekte, ferner die nichtideale lineare Chromatographie und die nichtideale nichtlineare Chromatographie mit den durch kinetische Effekte bewirkten praxisrelevanten Peakformen.

Für die Temperaturabhängigkeit der Verteilungskonstanten gilt analog zur VAN'T HOFFschen Reaktionsisobare

$$\left(\frac{\partial \ln K_i^{th}}{\partial T} \right)_p = \frac{\Delta H_i^{\ominus}}{RT^2}. \tag{2.7}$$

$\Delta H_i^{\ominus}$ ist die partielle molare Standardenthalpie des Stoffübergangs aus der Fluid- in die Kompaktphase. Führt man in Gl. (2.7)

$\partial(1/T) = -\partial T/T^2$ ein, ergibt sich unmittelbar die Steigung $-\Delta H_i^{\ominus}/R$ der zugrunde liegenden Funktion $\ln K_i = f(1/T)$. In der Adsorptionschromatographie sinkt der Wert für die Verteilungskonstante i. allg. mit steigender Temperatur.

Die Verteilungskonstanten besitzen für die Flüssigchromatographie umfassende Bedeutung. Wenn man in der Lage ist, sie vorauszuberechnen, lassen sich exakte Aussagen zum Verlauf der Stofftrennungen machen. Der Weg hierzu führt entsprechend Gl. (2.4) über Berechnungen der Aktivitätskoeffizienten, die ein Maß für die Abweichungen vom jeweiligen thermodynamisch idealen Verhalten infolge der Wechselwirkungen des gelösten Stoffes mit den Molekülen der beiden chromatographischen Phasen sind. Man kann sagen, die Trennung erfolgt in der Flüssigchromatographie überhaupt nur deshalb, weil sich die Aktivitätskoeffizienten der gelösten Stoffe mehr oder weniger stark von 1 unterscheiden.

Wird Gl. (2.5) umgeformt und werden außerdem $\Delta H^{\ominus}$ und $\Delta S^{\ominus}$ eingeführt, ergibt sich

$$K^{th} = \exp\left(-\Delta G^{\ominus}/RT\right) = \exp\left(-\frac{\Delta H^{\ominus} - T\,\Delta S^{\ominus}}{RT}\right). \tag{2.8}$$

$\Delta S^{\ominus}$ ist die partielle molare Standardentropie des Phasenübergangs.

Nach Gl. (2.8) sind zwei Grenzfälle zu erwarten: Wenn $\Delta S^{\ominus} \approx 0$ wird, ist die Stoffverteilung weitgehend Enthalpie kontrolliert und temperaturabhängig. Es dominieren dann die Wechselwirkungen zwischen den gelösten Stoffen und dem Phasensystem. Für alle hier einzuordnenden Methoden wurde in Abb. 2.1 der Oberbegriff Wechselwirkungschromatographie gewählt. Ist hingegen $\Delta H^{\ominus} \approx 0$, dann liegen die Bedingungen zur Ausschlußchromatographie entsprechend der Molekülgröße vor (SEC)[1]. Es überwiegen Entropie kontrollierte Permeations- und Ausschlußphänomene, und je nach Verwendung von organischen Lösungsmitteln oder Wasser unterscheiden wir zwischen Gelpermeationschromatographie (GPC) und Gelfiltrationschromatographie (GFC). Entsprechend Gl. (2.8) sollten solche Trennungen weitgehend temperaturunabhängig sein, was die Praxis der SEC bestätigt.

Die Verteilungskonstante kann auch aus kinetischen Vorstellungen abgeleitet werden. Es sei m' die Molekelzahl in der Kompaktphase (Index K) bzw. in der fluiden Phase (Index F). Die

---

[1] Molecular size exclusion chromatography

Zahlen müssen sich wie die Aufenthaltswahrscheinlichkeiten bzw. wie die durchschnittlichen Aufenthaltszeiten t der Molekeln in beiden Phasen verhalten:

$$m_K'/m_F' = t_K/t_F. \tag{2.9}$$

Falls die Moleküle ausschließlich mit der Geschwindigkeit der fluiden Phase wandern, verstreicht zwischen Injektion und Detektion die Zeit t_M (Mobilzeit), meist Totzeit oder Durchbruchszeit des Inertpeaks genannt. Verzögerte Moleküle erscheinen nach der Zeit t_{Ri} (Gesamtretentionszeit). Die Differenz beider Zeiten $t'_{Ri} = (t_{Ri} - t_M)$ ist die uns schon bekannte Nettoretentionszeit, während der sich die Moleküle im Mittel in der Kompaktphase aufhalten. Gleichung (2.9) erhält somit die Form

$$m_K'/m_F' = t'_{Ri}/t_M \qquad \text{bzw.} \tag{2.10a}$$

$$k_i = m_K/m_F = V'_{Ri}/V_M, \tag{2.10b}$$

wenn man mit der Molmasse und mit der Volumengeschwindigkeit $\dot{V}$ der strömenden fluiden Phase erweitert. Volumina außerhalb der Trennsäule (Injektionsblock, Verbindungsleitungen, Detektor) sind vernachlässigt. Multiplikation des Zählers und Nenners von Gl. (2.10b) mit X und Umformung ergibt

$$\frac{m_K/X}{m_F/V_M} = V'_{Ri} \cdot \frac{1}{X} = \text{konst.} \tag{2.11}$$

Die linke Seite von Gl. (2.11) ist offensichtlich mit der in Gl. (2.6a) definierten Verteilungskonstanten identisch, wobei X die Bezugsgröße der Kompaktphase sein soll: ihr Wirkvolumen V_W (Flüssig-flüssig-Chromatographie), ihre Masse m bzw. ihre Oberfläche A (Flüssig-fest-Chromatographie) oder ihre Ionentauschkapazität (Ionentauschchromatographie). Somit gilt

$$V'_{Ri} = K_i \cdot X \qquad \text{bzw.} \tag{2.12a}$$

$$V_{Ri} = V_M + K_i \cdot X. \tag{2.12b}$$

Aus Gl. (2.12a) folgt:

Die Verzögerungsvolumina (Verzögerungszeiten) zweier Substanzen verhalten sich wie ihre Verteilungskonstanten.

$V'_{Ri}/X = V_{gi}$ nennt man spezifisches Nettoretentionsvolumen. Gleichung (2.12b) ist die Grundgleichung der idealen linearen Chromatographie.

2.3. Diffusion, Gauss-Verteilung

Unter Diffusion versteht man den „von selbst" verlaufenden Übergang eines Stoffes von höherer zu niedrigerer Konzentration infolge Wärmebewegung der Moleküle. Diffusion ist bei allen Vorgängen in der chromatographischen Apparatur wirksam. Sie begünstigt bzw. beeinträchtigt die Peakdispersion (Abb. 2.3 $\langle 1 \rangle$ bis $\langle 4 \rangle$).

Die Diffusion in Lösungen, die hier interessiert, läßt sich durch die beiden Fickschen Gesetze beschreiben. Es gilt:

$$\frac{\mathrm{d}n}{\mathrm{d}t} = -qD_i \frac{\mathrm{d}c}{\mathrm{d}x}. \tag{2.13}$$

Der Diffusionskoeffizient D_i ($\mathrm{cm^2\,s^{-1}}$) drückt die Menge des Stoffes i aus, die beim Konzentrationsgefälle $\mathrm{d}c/\mathrm{d}x = 1$ pro Sekunde durch die Querschnittseinheit von q diffundiert. Er ist von der Natur des gelösten Stoffes, dem Lösungsmittel, der Temperatur und in gewissem Umfang von der Konzentration abhängig. Die Diffusionsgeschwindigkeit nimmt mit steigender Temperatur zu und mit wachsender Molmasse ab. Für organische Moleküle mittlerer Molmasse in üblichen organischen Lösungsmitteln liegt D_i bei Zimmertemperatur in der Größenordnung von $10^{-5}\ \mathrm{cm^2\,s^{-1}}$.

Betrachtet man Konzentrationsgradienten des gelösten Stoffes $-\partial c/\partial x$ zum Zeitpunkt t an hintereinander liegenden Querschnitten q_{x1} und q_{x2}, so unterscheiden sich die Gradienten um $(\partial^2 c/\partial x^2)_t \cdot \mathrm{d}x$. Die Konzentration des gelösten Stoffes wächst entsprechend in der Schicht $\mathrm{d}x$ im Intervall $\mathrm{d}t$ um

$$\left(\frac{\partial c}{\partial t}\right)_x = D_i \left(\frac{\partial^2 c}{\partial x^2}\right)_t. \tag{2.14}$$

Diese zweite Ficksche Gleichung verknüpft die zeitliche Konzentrationsänderung in einzelnen Querschnitten mit der Konzentrationsänderung längs einer Koordinatenachse zum Zeitpunkt t. Ihre Lösung führt zu einer Gauss-Verteilung. Ein Vergleich der betreffenden Gleichung mit Gl. (2.19) ergibt die wichtige, als Gleichung von EINSTEIN und SMOLUCHOWSKI bekannte Beziehung

$$\sigma_L{}^2 = 2D_i t.\tag{2.15}$$

σ entspricht dem mittleren (quadratischen) Diffusionsweg (vgl. Gl. (2.20)) der gelösten Teilchen in einer Richtung.

Die GAUSS-Verteilung oder ideale statistische Verteilung wird wegen ihrer Bedeutung für die Theorie der Chromatographie nachfolgend eingehender diskutiert. Man benötigt die Funktion z. B. auch bei der Untersuchung von Korngrößenverteilungen (vgl. Abschn. 3.4.1.2.) und zu Fehlerbetrachtungen (vgl. Abschn. 9.4.4.).

Durch Kombination zweier e-Funktionen ergibt sich sehr einfach eine Gleichung, deren Graph symmetrisch und glockenförmig ist.

$$f(x) = a \cdot e^{-bx^2}\tag{2.16}$$

(Konstanten $a, b > 0$).

Man formt sie um und leiten einige nützliche Beziehungen ab.

Setzt man $b = h^2$ und führt a auf h zurück, wobei das Funktionsintegral (Fläche) zwischen $x = -\infty$ und $+\infty$ gleich 1 gesetzt wird, ergibt sich $a = h/\sqrt{\pi}$ ($h > 0$), und Gl. (2.16) gewinnt die Form

$$f(x) = h \cdot e^{-h^2 x^2}/\sqrt{\pi}.\tag{2.17}$$

$f(x)$ ist durch h eindeutig bestimmt. Man wählt jedoch eine die Kurvenbreite charakterisierende Größe, und zwar den halben Abstand der Wendepunkte. Diese Größe heißt Standardabweichung σ, ihr Quadrat Varianz der Verteilung (vgl. Abschn. 2.1.).

Durch Nullsetzen der zweiten Ableitung von Gl. (2.17) ergibt sich

$$\sigma^2 = 1/(2h^2).\tag{2.18}$$

Aus Gl. (2.17) und Gl. (2.18) erhält man die GAUSS-Verteilung in der üblichen Form symmetrisch zu $x = 0$

$$f(x) = \frac{1}{\sigma\sqrt{2\pi}} \cdot e^{-\frac{1}{2}\left(\frac{x}{\sigma}\right)^2}.\tag{2.19}$$

Statt x kann auch die Abweichung $(x - \mu)$ vom arithmetischen Mittel μ eingeführt werden. Dann liegt die Kurve symmetrisch zu μ. In der Chromatographie entspricht μ der mittleren Verweilzeit (Bruttoretentionszeit), t_{Ri} der Substanz i. Die Varianz σ^2 einer beliebigen Wahrscheinlichkeitsdichtefunktion $f(x)$ berechnet sich gemäß

$$\sigma^2 = \int\limits_{-\infty}^{+\infty} (x - \mu)^2 \, f(x) \, \mathrm{d}x. \tag{2.20}$$

Sie stellt gewissermaßen das (gewogene) arithmetische Mittel der Quadrate der Abweichungen vom Mittelwert μ dar. Der Mittelwert (Erwartungswert) ist gegeben zu

$$\mu = \int\limits_{-\infty}^{+\infty} x f(x) \, \mathrm{d}x. \tag{2.21}$$

Vom Mittelwert hat man den häufigsten (dichtesten) Wert am Kurvenmaximum zu unterscheiden. Nur im Falle der regulären Verteilung (GAUSS-Verteilung) sind beide Größen identisch.

Die Anwendung von Gl. (2.20) auf Gl. (2.19) ergibt natürlich $\sigma^2 = \sigma^2$. Im Falle einer Rechteckverteilung (Rechteckimpuls) mit der Breite b und der Höhe $1/b$, was z. B. dem Substanzprofil zu Beginn der Chromatographie entspricht, erhält man mittels Gl. (2.20) $\sigma^2 = 1/12\,b^2$. Die Integration der Dichtefunktion zwischen $-\infty$ und x führt zur Verteilungsfunktion $F(x)$ (Wahrscheinlichkeit der Zufallsgröße):

$$F(x) = \int\limits_{-\infty}^{x} f(x) \, \mathrm{d}x. \tag{2.22}$$

Sie nähert sich asymptotisch dem Wert $F(x) = 1$ und besitzt beim Maximum der Dichtekurve einen Wendepunkt (Abb. 2.5).

Setzt man in Gl. (2.19) $x = 0$, resultiert der Ordinatenwert im Peakmaximum

$$f = 1/(\sigma \sqrt{2\pi}) \tag{2.23}$$

und durch Integration zwischen $-\infty$ und $+\infty$ die Kurvenfläche

$$A = \sqrt{2\pi} \cdot \sigma \cdot f = 1. \tag{2.24}$$

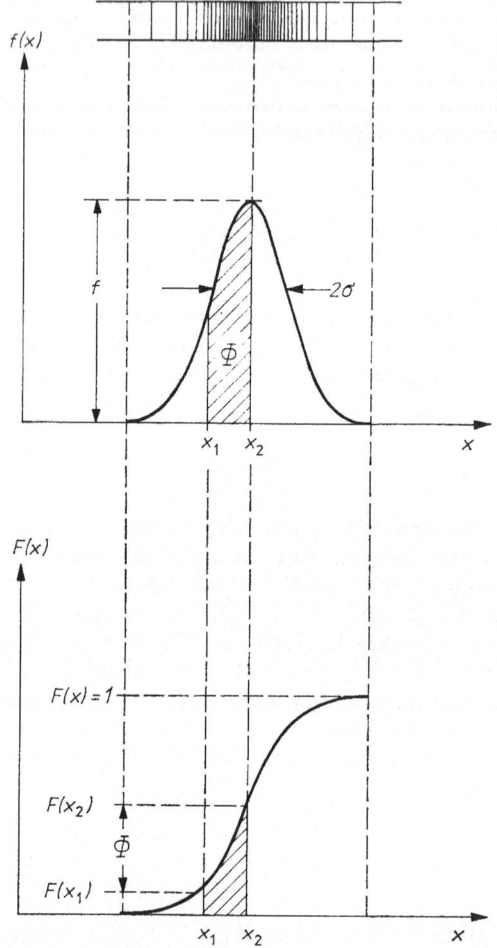

Abb. 2.5. Dichtefunktion $f(x)$ und Verteilungsfunktion $F(x)$
einer GAUSS-Verteilung

Sie beträgt zwischen $-\sigma$ und $+\sigma$ (Wendepunktabstand) 0,6826,
d. h. rund 68% aller Werte x liegen im Intervall $\pm\sigma$, oder: die
Wahrscheinlichkeit, daß die Zufallsgröße im Intervall $\pm\sigma$ liegt,
beträgt rund 68%. Umformen von Gl. (2.19) ergibt

$$\sigma = x / \sqrt{2 \ln [f/f(x)]}. \tag{2.25}$$

Mit Gl. (2.25) lassen sich die Gesamtpeakbreiten z in unterschiedlichen Peakhöhen durch σ ausdrücken (Tab. 2.1). Die Wendetangenten der Dichtefunktion schneiden die Abszisse im Abstand $z = 4\sigma$. Für z in halber Peakhöhe erhält man mit $f(x) = 1/2f$

$$z_{1/2} = 2\sqrt{2\ln 2} \cdot \sigma. \tag{2.26}$$

Mittels Gl. (2.24) errechnet sich $z_{1/2} \cdot f$ zu 0,94 der Peakfläche. Diese häufig angewendete „Höhe mal Halbwertsbreite"-Methode liefert demnach um 6% zu niedrige absolute Flächenwerte.

Tabelle 2.1

Ordinate	Gesamtpeakbreite z
1,0f	0
0,882f	σ
0,607f	2σ ($\triangle$ Wendepunktabstand)
0,500f	$2{,}35\sigma$
0,135f	4σ ($\triangle$ Abstand der Tangentenschnittpunkte mit der Grundlinie)
0,1f	$4{,}3\sigma$
0,044f	5σ
0,011f	6σ
0,0022f	7σ
$3{,}7 \cdot 10^{-6}f$	10σ

2.4. Die Peakdispersion

Im Abschn. 2.1. wurde bereits die Minimierung der Peakdispersion als zentrales Problem der modernen Elutionschromatographie herausgestellt. Wenngleich der Hauptbeitrag zur Dispersion im Regelfall stets durch die Trennsäule, genauer: durch das chromatographische Phasensystem zustande kommt, so haben gerade die Erfolge bei der Herstellung immer wirksamerer Trennsäulen die Bedeutung der früher völlig unbeachteten äußeren Varianzen entscheidend aufgewertet. Für die Kapillar-Flüssigchromatographie beispielsweise ist die hinreichende Eliminierung dieser Varianzen mindestens genauso schwierig wie die Herstellung der engen Kapillaren selbst.

Der vorliegende Abschnitt befaßt sich daher zunächst mit dem Einfluß der Vorgänge $\langle 1\rangle$, $\langle 3\rangle$, $\langle 4\rangle$, $\langle 5\rangle$ und $\langle 6\rangle$ (Abb. 2.3) auf die Peakdispersion grundsätzlich und behandelt darauf aufbauend die Dispersion der Trennung.

2.4.1. *Dispersion außerhalb der Trennsäule*

Betragen die äußeren (externen) Varianzbeiträge σ_{ex}^2 des chromatographischen Systems (Flüssigchromatograph) 20% des Varianzbeitrages σ_S^2 der Trennsäule, so verschlechtert sich die Peakauflösung R_S (Abschn. 2.5.) um 10%, wie sich mittels Gl. (2.75) leicht zeigen läßt. Da höhere Einbußen keinesfalls akzeptabel erscheinen, wird als Bedingung

$$\sigma_{ex}^2 \leqq 0{,}2\sigma_S^2 \tag{2.27}$$

formuliert oder mittels Gl. (2.37) (s. Abschn. 2.4.2.1.)

$$\sigma_{ex}^2 \leqq 0{,}2\,\frac{t_{Ri}^2}{N}. \tag{2.28}$$

Man sieht insbesondere aus der letzten Beziehung, daß bei schnellen Peaks mit kleinen Retentionszeiten und ebenso bei Verwendung hochwertiger Trennsäulen mit hohen Bodenzahlen N nur entsprechend kleine Werte für σ_{ex}^2 zulässig sind.

Bereits die Einführung der Substanz in das Phasensystem bringt einen erheblichen Varianzbeitrag. Stellt V das Volumen einer Probenschleife V_S dar oder wird ein Probenanteil mit dem Volumen $V = V_p$ momentan injiziert, so entstehen Substanzimpulse der Breite t, die dabei allein durch das Dosiervolumen festgelegt ist. Bringt man die Probe hingegen während der Zeitdauer t_j in das Elutionsmittel, ist die Impulsbreite der Injektionszeit t_j proportional, und das Impulsvolumen fällt auf jeden Fall größer aus als das Dosiervolumen. Gemäß Abschn. 2.3. berechnet sich die Varianz σ_t^2 eines Probenimpulses zu $\sigma_t^2 = t^2/12$, und wir erhalten (mit Berücksichtigung von $V = \dot{V} \cdot t$)

$$\sigma_V^2 = \frac{V^2}{12}. \tag{2.29}$$

Lange Injektionszeiten sowie in bezug auf die Dimensionierung des Phasensystems zu große Probenvolumina beeinflussen somit die Peakbreite von vornherein nachteilig. Um die tatsächliche Impulsvarianz bei Säuleneintritt zu erhalten, ist zu σ_t^2 noch ein vom jeweiligen Dosierverfahren (Injektor) abhängiger Mischungsanteil σ_{mix}^2 zu addieren, so daß z. B. bei der Probeneinführung mit den üblichen Dosierschleifen schließlich die etwa 5fache Größe des nach Gl. (2.29) errechneten Wertes resultiert.

Da die Konstruktion des Injektors sowie der Weg zwischen dem Ort der Probenaufgabe und dem Eingang der Trennsäule für die Größe des Mischungsanteils sehr wesentlich sind, wurde verschiedentlich versucht, die Substanz direkt in die Säulenpackung zu injizieren. Tatsächlich lassen sich so die besten Ergebnisse erreichen. Leider wird aber gleichzeitig der Anfang der Packung zerstört und auf diese Weise die Trennsäulenqualität herabgesetzt. Da man heute die Trennsäulenenden meist mit mikroporösen Platten aus Sintermetall oder Teflon abschließt, ist es nach den Erfahrungen des Autors am besten, die Spritzenkanüle so weit einzuführen, daß ihre Spitze die mikroporöse Platte des Säuleneingangs berührt.

2.4.1.1. *Mischphänomene in Rohren*

Die folgenden Ausführungen beschränken sich auf laminaren Fluß, da in der Flüssigchromatographie i. allg. nicht mit turbulenten Strömungen gearbeitet wird.

Bei einer im leeren Rohr strömenden Flüssigkeit haften randnahe Schichten an der Rohrwandung, während achsnahe Schichten weniger behindert werden. Auf diese Weise bildet sich aus dem anfänglich kolbenförmigen Konzentrationsprofil einer Substanz 1 (Abb. 2.6a) ein parabolisches Profil 2. Der entstehende laterale Konzentrationsgradient hat gemäß Gl. (2.13) Radialdiffusion zur Folge, die der Ausbildung des langgezogenen Profils im Sinne der

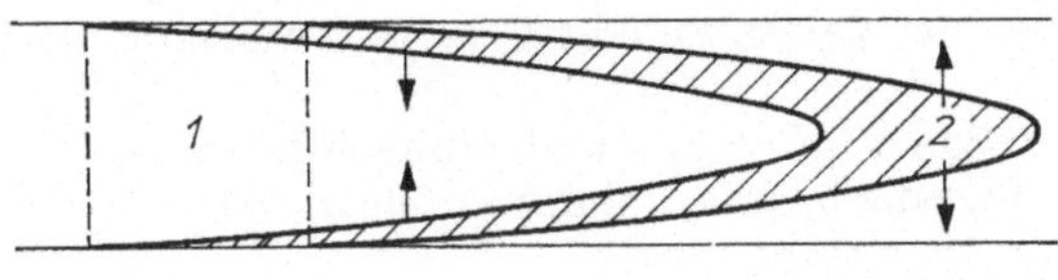

a)

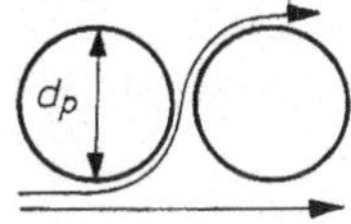

b)

Abb. 2.6. Zur Erklärung der TAYLOR-Dispersion (a) und der Transversaldisperion durch Umströmen von Teilchen (b)

eingezeichneten Pfeile entgegenwirkt. Beide Effekte zusammen bezeichnet man als Konvektions-[1]) oder TAYLOR-Dispersion [1].

Die Axialvermischung kann durch die Radialdiffusion nur dann hinreichend eingeschränkt werden, wenn die molekulare Verweilzeit $t = \Delta z/u = V_z/\dot{V}$ im Rohrabschnitt Δz (Profilbreite) annähernd in der gleichen Größenordnung liegt wie die Diffusionszeit über den Rohrradius $t_D = r^2/2D_i$ (Gl. (2.15)). Dann ergeben genügend lange Rohre GAUSSförmige Konzentrationsverteilungen. Andernfalls ist Peaktailing die Folge.

Gute radiale Vermischung wird durch verformte, gewendelte Kapillaren erzwungen [2]. Diese Möglichkeit ist allerdings für kurze Überführungsleitungen von geringer Bedeutung.

Den Koeffizienten der TAYLOR-Dispersion (dynamischer Diffusionskoeffizient) [3] errechnet man, wie hier nicht näher ausgeführt werden soll, zu

$$\mathfrak{D}_T = \gamma' \cdot \frac{u^2 r^2}{D_i}. \tag{2.30}$$

Somit beträgt der Koeffizient der Longitudinalvermischung (effektiver oder wirksamer Diffusionskoeffizient) im offenen Rohr mit $\gamma' = 1/48$

$$\mathfrak{D}_L = D_i + \frac{1}{48} \cdot \frac{u^2 r^2}{D_i}. \tag{2.31}$$

$\mathfrak{D}_L$ stellt eine anisotrope Größe ohne Komponente in radialer Richtung dar. Aus Gl. (2.31) und Gl. (2.15) ergibt sich σ_{iL}^2, die Varianz eines Substanzimpulses nach Transport durch das offene Rohr (Kapillare), und falls σ_{i0}^2 die Varianz des Eintrittsimpulses ($L = 0$) ist, hieraus die Varianzzunahme beim Transport $\Delta\sigma_i^2 = \sigma_{iL}^2 - \sigma_{i0}^2$.

Unter Beachtung von $\sigma_L/L = \sigma_t/t$ und Multiplikation mit $\dot{V}^2$ erhält man aus der Varianz σ_{iL}^2 die Volumengröße σ_{iV}^2 gemäß

$$\sigma_{iV}^2 = \left[2\pi^3 \frac{D_i r^6}{V} + \frac{\pi}{24} \frac{r^4 \dot{V}}{D_i} \right] \cdot L. \tag{2.32}$$

Da D_i einen sehr kleinen Wert hat, spielt das erste Glied von Gl. (2.32) nur eine untergeordnete Rolle.

---

[1]) *lat.:* convehĕre — mitführen

Man beachte die vierte Potenz des Kapillarenradius: Eine Kapillare von $L = 100$ cm liefert mit $D = 10^{-5}$ cm^{2}s^{-1} und $r = 0,01$ cm eine geringe, für $r = 0,1$ cm eine undiskutabel starke Peakverbreiterung. Es sei darauf hingewiesen, daß Gl. (2.32) nur für enge, lange Kapillaren (> 50 cm) bei mäßigen Fließgeschwindigkeiten (< 30 ml/h) experimentell bestätigt werden konnte [4]. Bei höheren Durchflüssen ist die Dispersionszunahme vorteilhafterweise kleiner als theoretisch zu erwarten.

Gleichung (2.31) wurde verschiedentlich zur dynamischen Messung binärer Diffusionskoeffizienten D_i benutzt [1, 5].

2.4.1.2. Dispersion der Signalgewinnung

Mit den Einflüssen der Signalgewinnung auf die Peakverbreiterung haben sich OSTER und ECKER [6] ausführlich befaßt. Uns interessieren hier nur direkt durchflossene Zellen.

Jede Detektorzelle besitzt ein endliches Volumen V_Z. Infolgedessen ergibt sich zum beliebigen Zeitpunkt t abhängig vom Eingangsimpuls eine bestimmte Konzentrationsverteilung im Zellenraum (schraffierte Fläche in Abb. 2.7). Dadurch kann anstelle der wahren Eingangskonzentration c_E nur eine mittlere Konzentration $\bar{c}$ registriert werden. Sie beträgt

$$\bar{c} = \int\limits_{t-\nu}^{t+\nu} \frac{c_E(t)}{2\nu}\, \mathrm{d}t, \tag{2.33}$$

wenn $c_E(t)$ die Konzentrationsdichtefunktion des eintretenden GAUSS-Peaks (Gl. (2.19) und $2\nu = V_Z/\dot{V}$ die Durchströmungszeit der Zelle ist. Mit Gl. (2.33) wurde die Ausgangsfunktion $c_A(t)$ des Detektors beschrieben. Nach Nullsetzen ihrer 2. Ableitung ergibt sich der Zusammenhang zwischen den Varianzen des Eingangs- und Ausgangspeaks zu

$$\sigma_E{}^2 = 2\nu \left(\ln \frac{\sigma_A + \nu}{\sigma_A - \nu}\right)^{-1} \sqrt{\sigma_A{}^2}. \tag{2.34}$$

Die Gleichung ist zur Interpretation etwas unübersichtlich, so daß der Graph in Abb. 2.7 benutzt wird (Volumenstandardabweichungen σ_{VE} und σ_{VA}). Beträgt die wendepunktbezogene Peakbreite $2\sigma_{VE}$ z. B. das 4,1fache Zellenvolumen, ergibt sich $\sigma_{VA} = 1,01\,\sigma_{VE}$ (1% Peakverbreiterung). Für $2\sigma_{VE} = V_Z$ steigt der relative

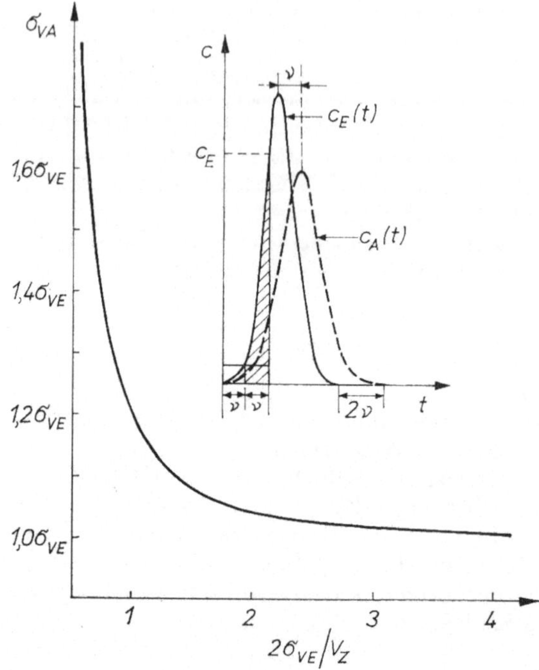

Abb. 2.7. Zum Einfluß des endlichen Detektorvolumens auf die Dispersion

Volumenzuwachs auf 20%. Das Volumen der benutzten Meßzelle sollte demnach gegenüber dem Peakvolumen möglichst klein, zweckmäßig $V_Z \leqq 1/2\sigma_{VE}$ sein.

Verbreiterte Peaks sind selbstverständlich flacher (perforierte Linie, Abb. 2.7). Besteht Linearität zwischen Konzentration und Detektorsignal, ergeben sich für die Eingangs- und Ausgangsfunktion gleiche Peakflächen. Dann gilt nach Gl. (2.24)

$$f_A = (\sigma_E/\sigma_A) \cdot f_E. \qquad (2.35)$$

Wie Abb. 2.7 zu entnehmen ist, tritt außer dem Höhenfehler noch ein Retentionswertfehler $+\Delta t_R = v$ bzw. $\Delta V_R = V_Z/2$ und ein Zuwachs des Peakelutionsvolumens von $\Delta V = V_Z$ auf. Das Maximum von $c_A(t)$ ist in dem Maße verzögert, wie das Maximum von $c_E(t)$ zum Transport vom Zelleneingang bis Zellenmitte Elutionszeit bzw. -mittel benötigt.

Im Falle des photometrischen Detektors darf Linearität zwischen Konzentration und Signal nicht vorausgesetzt werden. Der Grund dafür ist der Konzentrationsgradient während des Peakdurchgangs in der Zelle; denn die Absorption einer inhomogenen Lösung ist stets kleiner als die einer homogenen. Mit wachsendem Zellenvolumen werden deswegen nicht nur verbreiterte Peaks, sondern außerdem zu niedrige Flächenwerte erhalten. Für einen Flächenfehler $\leq 1\%$ ist ebenfalls $V_Z \leq 1/2\sigma_{VE}$ Bedingung.

Mischungseffekte in der Detektorkammer führen zu Peaktailing.

Peaktailing tritt auch auf, wenn Zeitkonstanten erster oder höherer Ordnung (komplexe Zeitkonstanten) an irgendeiner Stelle im System (Verstärker, Schreiber, Computerinterface) wirksam werden, wohingegen die Peakfläche sich nicht ändert.

Die Zeitkonstante τ einer Meßeinrichtung ist die Zeitdifferenz zwischen der Eingabe eines sprunghaften Eingangssignals und dem verzögerten Erreichen eines bestimmten Betrages des maximalen Ausgangssignals.

Im vorliegenden Abschnitt wurde das Verhalten der Meßzelle bzw. der Meßeinrichtung nach einem Zeitgesetz nullter Ordnung betrachtet, d. h. der Meßwert wird proportional zur Zeit erreicht. Die Peaks werden dadurch verbreitert, bleiben aber symmetrisch. Eine Zeitkonstante erster Ordnung würde sich bei Einschalten eines RC-Gliedes ergeben. Dann wären Peakanstieg und -abstieg durch eine e-Funktion verzerrt. τ definiert man in diesem Falle als die Zeit, nach welcher der $(1 - 1/e) = 0,632$fache Signalendwert erreicht ist.

Aus Abb. 2.7 ist zu erkennen, daß der mit der Signalgewinnung verbundene relative Dispersionszuwachs für schmale Peaks besonders groß ist, so daß man insbesondere am Chromatogrammanfang mit merklichen Einbußen an Auflösung rechnen muß.

2.4.2. Dispersion der Trennung

2.4.2.1. Die theoretische Trennstufenhöhe

Besitzt die Peakdispersion bei Eintritt in die Trennsäule den Wert σ_E^2, bei Austritt den Wert σ_A^2, dann beträgt die Peakverbreiterung in der Trennsäule $\sigma_L^2 = \sigma_A^2 - \sigma_E^2$. Denkt man sich die Säule in N voneinander unabhängige fiktive Böden oder theoretische Trennstufen zerlegt, auf denen sich der Stoffaustausch

zwischen fluider und kompakter Phase vollzieht, so gilt σ_L^2
$= \sum\limits_{b=1}^{N} \sigma_b^2 = \sigma_1^2 + \sigma_2^2 + \cdots + \sigma_N^2 = N\overline{\sigma_b^2}$ mit b als Laufzahl der
Stufen. Die Höhe H_T einer solchen Trennstufe läßt sich gemäß
$H_T = L/N$ in Einheiten der Säulenlänge L ausdrücken.

Dieses anschauliche Modell wird in der Theorie der Chromatographie als diskontinuierlich bezeichnet[1]). Seine mathematische Behandlung [7] ergibt:

$$H_T = \sigma_L^2/L. \tag{2.36}$$

Die Höhe H_T einer theoretischen Trennstufe[2]) entspricht also der Zunahme der Peakvarianz pro Einheit der Säulenlänge. Sie ist ein Maß für die Bandenverbreiterung.

Aus Gl. (2.36) erhält man durch Erweitern mit L unter Berücksichtigung von $\sigma_L/L = \sigma_t/t_{Ri}$

$$H_T = \frac{\sigma_L^2}{L^2} \cdot L = \frac{\sigma_t^2}{t_{Ri}^2} \cdot L \tag{2.37}$$

sowie mit $t_{Ri} = L/\bar{u}_i$ bzw. $t \cdot V = V$ (Umwandlung der Zeit in Volumenparameter)

$$H_T = \frac{\sigma_t^2}{L} \cdot \bar{u}_i^2 = \frac{\sigma_V^2}{V_{Ri}^2} \cdot L, \tag{2.38}$$

wobei $\bar{u}_i$ die mittlere lineare Wanderungsgeschwindigkeit der Komponente i ist. σ^2/μ^2 heißt relative Standardvarianz (μ — Längen-, Zeit-, Volumenmittel).

Zur praktischen Ermittlung von H_T formt man obige Gleichungen gewöhnlich um. Wenn $z_{1/2}$ die Peakbreite in halber Höhe in Einheiten der Retentionszeit ist, ergibt sich aus Gl. (2.37) mittels Gl. (2.26)

$$H_T = \frac{L}{8 \ln 2} \left(\frac{z_{1/2}}{t_{Ri}}\right)^2 = \frac{L}{5{,}545} \left(\frac{z_{1/2}}{t_{Ri}}\right)^2. \tag{2.39}$$

---

[1]) Das Modell spielte in der Entwicklung der Chromatographie eine wichtige Rolle [8]. Umfassendere Aussagen liefern das molekularstatistische Modell [9] und das Stoffbilanzmodell [10].
[2]) Siehe Fußnote 1, S. 10

Für $z = 4\sigma$ (Wendetangentenabstand auf der Grundlinie) erhält man

$$H_T = \frac{L}{16}\left(\frac{z}{t_{Ri}}\right)^2. \tag{2.40}$$

Während die Gl. (2.36) bis (2.38) allgemeine Gültigkeit haben, setzt die Anwendung von Gl. (2.39) und (2.40) symmetrische GAUSS-Peaks voraus.

Der aus dem Chromatogramm ermittelte H_T-Wert ist je nach Größe der säulenexternen Varianzen zu hoch. Der korrigierte Wert wird erhalten mittels

$$\sigma^2 = \sigma^2_{\text{chr}} - \sigma^2_{\text{ex}}. \tag{2.41}$$

Die Indices kennzeichnen die aus dem Chromatogramm ermittelten (chr) und die säulenexternen Parameter (ex). Letztere lassen sich durch Auftragen von σ^2_{chr} gegen t^2_{Ri} einiger Homologer nach linearer Regression abschätzen. Der Kurvenschnittpunkt mit der Ordinate ist σ^2_{ex}.

H_T hängt außer vom betreffenden System vor allem von u ab (vgl. Abschn. 2.4.2.2.). Deswegen bezieht man die Angabe gelegentlich auf die Fließmittelgeschwindigkeit von $1\,\text{cm}\cdot\text{s}^{-1}$.

In der Gaschromatographie wird H_T in komplizierter Weise von der Säulenlänge beeinflußt. Für die Flüssigchromatographie mit inkompressiblen Elutionsmitteln[1]) kann man jedoch $H_T = \text{konst.}$ erwarten. Demzufolge ergibt sich im Falle einheitlich gepackter Trennsäulen[2]) und $u = \text{konst.}$ Proportionalität zwischen Trennstufenzahl N und Säulenlänge. Der Zusammenhang wurde experimentell verschiedentlich bestätigt. Bei einer Reihenschaltung mehrerer Trennsäulen müssen allerdings die H_T-Werte der Einzelsäulen vergleichbar sein, weil sonst die schlechteste Säule die Qualität der gesamten Anordnung bestimmt.

---

[1]) Der Begriff Inkompressibilität muß mittels Gl. (7.2) präzisiert werden. Es errechnen sich z. B. bei Drücken von $P = 100$, 250 bzw. 500 bar Volumenverminderungen von 1,0, 2,5 bzw. 4,9%. Läßt man 1% Toleranz zu, so folgt für Trennsäulen vollständige Inkompressibilität der Flüssigkeiten bis ca. 100 bar Vordruck und $\Delta u \leq 1\%$.

[2]) In der Praxis erweist sich bei langen Trennsäulen der obere, zuletzt gefüllte Abschnitt als schlechter gepackt und besitzt u. U. eine mehrfach größere Trennstufenhöhe als der untere.

Es ist bereits gesagt worden, daß die relative Bandenverbreiterung ursächlich mit dem Substanztransport bzw. mit dem Trennvorgang zusammenhängt. Ein kleines H_T (großes N) erschließt die prinzipielle Möglichkeit zur Trennung einer großen Anzahl von Chromatogrammbergen im Verlauf der Analyse. H_T besagt jedoch allein nichts über die tatsächlich erreichbare Trennung. Gleichung (2.42) (aus Gl. (2.37))

$$N = t_{Ri}^2/\sigma_t{}^2 \tag{2.42}$$

läßt sofort erkennen, daß für $t_{Ri} = t_M$ möglicherweise eine große theoretische Bodenzahl N errechnet werden kann, obwohl alle Peaks die Apparatur mit der Inertkomponente verlassen. Man arbeitet deshalb auch, unter Verwendung der Nettoretentionsgrößen mit sog. wirksamen (effektiven) Böden bzw. Bodenhöhen[1]).

$$N_{\text{eff}} = \frac{(t_{Ri} - t_M)^2}{\sigma_t{}^2} = \frac{t_{Ri}'^2}{\sigma_t{}^2} \quad \text{bzw.} \quad H_{\text{eff}} = \frac{\sigma_t{}^2}{(t_{Ri} - t_M)^2} \cdot L. \tag{2.43}$$

Umrechnungen zwischen effektiven und formalen Größen erfolgen (vgl. Gl. (2.64)) gemäß:

$$N_{\text{eff}} = N \cdot \frac{k_i{}^2}{(1 + k_i)^2} \tag{2.44a}$$

$$H_{\text{eff}} = H_T \cdot \frac{(1 + k_i)^2}{k_i{}^2} \tag{2.44b}$$

N ist ein unmittelbares, anschauliches Maß für die Effektivität oder Trennwirksamkeit (*engl.*: efficiency) des chromatographischen Phasensystems. Zweckmäßig bezeichnet man aber nicht N selbst, sondern $E = \sqrt{N}$ als Effektivität [11], denn die Peakauflösung (Abschn. 2.5.) wächst proportional und die Peakbreite umgekehrt proportional zu $\sqrt{N}$. Jedenfalls sollte die im Deutschen für N verbreitete Bezeichnung „Trennleistung" unbedingt vermieden werden, da eine Leistungsgröße entsprechend dem wissenschaftlichen Sprachgebrauch nicht vorliegt.

N und N_{eff} stellen im physikalischen Sinne sog. Zählgrößen mit der Einheit TP[2]) dar.

---

[1]) N_{eff} wurde in der Gaschromatographie als Trennschärfe eingeführt.
[2]) *engl.:* theoretical plate

Eine größere Bodenzahl kann stets auf Kosten der Trennzeit erreicht werden. Ziel der Schnellen Chromatographie sind aber kurze Trennzeiten. Daher gibt man häufig die auf die Zeiteinheit normierten effektiven Böden $\dot{N}_{eff} = N_{eff}/t_{Ri}$ (s^{-1}) an und gewinnt auf diese Weise ein Maß für die Leistung des Trennsystems. Mit 400 bis 1000 TP/s lassen sich flüssigchromatographische Trennungen in wenigen Minuten bzw. Sekunden ausführen.

Jedoch erlaubt auch $\dot{N}_{eff}$ keine ideale Trennsäulenbeurteilung; denn es läßt sich ohne leistungsstärkere Säule durch Druckerhöhung verbessern. Es interessiert also außer N_{eff}/t_{Ri} noch $N_{eff}/\Delta P$, die Zahl der pro Druckeinheit „erzeugten" effektiven Böden. Aus diesem Grunde hat ROHRSCHNEIDER [12] schon 1975 das Produkt beider Größen $Q = N_{eff}^2/(t_{Ri} \cdot P)$ als Leistungsparameter empfohlen.

2.4.2.2. Die $H_T(u)$-Funktion

Zur Berechnung der Dispersion gepackter Säulen knüpfen wir an die Ausführungen von Abschn. 2.4.1.1. an. Auch in gepackten Säulen sind Konvektionsdispersion und Longitudinaldiffusion wirksam. Zusätzlich tritt aber bei chromatographisch aktiven Komponenten noch Dispersion durch verzögerten Massenaustausch zwischen den Phasen auf. Betrachten wir zunächst die reinen Mischungsanteile.

Für die Konvektionsdispersion darf man den Koeffizienten der TAYLOR-Dispersion analog zum leeren Rohr ansetzen (Gl. (2.30)). Die radiale (transversale) Vermischung zeigt allerdings unter dem Einfluß der Packungsteilchen einige Besonderheiten.

Durch die im Wege liegenden Körner wird die Radialdiffusion behindert und D_i effektiv verkleinert. Deshalb ist mit einem Faktor γ zu multiplizieren (Labyrinth-, Umweg- oder Tortuositätsfaktor). Andererseits wird ein zweiter radialer Durchmischungsanteil wirksam, weil die Stromfäden durch Kornumströmung im Mittel um $d_p/2$ versetzt werden (Abb. 2.6b). Da die Zeit zum Durchströmen einer Kornlage d_p/u beträgt, ergibt sich für diesen Durchmischungsanteil nach Gl. (2.15) $\beta \cdot u \cdot d_p$. Somit muß statt D_i ein komplexer transversaler Mischungskoeffizient $\gamma D_i + \beta u d_p$ eingesetzt werden.

Für die Konvektionsdispersion gepackter Säulen erhält man mit $2r = d_c \equiv d_p$ und $\lambda = \xi/\beta$ bzw. $\omega = 2\xi/\gamma$ aus Gl. (2.30)

$$\mathfrak{D}_{TS} = \xi \frac{u^2 \cdot d_p{}^2}{\beta u d_p + \gamma D_i} = \left(\frac{1}{\lambda u d_p} + \frac{2}{\omega u^2 d_p{}^2/D_i} \right)^{-1} \tag{2.45}$$

Der Koeffizient der Longitudinalvermischung $\mathfrak{D}_{LS}$ ist nun mittels Gl. (2.45) analog zu Gl. (2.31) unter Hinzufügen des Diffusionsanteiles $\gamma \cdot D_i$ zu formulieren. Um den transportbedingten Vermischungsanteil als Trennstufenhöhe ausdrücken zu können, benötigen wir noch die Gln. (2.36) sowie (2.15) und erhalten

$$H_T = \frac{\sigma_L{}^2}{L} = \frac{2D_i t}{L} = \frac{2\mathfrak{D}_{LS}}{u} = \frac{2(\mathfrak{D}_{TS} + \gamma D_i)}{u} \tag{2.46}$$

bzw.

$$H_T = \left(\frac{1}{2\lambda d_p} + \frac{1}{\omega u d_p{}^2/D_i}\right)^{-1} + \frac{2\gamma D_i}{u}. \tag{2.47}$$

Der Klammerausdruck ist die bekannte GIDDINGSsche Kopplungsgleichung für die konvektive Durchmischung [13]. λ, ω und γ sind Strukturparameter (geometrische Konstanten).

Die vollständige $H_T(u)$-Funktion ergibt sich unter Berücksichtigung des verzögerten Massenaustausches zwischen den Phasen, verursacht durch den verzögerten Austausch im fluiden Medium $C_F' \sqrt{u}$ und den verzögerten Austausch in der Kompaktphase $C_K \cdot u$ [10]

$$H_T = \left(\frac{1}{A} + \frac{1}{C_F \cdot u}\right)^{-1} + \frac{B}{u} + C_F' \sqrt{u} + C_K \cdot u. \tag{2.48}$$

Nachfolgend werden die einzelnen Glieder von Gl. (2.48) diskutiert. Die Glieder, wie auch ihre charakteristischen, mit Großbuchstaben bezeichneten Konstanten, nennt man Terme.

Der A-Term charakterisiert, wie aus der Ableitung hervorgeht, die Kornumströmung. Man bezeichnet ihn meist als Term der Wirbel-(Eddy-)Diffusion in formaler Analogie zum Stromlinienverlauf einer turbulenten Strömung. Bei den üblichen Strömungsgeschwindigkeiten handelt es sich aber nicht um wirkliche Wirbeldiffusion. $C_F \cdot u$ erkennen wir als konvektiven Anteil der Strömungsdispersion.

Abbildung 2.8 enthält die geometrische Darstellung der Kopplungsgleichung. Für kleine lineare Elutionsmittelgeschwindigkeiten ergibt sich im Grenzfall die durch den Nullpunkt gehende Tangentengleichung $f(u) = C_F \cdot u$. Für große Werte von u nähert sich die Funktion dem Grenzwert $A = 2\lambda d_p$, dem ersten Term der klassischen VAN DEEMTER-Gleichung [14]. Das geschieht um so schneller, je größer $C_F \sim d_p{}^2/D_i$ ist. Sowohl die Höhe dieses Grenzwertes als auch die asymptotische Grenzwertnäherung hängen von d_p ab.

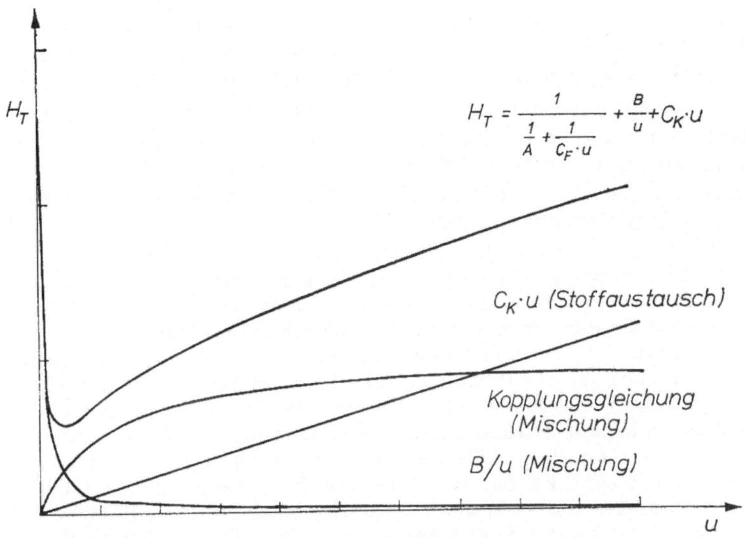

Abb. 2.8. Graphische Darstellung der Funktion $H_T = f(u)$

Der Koeffizient λ wird wesentlich von der Qualität der Säulenpackung beeinflußt. Inhomogene, unregelmäßige Packungen führen deshalb zu hohen Grenzwerten.

Der B-Term in Gl. (2.48) ist als einziger Term korngrößenunabhängig. Alle anderen Terme besitzen um so höhere Werte, je größer d_p ist.

B/u stellt eine gleichseitige Hyperbel dar (Abb. 2.8), die durch Überlagerung mit den übrigen Graphen der Glieder von Gl. (2.48) das typische Minimum der $H_T(u)$-Funktion erzeugt. Wegen der kleinen Diffusionskoeffizienten in Flüssigkeiten ($\approx 10^{-5}\ \mathrm{cm}^2 \cdot \mathrm{s}^{-1}$) schmiegt sich die Hyperbel im Gegensatz zum Verlauf in der Gaschromatographie eng an die Koordinatenachsen an, so daß das Minimum mit dem optimalen Wert für H_T meist weit links, außerhalb des praktisch verwertbaren Geschwindigkeitsbereiches, liegt.

Das dritte Glied in Gl. (2.48) ergibt durch seine $\sqrt{u}$-Abhängigkeit einen der Kopplungsgleichung ähnlichen, allerdings flacheren Kurvenverlauf und wurde in Abb. 2.8 nicht berücksichtigt. Es kennzeichnet den verzögerten Massenaustausch im strömenden Medium. $C_F{}'$ ist u. a. von d_p, D_i, k_i und φ abhängig [10].

Das letzte Glied in Gl. (2.48) stellt den Trennstufenhöhenbeitrag

dar, der durch die Massenaustauschverzögerung in der Kompaktphase hervorgerufen wird. Es handelt sich um eine Geradenglei-
chung der Steigung C_K (Abb. 2.8), deren Einfluß in Abhängigkeit
von C_K mit wachsender Elutionsmittelgeschwindigkeit immer
mehr dominiert. Ein sehr steiler rechter Teil der $H_T(u)$-Kurve
deutet also stets auf behinderten Massenaustausch hin. Wie HUBER
zeigte, wachsen die Massenaustauschterme relativ stark mit zunehmendem Partikeldurchmesser d_p.

Der Einfluß des verzögerten, genauer: des mit endlicher Geschwindigkeit verlaufenden, diffusionskontrollierten Massentransports zwischen den
Phasen auf die Peakbreite wird in Abb. 2.9 veranschaulicht.

Im linken Bild herrschen ideale Gleichgewichtsbedingungen. Rechts
hingegen stellt nur das Profil 1 die Gleichgewichtskonzentration des gelösten Stoffes in der fluiden Phase dar und das Profil 2 seine durch den
Fluß bewirkte aktuelle Konzentration. Um das durch die Konzentrations-
verschiebung herrschende Konzentrationsdefizit auszugleichen, muß an
der Profil-Rückflanke Substanz aus der Kompaktphase zur fluiden
Phase übergehen. Da die Wanderungsgeschwindigkeit jeder Substanzzone
dem Anteil des gelösten Stoffes direkt proportional ist, wandert die Peak-
rückflanke insgesamt verzögert und außerdem zum Peakende hin immer
langsamer.

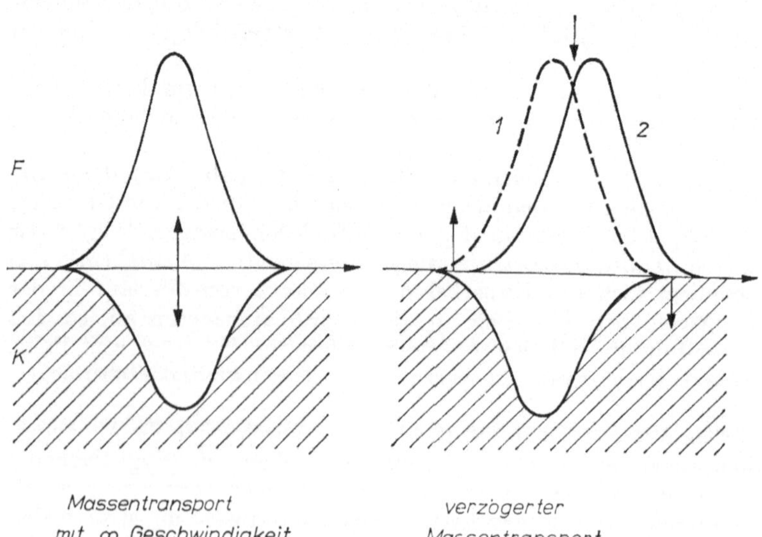

Abb. 2.9. Massentransport zwischen fluider (F) und kompakter (K) Phase

Der an der Vorderflanke hervorgerufene Konzentrationsüberschuß der Fluidphase ergibt dementsprechend eine gegenüber der Gleichgewichtskonzentration zu schnelle Wanderung. Somit bewirkt der Substanztransport eine ständige Bandenspreizung. Während im linken Bild bei allen Konzentrationen Gleichgewicht herrscht, gilt das rechts lediglich für den Kurvenschnittpunkt (oberer Pfeil). Hier haben aktuelle und Gleichgewichtskonzentration den gleichen Wert, und nur hier wird sich die Substanz mit der durch die Verteilungskonstante vorgegebenen Durchschnittsgeschwindigkeit vorwärts bewegen (Nichtgleichgewichtstheorie von GIDDINGS [13]).

Für den schnellen Stoffaustausch in der fluiden Phase sind große Trägerteilchen, kleine Diffusionskoeffizienten D_i und Hohlräume infolge von Packungsunregelmäßigkeiten (lange Diffusionswege) schädlich.

Innerhalb der kompakten Phase kann der zur Gleichgewichtseinstellung notwendige Stoffaustausch allein durch Diffusion erfolgen. D_{iK} geht daher in C_K stärker ein als D_{iF} in C_F'. Massenübergangshemmend wirken vor allem dicke Filme der Wirkphase auf der Stützphase oder tiefe Trägerporen.

Entsprechend der von HUBER aus dem Stoffbilanzmodell abgeleiteten Beziehung [10] ergibt sich für C_K

$$C_K = \psi \cdot \frac{(1 - \varphi + k_i)}{(1 + k_i)^2} \cdot \frac{d_p{}^2}{D_{i\,\text{eff}}}. \tag{2.49}$$

ψ ist eine geometrische Konstante. $D_{i\,\text{eff}} = \gamma_p \cdot \varepsilon_p \cdot D_{iK}$ beschreibt den effektiv im Korn wirksamen Diffusionskoeffizienten, wobei γ_p einen Umwegfaktor in den Kornporen und ε_p die Porosität der Trägerteilchen darstellt.

Für $D_{i\,\text{eff}}$ sind offensichtlich zwei Grenzfälle möglich: Die Poren der Kompaktphase können entweder vollständig mit dem Volumen der Wirkphase (Idealfall der Lösungschromatographie) oder vollständig mit dem Volumen der fluiden Phase ($D_{iK} = D_{iF}$) gefüllt sein. φ stellt den strömenden Anteil der fluiden Phase dar, der von der Zwischenkorn- und der Kornporosität der benutzten Trennsäule abhängt. Für $\varphi = 1$ (unporöses Korn) geht Gl. (2.49) in die Form der Konstante des C-Terms der bereits erwähnten VAN DEEMTER-Gleichung über[1]). Statt d_p steht in dieser Gleichung allerdings die Filmdicke der Wirkphase[2]) d_f.

---

[1]) $C = \dfrac{8}{\pi^2} \cdot \dfrac{k_i}{(1 + k_i)^2} \cdot \dfrac{d_f{}^2}{D_{iK}}$

[2]) Bei konstantem Verhältnis von Wirk- und Stützphase (Abb. 2.2) sind d_f und d_p einander proportional.

Falls inerte ($k_i = 0$) und unporöse Träger vorliegen, sind selbstverständlich alle Massenaustauschterme Null, die letzten beiden Glieder in Gl. (2.48) entfallen. Bei porösen inerten Trägern bleiben dagegen für $k_i = 0$ beide Glieder erhalten, weil die Moleküle weiterhin in die mit stagnierender fluider Phase gefüllten Poren diffundieren können (Molekülgrößen-Ausschlußchromatographie). In Gl. (2.49) reduziert sich der Mittelfaktor auf $(1 - \varphi)$, den stagnierenden Anteil des Volumens der fluiden Phase $V_i \equiv V_p$, innerhalb dessen sich jetzt die Trennung nach Molekülgrößen abspielt.

Ergänzend sei bemerkt, daß bei Verwendung poröser Träger zwischen der über den tatsächlichen Strömungsquerschnitt q_f (Abb. 4.4) (also ohne stagnierende fluide Phase) gerechneten Strömungsgeschwindigkeit v und der Wanderungsgeschwindigkeit des Schwerpunktes einer inerten Substanz u (schlechthin als Strömungsgeschwindigkeit bezeichnet) unterschieden wird. $u = L/t_M$ bezieht sich auf den gesamten, von der fluiden Phase erfüllten sog. freien Säulenquerschnitt q_m und ist als chromatographische Größe leicht meßbar. Es gilt $v/u = q_m/q_f = 1/\varphi$ ($v \geqq u$).

Die theoretischen Ausführungen verdeutlichen, daß niedrige Trennstufenhöhen nur bei drastischer Herabsetzung des Partikeldurchmessers erreichbar sind, eine Erkenntnis, die letzten Endes die gesamte Entwicklung der modernen Chromatographie vorangetrieben hat.

Durch kleine Partikel erhält man aber nicht nur niedrige Trennstufen, sondern auch einen sehr günstigen flachen Verlauf der $H_T(u)$-Kurve. Dadurch läßt sich die Elutionsgeschwindigkeit ohne übermäßigen Dispersionszuwachs erhöhen, und die Trennungen sind erheblich schneller durchführbar. Um gleichzeitig den Druck in Grenzen zu halten, ging man zu sehr kurzen Trennsäulen über.

Vorteilhaft ist ferner, daß sich das Funktionsminimum mit kleiner werdenden Korngrößen in Richtung höherer Strömungsgeschwindigkeiten verschiebt.

Im Grunde genommen kann man das Bett gepackter Säulen als kompliziertes System untereinander verbundener Kapillaren ansehen. Folglich sollte es möglich sein, die Chromatographie auch in ungefüllten, chromatographisch wirksamen Kapillarrohrbündeln oder einfacher in einer einzigen, entsprechend langen aktiven Kapillare durchzuführen. Tatsächlich hat M. J. E. GOLAY 1957 die ersten Kapillar-Gaschromatogramme vorgestellt [15] und neun Monate später [16] die vollständige, für die Kapillarchromatographie bis heute gültige $H_T(u)$-Funktion diskutiert.

Ihre mathematische Formulierung lautet in einer der üblichen Schreibweisen:

$$H_T(u) = \frac{2D_i}{u} + \frac{1}{96} \cdot \frac{d_c^2}{D_i} \cdot \left[\frac{1 + 6k_i + 11k_i^2}{(1 + k_i)^2} \right] u$$

$$+ \frac{2}{3} \cdot \frac{k_i}{(1 + k_i)^2} \cdot \frac{d_f^2}{D_{iK}} \cdot u. \tag{2.50}$$

In dieser Gleichung gibt es selbstverständlich keinen A-Term. Der erste Term ist der Beitrag der Längsdiffusion mit $\gamma = 1$.

Den zweiten Term bezeichnet man als Massenaustauschterm der fluiden Phase. Er ist der wesentlichste Term der Gleichung (vgl. Abschn. 2.6.), denn in der Kapillarchromatographie fällt vor allem der verzögerte Stoffaustausch (Diffusionswiderstand) im Fluid ins Gewicht, und zwar um so mehr, je dicker einerseits die Kapillare ist und je langsamer andererseits die betreffende Substanzzone wandert.

Der Term wurde oben in einen nicht geklammerten und einen geklammerten Ausdruck getrennt. Ersterer repräsentiert den Koeffizienten der TAYLOR-Dispersion für das ungefüllte Rohr, was man sofort nach Multiplikation mit $u/2$ (Umwandlung von H_T in $\mathfrak{D}$) und Vergleich mit Gl. (2.30) erkennt. Folgerichtig ergibt sich dieser Termteil auch aus der GIDDINGsschen Kopplungsgleichung, sofern man das Glied mit A wegläßt (im ungefüllten Rohr existiert keine Kornumströmung) und für d_p wieder d_c einführt:

$$\omega \frac{d_c^2}{D_i} u \qquad (\omega = \gamma'/2 = 1/96). \tag{2.51}$$

Für $k_i > 0$ (Kapillarinnenwand = Wirkphase) nimmt der Klammerausdruck Werte zwischen 1 und 11 (asymptotischer Grenzwert) an und trägt wesentlich zur Größe des Terms bei.

Der dritte Term erfaßt den verzögerten Massenaustausch in der Kompaktphase (Rohrwand + Wirkphase), und sein Konstantenteil entspricht demjenigen bei gepackten Säulen, d. h. Gl. (2.49) bzw. unmittelbar der Konstanten C in der VAN DEEMTER-Gleichung (vgl. Fußnote 1, S. 41). Er entfällt für $d_f = 0$ und für $k_i = 0$.

2.5.   Die Parameter des Chromatogramms

In diesem Abschnitt sind die wichtigsten dem Chromatogramm zu entnehmenden Parameter bzw. zu ihnen in unmittelbarer Beziehung stehende Gleichungen zusammengestellt.

Abbildung 2.10 enthält die dem Chromatogramm sofort zu entnehmenden Zeitparameter:

t_0 Ausschlußzeit. Mittlere Wanderungszeit hinreichend großer inerter[1]) Moleküle, die auf Grund ihrer Größe nicht in das Porensystem der Kompaktphase eindringen können. Zeit, die das Volumen V_0 (s. u.) zum Ausfluß aus der Trennsäule braucht

t_M Leer-, Tot- oder Mobilzeit. Mittlere Wanderungszeit einer Inertkomponente, die in alle (zugänglichen) Poren eindringen kann. Zeit, in der das Volumen V_M (s. u.) aus der Trennsäule fließt

t_i Zeit, während der sich die Inertkomponente im Mittel innerhalb von V_i (s. u.) aufhält
$$t_i = t_M - t_0$$

t_i' mittlere Aufenthaltszeit teilweise ausgeschlossener Moleküle im Porenvolumen V_i
$$t_i' = t_{Ri} - t_0; \; t_0 > t_i' < t_i$$

t_{Ri} Bruttoretentionszeit des i-ten Peaks

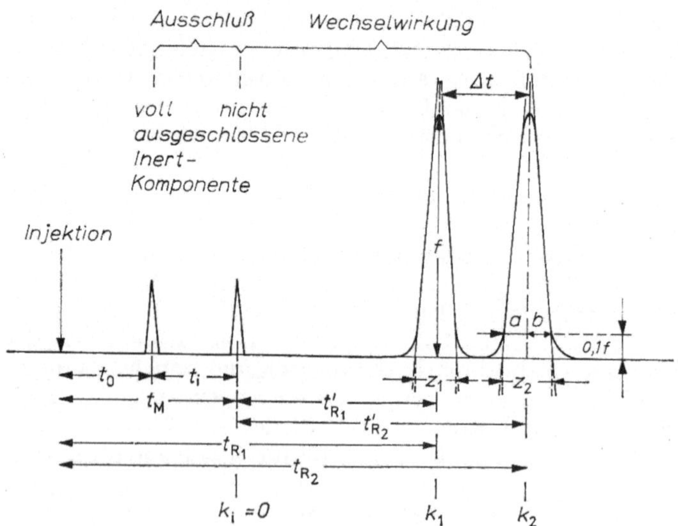

Abb. 2.10. Ermittlung von Chromatogrammparametern

---

[1]) inert bedeutet: mit der Kompaktphase nicht in Wechselwirkung tretend

t'_{Ri} Nettoretentionszeit, effektive Retentionszeit, oft ungenau als Retentionszeit bezeichnet

$$t'_{Ri} = t_{Ri} - t_M$$

Ferner benötigt man:

b/a Symmetrieparameter; Leading $< 1 <$ Tailing

$u = L/t_M$ lineare Wanderungsgeschwindigkeit des Schwerpunktes der Inertkomponente

$u_i = L/t_{Ri}$ wie vorstehend, bezogen auf die Komponente i

$\dot{V}$ Volumendurchsatz, Volumengeschwindigkeit des Eluenten (Volumen pro Zeiteinheit)

$\dot{V} = q_f \cdot \bar{v} = q_m \cdot \bar{u} = q_S \cdot c$ (Abschn. 4.4., Abb. 4.4), $\bar{v}$ und $\bar{u}$ sind über Zeit und Querschnitt gemittelte Geschwindigkeiten; v — lineare Wanderungsgeschwindigkeit großer Inertmoleküle, die nicht in die Trägerporen dringen; c — Leerrohrgeschwindigkeit

Durch Multiplikation der Zeitgrößen mit $\dot{V}$ ergeben sich die zugehörigen Volumengrößen, z. B.:

$V_M = t_M \cdot \dot{V} = L \cdot q_m = V_0 + V_i$ Leer- oder Totvolumen der Trennsäule bzw. Gesamtvolumen der fluiden Phase in der Trennsäule, Retentionsvolumen des Inertpeaks

$V_0 = t_0 \cdot \dot{V}$ Ausschlußvolumen, identisch mit dem Zwischenkornvolumen V_f der Trennsäule

$V_i = t_i \cdot \dot{V}$ zugängliches Porenvolumen, meist mit dem Porenvolumen V_p der Packung identifiziert[1])

$V_{Ri} = t_{Ri} \cdot \dot{V}$ Bruttoretentionsvolumen. Es ist das bis zum „Erscheinen" des Peakmaximums der Komponente i notwendige Elutionsvolumen. Retentionsvolumina sind im Gegensatz zu Retentionszeiten unabhängig von $\dot{V}$.

Komponenten, die in alle (zugänglichen) Poren eindringen können, haben entsprechend Abb. 2.10 das Retentionsvolumen

$$V_{Ri} = t_M \cdot \dot{V} + t'_{Ri} \cdot \dot{V} \tag{2.52}$$

$$= V_M + V'_{Ri} \tag{2.53}$$

$$= V_M + K_i X \qquad \text{(mittels Gl. (2.12a))} \tag{2.54}$$

$$= V_M + K_i V_W \qquad (X = V_W), \tag{2.55}$$

wenn V_W das Wirkvolumen der Kompaktphase ist.

---

[1]) *engl.:* internal pore volume

Inerte Komponenten, die nur teilweise in die Poren eindringen, ergeben

$$V_{Ri} = t_0 \cdot \dot{V} + t_i' \cdot \dot{V} = V_0 + V_i'. \tag{2.56}$$

V_i' ist das während der mittleren Aufenthaltszeit t_i' der Moleküle in V_i aus der Trennsäule ausfließende Flüssigkeitsvolumen, das gemäß (Gl. 2.12a) als Produkt aus der Verteilungskonstanten und der Bezugsgröße der Kompaktphase gegeben ist. Die Verteilungskonstante bezieht sich im Falle des entsprechend der Molekülgröße teilweisen Ausschlusses vom Porensystem (Molekülgrößen-Ausschlußchromatographie) auf die Stoffverteilung zwischen V_i und V_0, d. h. $K_{\text{SEC}} = \dfrac{c_K}{c_F} = \dfrac{m_i}{V_i} \Big/ \dfrac{m_0}{V_0} = k_{\text{SEC}} \cdot V_0/V_i.$

$$V_{Ri} = V_0 + K_{\text{SEC}} \cdot V_i. \tag{2.57}$$

Tritt eine solche Substanz außerdem in Wechselwirkung mit der Kompaktphase, beträgt die Verzögerungszeit insgesamt $t_0 + t_i' + t_R'$, d. h. es wird

$$V_{Ri} = t_0 \cdot V + t_i' \cdot \dot{V} + t_{Ri}' \cdot \dot{V} \tag{2.58}$$

$$V_{Ri} = V_0 + K_{\text{SEC}} \cdot V_i + K_i \cdot V_W. \tag{2.59}$$

Für $K_{\text{SEC}} = 1$ (maximaler Wert[1])) ergibt sich aus Gl. (2.59) die Gl. (2.55), da $V_0 + V_i = V_M$ ist. Man erkennt, daß t_M und V_M problematische Größen sind. Treten unvorhergesehene Ausschlußeffekte auf, wird t_M (bzw. V_M) zu klein gefunden, und die Nettoretentionsgrößen fallen dementsprechend zu groß aus. Sind Wechselwirkungen der ausgewählten „Inertkomponente" mit der Kompaktphase vorhanden, erhält man t_M (bzw. V_M) zu groß und die Nettoretentionsgrößen entsprechend zu klein.

Wird statt der Verteilungskonstanten (vgl. Gl. (2.6b)) der Kapazitätsfaktor eingeführt, ergibt sich

$$V_{Ri} = V_M(1 + k_i) \quad \text{bzw.} \tag{2.60}$$

$$t_{Ri} = t_M(1 + k_i) \tag{2.61}$$

$$t_{Ri} = L/u(1 + k_i) \quad (\text{Einsetzen für } t_M) \tag{2.62}$$

$$t_{Ri} = N(1 + k_i) \cdot H_T/u \quad (\text{mittels } H_T = L/N) \tag{2.63}$$

---

[1]) Bei vollständiger Porenzugänglichkeit sind die Konzentrationen innerhalb und außerhalb der Poren gleich.

$$\frac{t'_{Ri}}{t_{Ri}} = \frac{V'_{Ri}}{V_{Ri}} = \left(\frac{k_i}{1 + k_i}\right) \quad \text{(aus Gl. (2.61) und Gl. (2.67))} \qquad (2.64)$$

Gleichung (2.64) wird zur Umrechnung effektiver und nicht effektiver Größen benutzt (Abschn. 2.4.2.1.).

Die Berechnung der Trennstufenhöhe H_T aus dem Chromatogramm erfolgt mit Hilfe der im Abschn. 2.4.2.1. angegebenen Gleichungen. Im allgemeinen geht man von Gl. (2.37) aus und bestimmt t_{Ri} am Peakmaximum. σ wird nach sehr unterschiedlichen Verfahren ermittelt, die im Falle von GAUSS-Kurven von rein praktischen Gesichtspunkten (Einfachheit, Reproduzierbarkeit) bestimmt sind. Da sich jedoch reale Peaks bei höheren Ansprüchen an die Genauigkeit (Richtigkeit) selten hinreichend durch GAUSS-Profile approximieren lassen, sind durch unkritische Anwendung der gebräuchlichen Auswerteverfahren erhebliche Fehler und Mißverständnisse möglich.

Man kann σ nach folgenden, in der Reihenfolge abnehmender systematischer Fehler geordneten Methoden ermitteln (vgl. auch Tab. 2.1): Wendepunktabstandsmessung, Peakbreitenmessung in $0{,}5f$ (Gl. (2.39)), Messung des Abstandes der Tangentenschnittpunkte mit der Grundlinie (Gl. (2.40)), Messung von Peakfläche und -höhe, Messung von 5σ sowie Messung des empirischen Asymmetrieparameters (Abb. 2.10).

Zur Anwendung der Peakflächen/-höhenmessung bedient man sich der Gl. (2.24), d. h. es wird $\sigma = A/(f\sqrt{2\pi})$ errechnet. Bei stärkerem Tailing liefert meist nur noch das 5σ-Verfahren zufriedenstellende Werte. Am sichersten ist, nach dem letzten der sechs genannten Verfahren gemäß der Gleichung

$$H_T = \frac{L}{41{,}7} \cdot \frac{(a + b)^2}{t_{Ri}^2} \left(1{,}25 + \frac{b}{a}\right) \qquad (2.65)$$

auszuwerten [17]. Die hiernach berechneten Werte kommen den wahren Werten, die sich nach dem Momentenverfahren (Abschn. 2.9.) ergeben, recht nahe. Nach den ersten drei oben aufgeführten Verfahren erhält man bei etwas stärkerem Peaktailing mehr als die doppelten Bodenzahlen (halben Bodenhöhen) als tatsächlich real [18]. Deswegen sind alle ohne Nennung des Auswerteverfahrens gemachten Angaben für N oder H sehr kritisch zu bewerten, insbesondere dann, wenn die Zahlen für h (Abschn. 2.6.) in der Nähe des theoretischen Wertes liegen.

Die Zahl der in der Zeiteinheit realisierbaren effektiven Böden
(effektive Trennleistung, Abschn. 2.4.2.1.) ergibt sich aus den
Gln. (2.44a) und (2.63) zu

$$\dot{N}_{\text{eff}} = \frac{u}{H_T} \cdot \frac{k_i^2}{(1 + k_i)^3}. \tag{2.66}$$

Für $u/H_T = \text{konst.}$ ist $\dot{N}_{\text{eff}}$ nur vom Kapazitätsfaktor k_i abhängig. Die Funktion hat bei $k_i = 2$ ein breites Maximum, danach
einen Wendepunkt und nähert sich im Falle $k_i \to \infty$ dem Grenzwert Null. Optimale Werte werden erhalten, wenn k_i zwischen 1
bis 5 liegt.

$$k_i = \frac{t'_{Ri}}{t_M} = \frac{V'_{Ri}}{V_M} \qquad \begin{array}{l}\text{Kapazitätsfaktor (Retentionskapazität),} \\ \text{Massenverteilungsverhältnis, Totgrößen-} \\ \text{vielfaches (s. Gl. (2.10b))}\end{array} \tag{2.67}$$

$$f = \left(\frac{k_i}{1 + k_i}\right)^2 \qquad \begin{array}{l}\text{Umrechnungsfaktor in effektive Trenn-} \\ \text{stufen}\end{array} \tag{2.68}$$

$$\frac{k_i}{1 + k_i} \qquad \begin{array}{l}\text{Molekülanteil des Stoffes } i \text{ in der Kom-} \\ \text{paktphase (Grenzwert 1 für } k_i \to \infty\text{)}\end{array} \tag{2.69}$$

$$\frac{1}{1 + k_i} \qquad \begin{array}{l}\text{Molekülanteil des Stoffes } i \text{ in der} \\ \text{fluiden Phase (Grenzwert 0 für } k_i \to \infty\text{)}\end{array} \tag{2.70}$$

Nach Gl. (2.6b) verhalten sich die k_i-Werte zweier Verbindungen wie ihre Verteilungskonstanten.

Zwischen t_0 und t_M würde der Kapazitätsfaktor negative Werte
annehmen, da $(t_{Ri} - t_M) < 0$ ist. Für die Ausschlußchromatographie verwendet man daher

$$k_{\text{SEC}} = \frac{t'_{Ri}}{t_0} = \frac{t_{Ri} - t_0}{t_0}. \tag{2.71}$$

Folgende Größen werden zur Beurteilung der Peakauftrennung
verwendet:

$$\alpha_{21} = \frac{t'_{R2}}{t'_{R1}} = \frac{k_2}{k_1} = \frac{K_2}{K_1} \qquad \begin{array}{l}\text{Selektivitätskoeffizient, Trennfak-} \\ \text{tor, Nettoretentionszeitverhältnis}\end{array} \tag{2.72}$$

$$= \left(\frac{f_{1\infty}}{f_{2\infty}}\right)_K \cdot \left(\frac{f_{2\infty}}{f_{1\infty}}\right)_F \qquad \text{(vgl. Gl. (2.4))}$$

Ferner wurde als Selektivität vorgeschlagen [20]:

$$S_{ln} = \ln \alpha = 2 \cdot \frac{\alpha - 1}{\alpha + 1} \equiv T_S \quad (1 < \alpha < 1,5)^{1}). \tag{2.73}$$

Die so definierte Selektivität entspricht bis $\alpha = 1,5$ dem Selektivitätsterm in der allgemeinen Auflösungsgleichung bzw. SAID-Gleichung (s. u.) und wird bei $\alpha = 1$ (keine Trennung) Null. Die Selektivität eines Phasensystems ist gleich der Summe der Selektivitätsbeiträge seiner Einzelphasen S_K und S_F.

$$R_S = \frac{2y}{y_1 + y_2} \quad \text{Definitionsgleichung nach IUPAC} \tag{2.74}$$

Die Auflösung R_S zweier Peaks 1 und 2 drückt den Abstand y ihrer Schwerpunkte (vgl. Abschn. 2.9.) als Vielfaches des arithmetischen Mittels ihrer Peakbreiten y_1 und y_2 aus.

Für GAUSS-Profile und $n = 4$ schreibt man allgemein

$$R_S = \frac{y}{n\bar{\sigma}} = \frac{\Delta t}{\bar{z}_t}. \tag{2.75}$$

Werden in diese Gleichung N (theoretische Trennstufenzahl), α (Selektivitätskoeffizient) und k_i (Massenverteilungsverhältnis) eingeführt, ergibt sich die Auflösungsgleichung als Produkt aus einem Dispersions- oder Effektivitätsterm (T_E), einem Selektivitätsterm (T_S) und einem Geschwindigkeits- oder Kapazitätsterm (T_C)

$$R_S = T_E \cdot T_S \cdot T_C. \tag{2.76}$$

Für die exakte Ableitung ist es notwendig, z mittels Gl. (2.40) auszudrücken und das arithmetische Mittel in Gl. (2.75) einzusetzen. Meist begnügt man sich mit zwei unterschiedlichen Näherungsgleichungen nach Ansätzen von KNOX (Gl. (2.77)) und PURNELL (Gl. (2.78)) unter Verzicht auf die Mittelbildung und Einsetzen von z für den ersten Peak (Gl. (2.77)) oder für den zweiten Peak (Gl. (2.78)). Abgesehen davon, daß es nicht zweckmäßig ist, sich will-

---

[1]) Der Index (ln, lg) macht kenntlich, welcher Logarithmus verwendet wird.

kürlich auf den ersten oder zweiten Peak zu beziehen, stellt $z_1 \approx z_2$ keine plausible Näherung dar. Empfehlenswert ist daher Gl. (2.79), die auf der Annahme $N_1 \approx N_2 \approx \overline{N}$ beruht. Diese Näherungsgleichung nach SAID folgt zwanglos aus der allgemeinen Auflösungsgleichung [20].

$$R_S \approx \frac{1}{4}\sqrt{N_1} \cdot (\alpha - 1) \cdot \frac{k_1}{1 + k_1} \qquad (z_1 \approx z_2) \tag{2.77}$$

$$R_S \approx \frac{1}{4}\sqrt{N_2} \cdot \left(\frac{\alpha - 1}{\alpha}\right) \cdot \frac{k_2}{1 + k_2} \qquad (z_1 \approx z_2) \tag{2.78}$$

$$R_S \approx \frac{1}{4}\sqrt{\overline{N}} \cdot 2\left(\frac{\alpha - 1}{\alpha + 1}\right) \cdot \frac{\overline{k}}{1 + \overline{k}} \qquad (N_1 \approx N_2 \approx \overline{N}). \tag{2.79}$$

Die 3-Term-Auflösungsgleichung hat grundlegende theoretische Bedeutung für die chromatographische Trennung. Nachfolgend werden die Einzelterme an Hand der Schreibweise von SAID erläutert.

Der Effektivitätsterm ist durch die realisierbare Trennstufenzahl N bzw. Effektivität $\sqrt{N}$ der Trennsäule gegeben und kann mit Hilfe von L, d_p und u optimiert werden. Der Selektivitätsterm, der bis $\alpha = 1{,}5$ mit der oben definierten Selektivität identisch ist, läßt sich durch geeignete Wahl des Lösungsmittels und (oder) der Kompaktphase optimieren und repräsentiert unmittelbar den Einfluß des Phasensystems auf die Trennung. Der dritte Term (Kapazitätsterm) schließlich hängt vorzugsweise von der Elutionsmittelstärke ab und entspricht dem in der Kompaktphase befindlichen Substanzanteil der Bezugskomponente. In der SAID-Gleichung handelt es sich dementsprechend um den Anteil einer Komponente, der die mittlere Aufenthaltszeit i' $= \overline{k} \cdot t_M$ zukommt. Der Kapazitätsterm läßt sich auch durch Wahl der spezifischen Trägeroberfläche beeinflussen, da die k_i-Werte A_a proportional sind.

Der Kapazitätsterm nähert sich, wie erwähnt, mit wachsendem k_i asymptotisch 1. Deshalb ist sein Einfluß auf R im Bereich $0 \leq k_i \leq 5$ am stärksten. Änderungen kleiner k_i-Werte beeinflussen die Auflösung merklich, während sich die Trennzeiten bei Werten $\gg 5$ (10) wegen der linearen Beziehung zwischen t_{Ri} und k_i (Gl. (2.61)) für einen geringen Gewinn an Auflösung wesentlich verlängern.

Von ausreichender Trennung spricht man bei $\Delta t = \bar{z}_t$, d. h. $R = 1$ (Gl. (2.75)) mit einer Überlappung der GAUSS-Peaks von 4%. Für $R = 1{,}25$ beträgt die Überlappung nur noch 1,2%. Praktisch vollständige Trennung liegt ab $\Delta t = 1{,}5\bar{z}_t$ vor ($R \geqq 1{,}5$). Keine Auflösung ist für $R \leqq 0{,}5$ gegeben.

Ein Vergleich der Gleichungen (2.77) bis (2.79) mit Gl. (2.44a) zeigt unmittelbar die erhebliche Vereinfachung der Auflösungsgleichungen bei Einführung effektiver Böden, z. B.

$$R_S \approx \frac{1}{4}\sqrt{\overline{N}_{\text{eff}}} \cdot 2\frac{\alpha - 1}{\alpha + 1}. \tag{2.80}$$

Man setzt $R_S = 1$ und formt unter Berücksichtigung von Gl. (2.76) um:

$$\overline{N}_{\text{eff}} \approx \left(\frac{4}{T_S}\right)^2. \tag{2.81}$$

Dieser Ausdruck ergibt die bei gegebener Selektivität des Phasensystems zu einer ausreichenden Trennung zweier Peaks notwendigen effektiven Böden. T_S entspricht im Beispiel dem Selektivitätsterm der SAID-Gleichung.

Eine recht anschauliche Größe zur Charakterisierung der Peakverbreiterung ist die sog. Peakkapazität Ψ_i. Wenn man $H_T = $ konst. annimmt (z. B. für Homologe), ist σ proportional t_R (Gl. (2.37)). Man denkt sich nun das Zeitintervall $\Delta t = t_{Ri} - t_M$ durch homologe, sich ständig verbreiternde Peaks so ausgefüllt, daß ihre benachbarten Wendetangenten gemeinsame Schnittpunkte auf der Grundlinie haben ($R = 1$). Lassen sich über Δt Ψ_i Peaks unterbringen (einschließlich des 1. Peaks über t_M und des letzten Peaks über t_{Ri}), gilt

$$\Psi_i = 1 + 0{,}6\sqrt{N} \cdot \lg\left(1 + k_i\right). \tag{2.82}$$

Mittels Gl. (2.82) kann man sowohl die Trenneffektivität einer Säule gegenüber chromatographierten Substanzen ($k_i \to 0$, $\Psi_i \to 1$) als auch die Auflösung zweier Peaks charakterisieren, letztere durch $\Psi_2 - \Psi_1$ mit $\Delta t = (t_{R2} - t_{R1})$ und $N_2 \approx N_1$.

2.6.　　Reduzierte Größen

Die $H_T(u)$-Funktion läßt sich vorteilhaft mit sog. reduzierten, dimensionslosen Größen h (reduzierte Bodenhöhe) und v (reduzierte Geschwindigkeit) wiedergeben [21]. Hierzu dividiert man Gl. (2.48) durch d_p und faßt u, d_p und D_i zum Parameter v zusammen

$$h = \frac{H_T}{d_p}, \tag{2.83a}$$

$$v = \frac{u}{D_i/d_p} = \frac{u \cdot d_p}{D_i}. \tag{2.83b}$$

Aus den Mischungsgliedern wird auf diese Weise

$$h = \left(\frac{1}{2\lambda} + \frac{1}{\omega v}\right)^{-1} + \frac{2\gamma}{v} \tag{2.84}$$

und aus den Massenaustauschgliedern

$$h = C_F'' \sqrt{v} + \Psi \frac{(1 - \varphi + k_i)}{(1 + k_i)^2} \cdot \frac{D_i}{D_{i\,\text{eff}}} \cdot v. \tag{2.85}$$

H_T ist durch h als Vielfaches des Partikeldurchmessers ausgedrückt. Da h, wie GIDDINGS zeigte, auf Grund des stets verbleibenden Mischungsanteils der Kornumströmung 2λ den Minimalwert 2 auch im günstigsten Falle (Massenaustauschglieder Null, v in Gl. (2.85) hinreichend groß, λ bei idealer Packung ≈ 1) nicht unterschreiten kann, gilt

$$H_T \geqq 2d_p. \tag{2.86}$$

v stellt das Verhältnis zweier Transportgeschwindigkeiten der chromatographierten Substanz in der fluiden Phase dar, der linearen Strömungsgeschwindigkeit u und der Diffusionsgeschwindigkeit D_i/d_p (cm $\cdot$ s^{-1}), bezogen auf den Partikeldurchmesser d_p.

Meist gibt man die Gleichungen nach KNOX näherungsweise mit der halbempirischen Beziehung

$$h = A^* \cdot v^{0,33} + B^*/v + C^* \cdot v \tag{2.87}$$

wieder.

In den Gln. (2.84), (2.85) und (2.87) sind alle Glieder dimensionslos, und h ist — da d_p eliminiert wurde — unabhängig vom mittleren Partikeldurchmesser. Die Konstanten A^*, B^*, C^* können selbstverständlich nicht mit denen von Abschn. 2.4.2.2. identisch sein. Jedoch drückt sich auch in A^* die Qualität der Trennsäulenpackung und in C^* der Massenübergang aus. Unregelmäßig gepackte Säulen führen zu hohen A^*-Werten, schlechte Massenübergangscharakteristika ergeben große Konstantenwerte C^*. Für Inertkomponenten und unporöse Träger (Massenaustauschglieder Null) spielt die Art der fluiden Phase keine Rolle, denn D_i ist in Gl. (2.84) nicht mehr enthalten. Mit wachsenden k_i-Werten und steigender Geschwindigkeit v verschieben sich die h-Kurven zu höheren Werten, so daß ein entsprechendes Komponenten-„spektrum" ein charakteristisches Kurvenband ergibt. Die $h(v)$-Funktion ist eine universelle Beziehung. Sie leistet für die Interpretation der Wirksamkeit von Trennsäulen mit unterschiedlichen Trägern gute Dienste. Auch Flüssig- und Gaschromatographie wurden verglichen [22]. Da ·die Trennstufenhöhe, wie bereits dargelegt, maßgeblich von der Bettstruktur abhängt, sind vergleichbare Ergebnisse nur bei einwandfreier Säulenpackung zu erhalten. Ergeben sich für ein bestimmtes Trägermaterial mit kleineren Korngrößen höhere h-Werte, darf mit Sicherheit auf eine weniger gelungene Trennsäulenpackung geschlossen werden.

Zur graphischen Darstellung von Gl. (2.87) trägt man $\lg h$ gegen $\lg v$ auf (doppelt logarithmisches Papier). Die Kurven haben i. allg. Minima zwischen $h = 2$ bis 5 und $v = 2$ bis 10. Der konventionelle Bereich der Flüssigchromatographie erstreckt sich bis $v = 200$ (600). Typische Werte für A^* liegen bei 0,5—2, für B^* bei 1,5—2 und für C^* bei $1 \cdot 10^{-2}$ bis $5 \cdot 10^{-2}$.

Ab $v > 10$ kann die Axialdiffusion und damit das zweite Mischungsglied B^*/v vernachlässigt werden. Mit Hilfe der für einen annähernd linearen Kurventeil gültigen Gleichung $\lg h = n \cdot \lg v$ $+$ konst. erhält man zu den reduzierten Werten h und v die Kurvensteigung n. Damit lassen sich die prozentualen Anteile der Einzelglieder in Gl. (2.87) unter Verwendung von Tab. 2.2 angeben [23].

Gleichung (2.50) lautet in reduzierter Form ($d_p \equiv d_c$):

$$h(v) = \frac{2}{v} + \frac{1}{96}\left[\frac{1 + 6k_i + 11k_i{}^2}{(1 + k_i)^2}\right] v + \frac{2}{3}\frac{k_i}{(1 + k_i)^2}$$

$$\times \left(\frac{d_f}{d_c}\right)^2 \cdot \frac{D_i}{D_{iK}} \cdot v. \tag{2.88}$$

Tabelle 2.2

n	Prozentanteile zu h	
	Mischungsglied $A^* \cdot \nu^{0,33}$	Massenübergangsglied $C^* \cdot \nu$
0,33	100	0
0,4	90	10
0,5	75	25
0,6	60	40
0,7	45	55
0,8	30	70
0,9	15	85
1,0	0	100

In dieser Schreibweise ist gut zu erkennen, daß der verzögerte Massenaustausch in der Kompaktphase (3. Glied) für die Kapillarchromatographie vernachlässigt werden kann. D_i/D_{iK} beträgt etwa 1, und d_f^2/d_c^2 liegt in der Größenordnung von 10^{-3}. Wegen des ungünstigen Phasenverhältnisses sind die Kapazitätsfaktoren in der Kapillarchromatographie generell niedriger als in gepackten Säulen (vgl. Gl. (2.6b)), was mit weniger polaren Elutionsmitteln ausgeglichen werden kann.

Abschließend sei eine dritte reduzierte Größe angeführt, die ebenfalls dimensionslos und unabhängig von d_p ist, der sog. Säulenwiderstandsfaktor $\Phi = d_p^2/K$ (vgl. Abschn. 2.7. und 4.6.).

2.7.   *Der Strömungswiderstand der Trennsäule*

Für inkompressible Flüssigkeiten[1]), die durch ein poröses Medium (Kugelschüttung) strömen, gilt in Analogie zum HAGEN-POISEUILLEschen Gesetz (DARCY 1856):
In jeder Richtung ist die lineare Fließgeschwindigkeit einer laminaren Strömung dem Druckgefälle proportional.

Linearität zwischen Fließgeschwindigkeit c und Druckgradienten $\partial p/\partial x$ besteht nur für laminare Strömung bis $\mathrm{Re} = c \cdot d_p/\nu \leq 10$, wenn d_p der Durchmesser der (kugelförmigen) Packungsteilchen und ν die kinematische Viskosität der strömenden Phase ist. Die Bedingung trifft in der Flüssigchromatographie stets zu.

---

[1]) Vgl. Fußnote 1, S. 35.

Für eine gepackte Trennsäule mit dem Druckabfall ΔP liefert die Integration der DARCYSchen Differentialgleichung zwischen x_1, x_2, p_1, p_2

$$K_0 = \frac{c\eta L}{\Delta P} = \frac{4\dot{V}\eta L}{\pi d_S^2\,\Delta P}. \tag{2.89}$$

$$K_0 = \frac{c\eta L}{\Delta P} = \frac{d_S^2}{32}. \tag{2.90}$$

Gleichung (2.90) ergibt sich einfach durch Umformen des HAGEN-POISEUILLESCHEN Gesetzes für das kreisrunde, leere Rohr (Kapillarchromatographie). K_0 heißt spezifische Permeabilität[1]). Mit c bezeichnen wir die Leerrohrgeschwindigkeit, d. h. die lineare Fließgeschwindigkeit, die sich beim gleichen Volumendurchsatz $\dot{V}$ im leeren Rohr einstellen würde. η stellt die dynamische Viskosität der fluiden Phase dar[2]).

Beim chromatographischen Arbeiten ist es zweckmäßig, statt c die Geschwindigkeit $u = L/t_M$ einzuführen. Dann wird aus Gl.(2.89)

$$K = \frac{u \cdot \eta \cdot L}{\Delta P} \qquad [K] = \mathrm{cm}^2. \tag{2.91}$$

K bezeichnet man kurz als Permeabilität. Die reziproken Konstanten K_0 und K sind ein Maß für den Strömungswiderstand der Trennsäule. Eine Temperaturangabe zu K ist nicht notwendig. η nimmt mit steigender Temperatur ab, gleichzeitig sinkt ΔP[3]).

Die Permeabilitätskonstanten hängen von der Beschaffenheit der Säulenfüllung ab. Man findet:

$$K_0 = \frac{d_p^2}{180\vartheta^2} \cdot \frac{\varepsilon_f^3}{(1 - \varepsilon_f)^2} \qquad (\text{KOZENY-CARMAN}) \tag{2.92}$$

$$K = \frac{d_p^2}{180\vartheta^2} \cdot \frac{\varepsilon_f^2}{(1 - \varepsilon_f)^2} \cdot \varphi. \tag{2.93}$$

---

[1]) Permeabilität $=$ Durchlässigkeit. Die Bezeichnung spezifische Permeabilität für die auf die Leerrohrgeschwindigkeit bezogene Permeabilität wird nicht einheitlich benutzt.

[2]) Es gilt $\eta = \varrho \cdot v$.

[3]) Bei einer Temperaturänderung von $5\,°\mathrm{C}$ ändert sich die Viskosität der meisten Flüssigkeiten um $10\cdots20\%$.

$1 \leqq \vartheta \leqq 1{,}3$ ist ein Formfaktor, der den Abweichungen von der Kugelform und den von der Strömung erfaßten Vertiefungen der Oberfläche poröser Träger Rechnung trägt. Wie ersichtlich, spielt d_S für die Permeabilität gepackter Säulen unmittelbar keine Rolle. Mit $\varepsilon_f = 0{,}4$ für die Zwischenkornporosität und $\vartheta = 1$ (Glaskugeln) erhält man aus Gl. (2.92) die als Näherungsformel oft benutzte Gleichung

$$K_0 \approx \frac{d_p{}^2}{1000} \tag{2.94}$$

$$\frac{K_0}{K} = \frac{c}{u} = \frac{\varepsilon_f}{\varphi} = \varepsilon_m. \tag{2.95}$$

Gleichung (2.95) verdeutlicht nochmals den Zusammenhang der Permeabilitätskonstanten. Ein im Säulenpacken erfahrener Chromatographer reproduziert die Werte mit $\sigma = 5$ bis 10%. Permeabilitätskonstanten bestimmt man in einfacher Weise aus der Neigung der $\Delta P/u$- bzw. $\dot{V}$-Kurve[1]).

Sofern $u = L/t_M =$ konst., steigt der Säuleneingangsdruck mit sinkendem Partikeldurchmesser d_p offensichtlich quadratisch. Arbeitet man beispielsweise mit der Säulenlänge L und dem Partikeldurchmesser $d_p = 10\ \mu\mathrm{m}$ bei 100 bar, so sind für $d_p/2 = 5\ \mu\mathrm{m}$ 400 bar zu erwarten. Wird gleichzeitig L um die Hälfte verkürzt, dann beträgt der Druckabfall nur 200 bar bei gleichzeitigem Zeit- und Lösungsmittelgewinn von jeweils 50%.

Nach HALASZ gilt $H_T \sim d_p{}^\beta$ mit $1 < \beta < 2$, wobei man für grobe Partikel (klassische Säulenchromatographie) $\beta \approx 2$ und im Falle kleiner Partikel ($< 5\ \mu\mathrm{m}$) $\beta \approx 1$ setzt. Das bedeutet im obigen Beispiel, daß sich H_T ungefähr halbiert und somit die verkürzte Trennsäule noch die gleiche Anzahl theoretischer Böden besitzt. Für die Trennleistung $\dot{N} = N/t_{Ri}$ allerdings wird der doppelte Wert erreicht.

Die Betrachtung erklärt nicht nur den gegenwärtigen Trend zur sog. Superschnellen Chromatographie mit kurzen Trennsäulen (s. Abschn. 2.10.), sondern darüber hinaus die Entwicklung von der klassischen Chromatographie zur modernen Hochleistungs-Flüssigchromatographie (s. Abschn. 1.).

---

[1]) Übliche Größenordnungen sind z. B. folgende: 10^{-10} (für $d_p = 5\ \mu\mathrm{m}$), 10^{-9} (für $d_p = 10\ \mu\mathrm{m}$) und 10^{-8} (für $d_p = 30\ \mu\mathrm{m}$) cm².

2.8. Temperaturgradienten innerhalb der Trennsäule

Der Strömungswiderstand gepackter Säulen erfordert einen mehr oder weniger hohen Aufwand an Pumpenergie, sofern das Lösungsmittel mit annehmbarer Geschwindigkeit durch die Pakkung fließen soll. Diese Energie dient zur Überwindung der Reibungskräfte innerhalb der Füllung und wird in Wärme umgesetzt. Dadurch bilden sich zwei Temperaturgradienten aus, ein Gradient vom Säulenanfang zum Säulenende und ein zweiter, infolge Wärmeabführung durch die Kolonnenwand, von der Säulenmitte nach außen. Der radiale Gradient ist mit adiabatischen Säulen (gute Wärmeisolation) weitgehend vermeidbar.

Unabhängig von der Packung ergibt sich für den Temperaturanstieg ΔT eines inkompressiblen adiabatischen Systems

$$\Delta T = \frac{\Delta P}{9{,}74 \cdot \varrho \cdot c_p} \quad [\Delta T] = {}^\circ\mathrm{C}. \tag{2.96}$$

$(\Delta P < 500 \text{ bar})$

ϱ $(\mathrm{g \cdot cm^{-3}})$ ist die Dichte, c_p $(\mathrm{J \cdot grad^{-1} \cdot g^{-1}})$ die spezifische Wärme der fluiden Phase. ΔP wird in Bar eingesetzt. Bei einem Druckabfall von 100 bar erhält man für die meisten Flüssigkeiten einen adiabatischen Temperaturzuwachs von $5 \cdots 7\,{}^\circ\mathrm{C}$ längs der Säulenachse. In den üblichen Stahlsäulen mit $d_S \approx 4$ mm wird jedoch wegen der Wärmeabführung durch die Wand nur etwa die Hälfte gemessen [24].

Der unberücksichtigte Temperaturanstieg in der Säule führt u. U. zur Verwendung eines zu hohen Viskositätswertes in Gl. (2.91). Dieser Fehler gleicht sich allerdings z. T. aus, weil die Viskosität der meisten organischen Flüssigkeiten bei Druckerhöhung steigt[1].

Temperaturgradienten im Innern einer Trennsäule beeinflussen ihre chromatographischen Eigenschaften in unerwünschter Weise.

Durch Längsgradienten können sich die Retentionsgrößen bei hohen Drücken merklich verringern. Ein Temperaturabfall von der Säulenmitte zur Außenwand bewirkt infolge des damit verbundenen Viskositätsanstieges uneinheitliche Fließgeschwindig-

---

[1] Bei Druckzuwachs von z. B. 100 bar um 10%.

keiten im Säulenquerschnitt und somit Peakverbreiterung. Im gleichen Sinne wirkt sich der verbesserte Stofftransport des gelösten Stoffes in der wärmeren Säulenmitte áus.

Der Einfluß von Temperatureffekten verringert sich, je kleiner der verwendete Säulendurchmesser, d. h. je englumiger die betreffende Trennsäule ist. Hierin liegt ein Vorteil aller Mikrosäulen, der sich insbesondere beim Hintereinanderschalten mehrerer derartiger Säulen, also bei großen Säulenlängen, günstig auswirkt.

Schädliche Temperaturgradienten innerhalb der Trennsäule können auch auftreten, sobald das zugeführte Elutionsmittel eine andere Temperatur als die Trennsäule (Thermostatenraum) hat. Zur Beseitigung solcher Temperaturgradienten muß man dem schnellen Wärmeaustausch vor der Trennsäule konstruktiv Rechnung tragen.

2.9.   *Anwendung statistischer Momente*

Wahrscheinlichkeitsdichtekurven $y = f(t)$, wie sie in der Chromatographie auftreten (vgl. Abschn. 2.3), lassen sich durch sog. statistische Momente beschreiben und charakterisieren. Die auf den russischen Mathematiker TSCHEBYSCHOW zurückgehende Methode erlaubt auch bei nicht GAUSS-förmigen Peakprofilen eine zuverlässige Ermittlung wichtiger chromatographischer Größen besonders dann, wenn mehr oder weniger stark deformierte Peakprofile einer Anwendung der üblichen Methoden im Wege stehen.

Man unterscheidet zwischen gewöhnlichen Momenten m_k und zentralen Momenten $\overline{m}_k$, die wie folgt definiert sind ($k = 0, 1, 2, \ldots$):

$$m_k = \int t^k f(t)\, \mathrm{d}t \tag{2.97}$$

$$\overline{m}_k = \int (t - m_1)^k\, f(t)\, \mathrm{d}t. \tag{2.98}$$

Aus Gl. (2.97) erhält man mit $k = 0$

$$m_0 = \int f(t)\, \mathrm{d}t = 1 \tag{2.97a}$$

das nullte Moment als Kurvenfläche; mit $k = 1$ ergibt sich

$$m_1 = \int t f(t)\, \mathrm{d}t = \bar{t} \tag{2.97b}$$

das erste Moment, das (vgl. Abschn. 2.3.) das (arithmetische) Mittel der Retentionszeiten längs der Konzentrationsverteilung,

d. h. die Zeitkoordinate des Peakschwerpunktes und damit die wahre Bruttoretentionszeit t_{Ri} einer Komponente i darstellt. Dieser Wert ist unabhängig von der Kinetik der Trennprozesse und erlaubt bei Vorliegen linearer Isothermen die Berechnung der thermodynamischen Gleichgewichtskonstante (Abschn. 2.2.). Mit $k = 2$ resultiert das zweite Moment

$$m_2 = \int t^2 f(t)\, \mathrm{d}t = \overline{t^2} \tag{2.97c}$$

als arithmetisches Mittel der Retentionszeitquadrate, mit $k = 3$ das dritte Moment usw.

Aus Gl. (2.98) ergibt sich mit $k = 2$[1])

$$\overline{m}_2 = \int (t - m_1)^2 f(t)\, \mathrm{d}t = m_2 - m_1{}^2 \tag{2.98a}$$

das zweite zentrale Moment, der Mittelwert der quadratischen Abweichungen vom (arithmetischen) Mittel der Retentionszeiten, uns bereits als Varianz $\sigma_t{}^2$ der Dichtefunktion geläufig (Gl. (2.20)). $k = 3$ führt zu

$$\overline{m}_3 = \int (t - m_1)^3 f(t)\, \mathrm{d}t, \tag{2.98b}$$

dem dritten zentralen Moment, mit dem die Peakschiefe

$$S = \frac{\overline{m}_3}{\overline{m}_2{}^{3/2}} = \frac{\overline{m}_3}{\sigma_t{}^3} \tag{2.99}$$

definiert wird. $S > 0$ bedeutet Peaktailing, $S < 0$ Peakleading. Für GAUSS-Profile gilt $\overline{m}_3 = 0$ und somit $S = 0$. Tailingbehaftete Peaks ergeben i. allg. Werte zwischen $0 < S < 1$. $S = 1$ resultiert beispielsweise, wenn man eine Hälfte des GAUSS-Profils als stark asymmetrisches Peakmodell betrachtet. Die Standardabweichung asymmetrischer Peaks ist stets größer als die normalverteilter bei gleicher Peakhöhe und -fläche.

Gemäß Gl. (2.37) läßt sich H_T in exakter Weise (vgl. Abschn. 2.5.) mit Momenten formulieren. Es gilt

$$H_T = \frac{\overline{m}_2}{m_1{}^2} \cdot L \tag{2.100}$$

---

[1]) Für $k = 0$ wäre $\overline{m}_0 = m_0$ und für $k = 1$ $\overline{m}_1 = 0$.

und somit $N = m_1^2/\overline{m}_2$. Die Auflösungsgleichung lautet in Momentenschreibweise (Gl. (2.75)):

$$R_{2,1} = \frac{1}{2} \cdot \frac{(m_1)_2 - (m_1)_1}{(\overline{m}_2)_2^{1/2} + (\overline{m}_2)_1^{1/2}}. \tag{2.101}$$

Eine Chromatogrammauswertung mit statistischen Momenten nach den angegebenen Gleichungen erfordert die elektronische Digitalisierung des Chromatogramms und die Einbeziehung eines entsprechend programmierten Computers. Für modern ausgerüstete Chromatographielaboratorien stellt das heute kein prinzipielles Problem dar.

GRUBNER [25] konnte zeigen, daß sich $m_1, \overline{m}_2$ und $\overline{m}_3$ auch in relativ einfacher Weise über die Wendepunkte asymmetrischer Elutionskurven bestimmen lassen.

2.10.   *Englumige und sehr kurze Trennsäulen*

Die Varianzzunahme eines Substanzprofils während des Transports längs einer Trennsäule S der Länge L errechnet sich mittels Gl. (2.38) und Gl. (2.60) zu

$$\sigma_{VS}^2 = H_T \cdot V_M^2(1 + k_i)^2/L. \tag{2.103}$$

Für ungefüllte Trennsäulen ist $V_M = q_S \cdot L$. Im Falle gepackter Kolonnen hat man, um den Anteil des von der fluiden Phase besetzten Säulenvolumens zu erhalten, noch mit ε_m zu multiplizieren. Dann ergibt sich für σ_{VS}^2

$$\sigma_{VS}^2 = H_T \cdot L \cdot \varepsilon_m^2 \cdot q_S^2(1 + k_i)^2 \tag{2.104}$$

und für das von der Säule verursachte Peakvolumen ΔV_S ohne Berücksichtigung der säulenexternen Varianzen und des Injektionsvolumens

$$\Delta V_S = 4\sigma_{VS} = \pi \cdot \varepsilon_m \cdot d_S^2 \sqrt{H_T \cdot L} \, (1 + k_i). \tag{2.105}$$

Aus Gl. (2.105) folgt mit Gl. (7.4), wenn man c mittels Gl. (2.23) auf das Peakmaximum bezieht

$$S_c = f_{rc} \cdot \frac{Q}{\dfrac{1}{4}\pi\sqrt{2\pi} \cdot \varepsilon_m \cdot d_S^2 \sqrt{H_T \cdot L}} \cdot \frac{1}{1 + k_i}, \tag{2.106}$$

sofern auch hier der Einfluß der externen Varianzen auf das Signal unberücksichtigt bleibt[1]). Schließlich erhält man als kleinste detektierbare Masse (Massenempfindlichkeit) des Systems Q

$$Q = (2S_R/f_{rc})\,\frac{1}{4}\,\pi\,\sqrt{\pi}\cdot\varepsilon_m\cdot d_S{}^2\,\sqrt{H_T\cdot L}\,(1 + k_i), \qquad (2.107)$$

wenn S_R das Rauschsignal (Störpegel des Signals) ist (Abschn. 7.3.1.).

Gemäß Gl. (2.105) verhalten sich die ΔV_S-Werte einer Substanz in zwei Säulen mit den Durchmessern d_1 und d_2 (bei sonst gleichen Parametern) wie die Quadrate der Säulendurchmesser. Für die Signale S_c gilt das Umgekehrte (Gl. (2.106)):

$$\frac{\Delta V_{S1}}{\Delta V_{S2}} = \frac{\dot{V}_1}{\dot{V}_2} = \frac{d_1{}^2}{d_2{}^2} \approx \frac{S_{c2}}{S_{c1}}. \qquad (2.108)$$

Im Abschn. 1. wurde bereits darauf hingewiesen, daß sich gegenwärtig kurze, schnelle Säulen mit kleinen Partikeln sowie kleinkalibrige (englumige) Trennsäulen konventioneller Längen, sog. PMB ("packed microbore")-Säulen, auf dem Markt durchsetzen. Welcher Typ zu bevorzugen ist, hängt u. a. von der analytischen Zielstellung ab. Eine a priori höhere Trennwirksamkeit gegenüber konventionellen HPLC-Säulen wird in beiden Fällen nicht erzielt.

Tabelle 2.3

Zusammenstellung analytischer Säulentypen mit unterschiedlichen Durchmessern zur HPLC

Typ	$d_S/$mm	$L/$cm	V_Z/μl	$N\cdot 10^{-3}/$TP
konv. Säulen	2—5	20 $\pm$ 10	10 $\pm$ 5	10 $\pm$ 5
PMB-Säulen	1(0,5—2)	20 $\pm$ 10	$\leqq$ 1	10 $\pm$ 5
Mikro-Säulen	0,1—0,5	10—20	0,005—0,2	5—10
Kapillarsäulen	< 0,1	(10—100) $\cdot$ 10^2	< 0,05	> 100
gepackt	< 0,1			
ungefüllt	$\leqq$ 0,01		< 0,001	

Daneben vollzieht sich, wie bereits erwähnt, die Entwicklung echter Mikrosäulen und Kapillaren, deren Anwendung extreme Anforderungen an die einzusetzenden Geräte stellt. Tabelle 2.3 enthält eine systematisierte Zusammenstellung der derzeit verwendeten Säulentypen. Ihre exakte Abgrenzung ist natürlich schwer durchführbar, allerdings auch nicht notwendig.

---

[1]) Exakt gilt: $\Delta V = \Delta V_S \cdot \sqrt{1 + \sigma_{ex}^2/\sigma_{VS}^2}$.

Um die Besonderheiten der einzelnen Säulentypen einschätzen zu können, sei von einer gepackten konventionellen Säule mit den am Kopf der Tab. 2.4 angegebenen Parametern ausgegangen.

Zuerst halbiert man gedanklich das Säulenkaliber (Säuleninnendurchmesser) der konventionellen Säule bei unveränderter Säulenlänge und gleichem Partikeldurchmesser. Die berechneten Parameter der so erhaltenen englumigen Säule sind in der ersten Zahlenreihe der Tabelle aufgeführt. Anschließend bleibt der Säulendurchmesser der Ausgangssäule konstant, aber der Partikeldurchmesser der Säulenfüllung und die Säulenlänge werden um die Hälfte verkleinert. Die Parameter dieser Kurzsäule finden sich in der unteren Zahlenreihe von Tab. 2.4.

Tabelle 2.4

Schema für Parameteränderungen beim Übergang von konventionellen HPLC-Säulen zu sog. niedrigdispersen HPLC-Säulen (englumige Säulen, Kurzsäulen).
Die Primärgrößen wurden stark umrahmt. Alle Zahlenwerte sind Vielfache der Ausgangsparameter (siehe Text).

	d_S	d_p	L	σ^2_{VS}	ΔV	H_T[1])	N	t_A	$\dot N$	S_c	ΔP	$\dot V$	Lm-Verbr.
Englumige Säule	1/2	–	–	1/16	1/4	konst.	konst.	konst.	konst.	4	konst.	1/4	1/4
Kurzsäule	–	1/2	1/2	1/4	1/2	1/2	konst.	1/2	2	2	2	konst.	1/2

[1]) $H_T \sim d_p$

Beim Übergang zu englumigen Säulen fällt die starke Erniedrigung von σ^2_{VS} auf. Da im gleichen Verhältnis notwendigerweise auch die externen Varianzen abzunehmen haben, wird verständlich, weshalb selbst 2- oder gar 1-mm-Säulen früher wenig Erfolg hatten: Ihre erfolgreiche Anwendung erfordert eine neue Gerätegeneration mit speziellem Design. Weniger Ansprüche stellen die Kurzsäulen, es sei denn, man wählt extrem reduzierte Säulenlängen.

Der zweifellos bemerkenswerteste Vorteil beim Übergang zu kleinen Säulendimensionen ist die Herabsetzung des Lösungsmittelverbrauchs. Auf diese Weise können sehr teure oder „ausgefallene" Lösungsmittel als Eluentien dienen. Abgesehen davon wird man in Laboratorien mit vielen rund um die Uhr betriebenen Geräten die derzeit als erhebliche ökonomische und sicherheitstechnische Belastung anzusehenden Lösungsmittelmengen künftig drastisch vermindern.

PMB-Säulen eignen sich auch gut zur Kopplung mit der Massenspektrometrie.

Des weiteren ist die auf Grund der kleinen Peakvolumina bei beiden Säulentypen erhöhte Detektionsempfindlichkeit vorteilhaft. Der nach Gl. (2.108) errechnete Signalgewinn wird allerdings nur mit hinreichend kleinen Substanzmengen bei gleichen Dosiervolumina voll wirksam. Nutzt man die Säulenkapazitäten jeweils voll aus (maximale Dosiervolumina), ist die der Elutionschromatographie inhärente Probenverdünnung von den Säulenparametern unabhängig. In diesem Falle wird mit kleineren Säulen trotz kleinerer Peakvolumina keine höhere Detektions- bzw. Nachweisempfindlichkeit erzielt.

Die Massenempfindlichkeit verbessert sich mit abnehmendem d_S bzw. L gemäß Gl. (2.107) stets, gleiches Rauschen (S_R) und gleiche Detektionsempfindlichkeit (f_{rc}) vorausgesetzt. Eine konventionelle Säule möge die Abmessungen $L = 250\,\text{mm}$, $d_S = 4{,}6\,\text{mm}$ und eine Füllung mit Partikeln des Durchmessers $d_p = 5\,\mu\text{m}$ haben. Ferner sei $H_T = 0{,}02\,\text{mm}$ bestimmt worden. Für $k_i = 0$ errechnet sich $\sigma_{VS}^2 = 884\,\mu\text{l}^2$ (Gl. (2.104)) und unter Berücksichtigung externer Varianzen (Gl. (2.27)) $\sigma_V^2 = 884 + 177 = 1061\,\mu\text{l}^2$. Das tatsächliche Peakvolumen beträgt also für das Beispiel $\Delta V = 4\sigma_V = 130\,\mu\text{l}$. Mittels Gl. (2.108) veranschlagen wir nun das Peakvolumen einer 1 mm PMB-Säule mit $6{,}1\,\mu\text{l}$, d. h. σ_V beträgt nur noch $1{,}5\,\mu\text{l}$. Wegen der Bedingung $V_Z \leq 1/2\sigma_V$ (Abschn. 2.4.1.2.) sind für solche Trennsäulen Detektoren mit Zellenvolumina $< 1\,\mu\text{l}$ erforderlich. Die 1 mm PMB-Säule benötigt nur rund den zwanzigsten Teil an Elutionsmittel (95%ige Lösungsmitteleinsparung) und erreicht etwa die zwanzigfache Massenempfindlichkeit. Wegen der geringen Durchflüsse von $50\cdots100\,\mu\text{l}\ \text{min}^{-1}$ müssen spezielle Förderpumpen zur Anwendung kommen. Für die folgende Berechnung wird die konventionelle Säule auf 50 mm verkürzt und mit $3\,\mu\text{m}$ Partikeln gefüllt. Solche Kurzsäulen sind bis zu $L = 30\,\text{mm}$ (und sogar darunter) im Handel. Es errechnet sich $\sigma_V^2 = 88 + 18\,\mu\text{l}^2$, so daß $\sigma_V = 10\,\mu\text{l}$ beträgt und in diesem Falle konventionelle Detektoren brauchbar sind. Manche Hersteller verwenden auch Kurzsäulen mit Durchmessern $> 5\ \text{mm}$ und bieten neben den üblichen Pumpensystemen konventionelle Geräte für superschnelle Trennungen an. Obgleich aus den im Abschn. 2.8. erläuterten Gründen mit einer großen Zahl gekoppelter PMB-Säulen gelegentlich 10^5 bis 10^6 TP realisiert werden konnten, steht doch außer Frage, daß so hohe Bodenzahlen das Privileg der Kapillarsäulen sind, schon aus Gründen der problemlosen Handhabung großer Säulenlängen. Allerdings werden die vor allem interessanten langen ungefüllten Kapillaren in der Flüssigchromatographie erst bei Durchmessern

$\leqq 0{,}01$ mm wirklich überzeugend und mit den gepackten konventionellen Säulen konkurrenzfähig.

Wenn man für die oben betrachtete konventionelle Säule $\dot{V} = 2$ ml $\cdot$ min^{-1} ansetzt, ergibt sich eine lineare Fließgeschwindigkeit von $u = L/t_M = \dot{V}/q_s \cdot \varepsilon_m = 0{,}25$ cm/s, mit der auch eine entsprechend präparierte Kapillare von $d_c = 10$ μm und z. B. $L = 10$ m betrieben werden kann. Ihre Permeabilitätskonstante (Abschn. 2.7.) errechnet sich zu $K = K_0 = d_c{}^2/32 = 3{,}1 \cdot 10^{-8}$ cm^2, und der Druckabfall mit Wasser als Elutionsmittel ($\eta = 1$ cP $= 1$ mPa $\cdot$ s) wäre somit

$$\Delta P = \frac{u \cdot \eta \cdot L}{K} = \frac{0{,}25 \cdot 1 \cdot 10^3}{3{,}1 \cdot 10^{-8}} \text{ mPa} = 80{,}6 \text{ bar}.$$

Die zu fördernde Lösungsmittelmenge erhält man mit $\dot{V} = u \cdot q^s \approx 0{,}2$ nl/s als extrem niedrig, während $t_M = L/u = 4 \cdot 10^3$ s (1,1 h) beträgt. Falls H_T für diese Kapillare mit 0,04 mm angenommen wird, errechnet sich eine Bodenzahl von $N = L/H_T = 10^4/0{,}04 = 250\,000$ TP und eine Trennleistung von $\dot{N} = 250\,000/4000 = 63$ TP/s. Die Kapillarsäule erreicht damit eine Trennleistung, die derjenigen gepackter konventioneller Trennsäulen mit Partikeln des entsprechenden Durchmessers (10 μm) gleichkommt.

Im Hinblick auf das beachtliche Trennpotential der Kapillarsäulen ist H_T im vorstehenden Beispiel allerdings zu hoch und u mit 0,25 cm/s zu niedrig veranschlagt. Theoretisch und praktisch ergeben leistungsfähige Kapillarsäulen Trennleistungen, die ein mehrfaches besser als bei gepackten Säulen sind.

3. Der chromatographische Träger

3.1. *Allgemeines*

Die zur Chromatographie brauchbaren Materialien teilt man in weiche, halbfeste und feste Träger ein. Tabelle 3.1 enthält einige Beispiele.

Lediglich die sog. festen Träger auf anorganischer Basis sind zur Hochleistungs-Flüssigchromatographie (im engeren Sinne) geeignet, da nur sie Drücken ≥ 200 bar standhalten. Weiche Träger vertragen praktisch keinen Überdruck, halbfeste Träger erlauben die Anwendung von Drücken bis höchstens 200 bar, je nach Material und Fabrikat.

Unter den festen Trägern zur HPLC besitzt Silikagel bezüglich seiner Anwendungsbreite und Universalität eine Sonderstellung. Bedeutung haben auch Aluminiumoxid sowie neuerdings poröser Kohlenstoff [1]. Letzterer zeigt gegenüber RP-Material (s. d.) neben unterschiedlichen Selektivitäten überlegene pH-Stabilität. Sein Hauptmangel ist die i. allg. schlechtere chromatographische Wirksamkeit.

Tabelle 3.1
Beispiele verschiedener Trägermaterialien (Kompaktphasen)

Klasse	Weiche Träger		Halbfeste Träger		Feste Träger	
Fluide Phase	organisch	wäßrig	organisch	wäßrig	organisch	wäßrig
	vernetzte Polystyrene	Polydextrane	vernetzte Polystyrene	vernetzte Polystyrene (chem. modif.)	poröse Gläser	poröse Gläser
Matrix	Polydextrane (chem. modif.)	Agarosegele	Polymethacrylate	Polymethacrylate	Silikagele chem. modif. Silikagele	Silikagele chem. modif. Silikagele

Man muß bei Trennungen in der Flüssigchromatographie davon ausgehen, daß die Verteilungskonstanten und somit die Retentionswerte (Selektivitäten) von den Wechselwirkungskräften des gelösten Stoffes mit der fluiden Phase und mit der kompakten Phase sowie von den Wechselwirkungen zwischen fluider und kompakter Phase bestimmt werden (Abb. 3.1). In der Wechselwirkungschromatographie (vgl. Abschn. 2.2.) spielt i. allg. die Wechselwirkung im Sinne des Pfeils b eine vorherrschende Rolle. Überwiegt *a*, dann hängen die Retentionswerte in erster Linie von Solvatations- und Solvophobieeffekten ab, wie das bei der Umkehrphasenchromatographie der Fall ist (Abschn. 6.3.). Eine Folge des Pfeils c sind Konkurrenzeffekte zwischen Lösungsmittel und Probe in der Adsorptionschromatographie. So betrachtet stellt die Verteilungskonstante das Verhältnis der Summe aller in der kompakten Phase auf den gelösten Stoff wirkenden Kräfte zur Summe aller in der fluiden Phase auf den gelösten Stoff wirkenden Kräfte dar (dynamische Gleichung für K_i [2]).

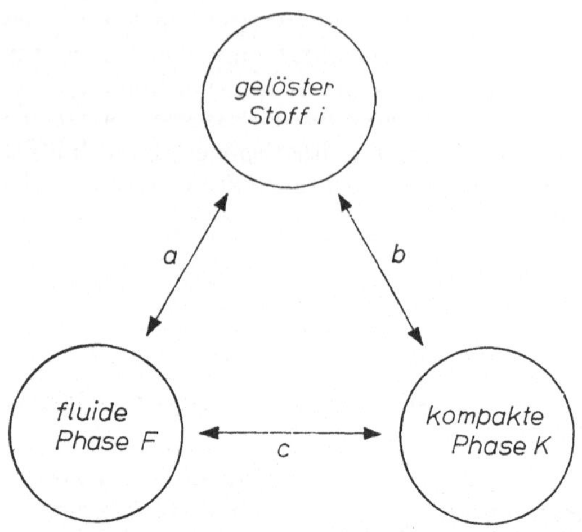

Abb. 3.1. Wechselwirkungsdreieck der Chromatographie

Für die Wechselwirkungschromatographie gibt es stets zwei Möglichkeiten: K polar — F wenig polar oder K wenig polar — F polar. Bei dieser „Phasenvertauschung" gelten für die Verteilungskonstanten K_i ihre Kehrwerte $1/K_i$.

Prinzipiell kann man die Polarität der fluiden Phase und/oder die Polarität der Kompaktphase variieren, wodurch sich unterschiedliche Selektivitäten und Elutionsgeschwindigkeiten „maßgeschneidert" einstellen lassen. Dabei leisten nicht nur Multilösungsmittelgemische, sondern auch multifunktionelle Phasen [3] gute Dienste.

Eine adsorptionschromatographisch brauchbare anorganische Matrix läßt sich meist auch als Träger flüssiger Wirkphasen benutzen. Bei Verwendung mehrkomponentiger Lösungsmittel kann dieser Fall unbeabsichtigt auftreten, wenn die Poren des Gerüstmaterials die ähnlich polare Flüssigkeit bevorzugt aufnehmen. Polare anorganische Träger bedecken sich stets mit einer Wasserschicht.

In der Flüssig-flüssig-Chromatographie[1]) dienen als Wirkphasen

---

[1]) Der hierfür ebenfalls eingebürgerte Ausdruck Verteilungschromatographie wäre besser durch die Bezeichnung Lösungschromatographie zu ersetzen, weil es sich bei allen chromatographischen Vorgängen, einschließlich der Adsorption, um eine Verteilung zwischen zwei Phasen handelt. Empfehlenswert ist daher nur der Terminus Flüssig-flüssig-Chromatographie (Liquid-Liquid-Chromatography, LLC).

meistens mit der fluiden Phase nicht mischbare Flüssigkeiten. Man kann verschiedene Lösungsmittel, aber auch von der Gaschromatographie her bekannte Trennflüssigkeiten (Carbowax, Diethylenglykol, Oxydipropionitril usw.) verwenden.

Das Imprägnieren des Trägers mit der flüssigen Phase ist wie in der Gaschromatographie vor dem Einfüllen möglich. Ferner ist die *in situ*-Beladung in verschiedenen Varianten anwendbar. Darunter versteht man das Beladen des Trägers in der bereits gefüllten Säule. Die Methode hat den Vorteil, daß die Trennsäulenpackung mit Hilfe der Suspensionstechniken (Abschn. 4.5.) erfolgen kann.

Bei allen Trennungen durch Flüssig-flüssig-Verteilung ist eine sorgfältige Thermostatisierung der chromatographischen Säule notwendig. Das Elutionsmittel darf die Wirkphase nicht austragen, weshalb es mit ihr gesättigt sein soll. Ferner muß sich die Stützphase (Träger) von der als Wirkphase gewählten Flüssigkeit gut benetzen lassen.

Am zweckmäßigsten ist es, die Wirkphase mit Hilfe des Elutionsmittels (fluide Phase) innerhalb der Säule spontan zu erzeugen. Für dieses dynamische Verfahren hat sich die Bezeichnung „Lösungsmittel erzeugte" Flüssig-flüssig-Chromatographie eingebürgert. Die Auswahl des Trägers erfolgt dabei entsprechend der Polarität der Wirkphase.

Wird die dynamische Ausbildung einer polaren Wirkphase gewünscht, setzt man einen polaren (hydrophilen) Träger ein und pumpt die unpolarere Phase der beiden in Frage kommenden koexistenten Lösungsmittelgemische durch die Trennsäule. Dabei kommt es von selbst zur Abscheidung der polareren Phase auf dem Träger. Im umgekehrten Falle (unpolarer, hydrophober Träger) benutzt man als Eluens den polareren Anteil des Flüssig-flüssig-Systems [4, 5].

Insbesondere für die Adsorptionschromatographie ist die sog. Aktivität des Trägers ein wichtiger Parameter. Sie setzt sich aus zwei Anteilen zusammen: aus der spezifischen Oberflächenenergie (Oberflächenenergie pro Flächeneinheit) und aus der spezifischen Trägeroberfläche (Oberfläche pro Gramm Träger). Erstere bestimmt die Stärke der Wechselwirkung zwischen Sorbat und Träger, letztere begrenzt die Zahl der möglichen Sorptionsprozesse.

Zur Charakterisierung der Aktivitätsanteile von Sorbenzien dienen die Parameter α, eine dimensionslose Kennzahl der mittleren Oberflächenenergie, und V_a, das Volumen der adsorbierten Fließmittel-Monoschicht pro Gramm Adsorbens.

Snyder konnte folgende grundlegende Beziehung ableiten [6]:

$$\lg K_{Gi} = \lg V_a + \alpha(S^0 - A_s \cdot \varepsilon^0). \tag{3.1}$$

Die Gleichung verknüpft die Verteilungskonstante der Adsorption einer Substanz i in einfacher Weise mit den Aktivitätsparametern des Trägers V_a und α, mit den substanzspezifischen Konstanten S^0 und A_s sowie mit dem Elutionsmittelstärkeparameter ε^0.

Das zweite Glied der rechten Seite von Gl. (3.1) besteht aus zwei unabhängigen dimensionslosen Einzelgliedern und entspricht der Differenz der freien Standardadsorptionsenthalpien zwischen Probe und Lösungsmittel[1]). S^0 symbolisiert eine Maßzahl für die (freie) Adsorptionsenthalpie der Probe, ε^0 für das Elutionsmittel (bezogen auf dessen molekulare Einheitsfläche), jeweils im Falle $\alpha = 1$ (Trägerstandardaktivität). A_s ist der Flächenbedarf eines Probenmoleküls.

Man weiß seit langem, daß die Energie auf den Oberflächen von Silikagel und Aluminiumoxid inhomogen verteilt ist, weil verschiedene Zentren Beiträge liefern. Solche Oberflächen bewirken Peaktailing, denn es tritt meist Überladung der Sitze starker Wechselwirkung, die bevorzugt besetzt werden, ein, wodurch die übrigen Probenmoleküle weniger zurückgehalten werden. Der Effekt wirkt sich stärker aus, sobald die Retentionswerte der Probe hoch sind. Andererseits können sehr niedrige Probenmengen durchaus symmetrische Peaks ergeben. Es sei betont, daß unterschiedliche Retentionsmechanismen nicht grundsätzlich zu Peaktailing führen.

Zur Tailingreduzierung ist eine teilweise Desaktivierung der Oberfläche wünschenswert. Man erreicht sie durch eine Belegung mit Fremdmolekülen, insbesondere mit Wasser unter definierten Bedingungen. Der für eine Monoschicht erforderliche prozentuale Wassergehalt von Silikagel errechnet sich zu $0{,}035\,A_a$. Dabei werden zwangsläufig zunächst die aktivsten Stellen abgesättigt, wodurch die α-Werte (Oberflächenenergie) zu Beginn der Desaktivierung stark fallen [7].

Durch Stehen an der Luft erhalten Silikagel und Aluminiumoxid, gleichgültig, ob sie vorher stark oder wenig aktiviert waren, einen von der jeweiligen relativen Feuchte abhängigen Aktivitäts-

---

[1]) Es gilt $\alpha(S^0 - A_s\varepsilon^0) = -\Delta G_a{}^{\ominus}/(2{,}3\,RT)$, wenn $\Delta G_a{}^{\ominus}$ die freie Standardadsorptionsenthalpie ist.

grad. Auf diese Weise ergibt sich eine unkontrollierbare Retentionswertbeeinflussung.

Die gezielte „Einstellung" des gewünschten Wassergehaltes kann mit Hilfe wasserhaltiger Lösungsmittel, z. B. unter Verwendung wasserhaltigen Methylenchlorids, erfolgen. Die Äquilibrierung der Säule geht um so schneller, je höher der absolute Wassergehalt des Lösungsmittels ist (Beispiel: Diethylether). Um reproduzierbare Ergebnisse (gleichbleibende Retentionswerte) zu erreichen, ist es notwendig, den Wassergehalt der zur Adsorptionschromatographie benutzten Lösungsmittel sorgfältig zu kontrollieren. Dabei gilt die Regel, daß die Trägeraktivität ungefähr gleich bleibt, wenn die mit Wasser nicht mischbaren Lösungsmittel gleiche prozentuale Sättigung[1]) haben, unabhängig von ihrem absoluten Wassergehalt. Auf diese Weise spart man sich bei Lösungsmittelwechsel die erneute Einstellung der Trägeraktivität.

Optimale Trägeraktivität wird meist mit halber Monoschichtbedeckung des Adsorbens erreicht. Hierfür benutzt man bei Silikagel 50% wassergesättigte, bei Aluminiumoxid 25% wassergesättigte Lösungsmittel [9].

Zur Adsorptionschromatographie an Silikagel eignen sich i. allg. besonders Verbindungen mittlerer Polarität. Bei Stoffen niedriger Polarität (Aliphaten) fehlt ausreichende Wechselwirkung mit dem Träger, während sehr polare Moleküle zu stark sorbiert werden.

3.2.　　Silikagel

Sphärische Träger[2]) zieht man heute irregulärem Material vor. Sie ergeben reproduzierbarere sowie haltbarere Säulenpackungen als irreguläre Partikel, und bei Porendurchmessern $> 50\,\mathrm{nm}$ zeigen sie höhere Druckstabilität.

---

[1]) 100%ige Sättigung wird durch zweistündiges Schütteln mit wasserbeladenem Silikagel (20 g Gemisch aus gleichen Teilen Wasser und Gel/Liter Lösungsmittel) erreicht [8]. Verdünnen des gesättigten Lösungsmittels mit dem getrockneten Lösungsmittel ergibt den gewünschten prozentualen Sättigungsgrad.

[2]) Handelsnamen sind z. B. LiChrospher (E. MERCK, BRD); Nucleosil (MACHEREY-NAGEL & Co., BRD); Hypersil (SHANDON SOUTHERN PRODUCTS LTD., U. K.); Zorbax SIL (DU PONT COMP., USA); Separon SGX (LABORATORNI PŘISTROJE, Prag, CSSR); ES-Gel Leuna (VEB LEUNA-WERKE, DDR).

Über‚ die Herstellung kugelförmiger Silikagele existiert eine umfangreiche Patentliteratur. Ausgangsprodukt für sphärische Träger können z. B. Natriumsilicat oder Alkylsilicate sein. Nach Säurezusatz erhält man im ersten Fall Kieselsäuresole, die in mit Wasser nicht mischbaren Flüssigkeiten koaguliert werden können, im letzteren Fall Kieselsäurepolyester, die durch alkalische Katalyse in wasserhaltiges Gel überführt werden. Auch kolloidale Mikrosphären lassen sich zu größeren Partikeln agglutinieren [10].

Silikagel besteht aus stark vernetzten Primärteilchen, die eine poröse Raumstruktur von Mikro- und Makroporen mit zerklüfteter Oberfläche bilden.

Die Texturdaten und damit die chromatographischen Eigenschaften solcher Gele können während des Syntheseprozesses eingestellt werden. Während der abschließenden Trocknung der wasserhaltigen Partikel (Hydrogel) erfolgt die endgültige Umwandlung zum beständigen Xerogel.

Normalerweise ist es günstig, mit Trägern kleiner Oberfläche, d. h. großer Poren zu arbeiten. Bei Trägern mit spezifischen Oberflächen > 500 m²/g kann das Austauschgleichgewicht durch die große Zahl vorhandener Mikroporen ($\overline{D} \leq 2$ nm) schon stark verzögert sein. Außerdem sind (für den Normalfall unerwünschte) Ausschlußeffekte möglich, da die Größe der Mikroporen in der Größenordnung der Moleküldimensionen der zu chromatographierenden Stoffe liegt. Schließlich ist der hohe Anteil reaktiver Silanolgruppen in kleinen Poren (s. u.) gleichbedeutend mit einer inhomogenen Oberfläche.

Zur Schnellen Flüssigchromatographie sind Poren um 10 nm günstig. Sollen allerdings größere chemische Reste auf der Oberfläche fixiert werden, wird man Gele mit Poren zwischen 10 und 20 nm bevorzugen, die i. allg. spezifische Oberflächen von 200 bis 300 m²/g aufweisen. Für den Zusammenhang zwischen mittlerem Porendurchmesser und spezifischer Oberfläche gilt die Gleichung von WHEELER (s. Tab. 3.4). Große spezifische Porenvolumina sind vor allem für die Molekülgrößen-Ausschlußchromatographie günstig, weil der Arbeitsbereich dieser Methode von der Größe des Porenvolumens abhängt (vgl. Abschn. 2.5.). Andererseits nimmt die Druckstabilität hochporösen Materials stark ab, so daß die Grenze von $V_p{}^*$ für die zur HPLC brauchbaren Träger bei 2 cm³/g liegen dürfte (vgl. Si 300, Tab. 3.2).

Alle in Tab. 3.2 angeführten Werte stellen Richtwerte dar, wobei die Typenbezeichnungen die Abstufung des Porendurchmessers in (sehr) angenäherter Form in Å charakterisieren. Die

Tabelle 3.2

Texturdaten sphärischer Silikagele der Fa. MERCK (LiChrospher) zur Schnellen Flüssig- und Ausschlußchromatographie (Katalogangaben 1985)

Typ	Si 100	Si 300	Si 500	Si 1000	Si 4000
$A_a/\mathrm{m^2 \cdot g^{-1}}$	250	250	60	30	10
$V_p*/\mathrm{cm^3 \cdot g^{-1}}$	1,4	2,0	1,1	1,0	0,7

Gele überdecken einen Molmassen-Ausschlußbereich von $5 \cdot 10^4$ bis $5 \cdot 10^6$.

Durch chemische Modifizierung mit Kohlenwasserstoff- oder Glykolresten (Tab. 3.3) wird die Adsorptionsaktivität der Silikagel-oberfläche weitgehend beseitigt, wodurch sich die Trennung lipophiler bzw. hydrophiler Polymerer sehr vorteilhaft gestaltet.

Zur letztgenannten Gruppe gehören Proteine und Enzyme [11]. So nutzt die Biochemie die Schnelle Flüssigchromatographie heute bereits in erheblichem Maße [12], und der Bedarf an festen Trägern anstelle der weichen Materialien (Tab. 3.1) ist stark gestiegen. Das betrifft vor allem großporige Silikagele mit Porendurchmessern zwischen 20···50 nm für die Ionentausch- und RP-Chromatographie. Solche Träger gewährleisten eine gute Verfügbarkeit ihrer funktionellen Gruppen gegenüber hochmolekularen Biomolekülen. Sie bieten in Verbindung mit Molekülgrößenausschlußeffekten (Molekularsiebwirkung) vielfältige analytische und präparative Möglichkeiten.

Die für die Chromatographie maßgebenden Adsorptionszentren des Silikagels sind Silanolgruppen. Durch eine enge Bande bei 3750 cm^{-1} und eine breite Bande zwischen 2800—3700 cm^{-1} lassen sich IR-spektroskopisch freie sowie gebundene Silanolgruppen unterscheiden. Gebundene Silanolgruppen haben im Gegensatz zu freien eine Wasserstoffbrückenbindung mit einem Sauerstoffatom ausgebildet. Diese Bindung zu einer benachbarten Silanolgruppe stellt man sich gemäß Abb. 3.2a vor. Hydroxyle, die von Sauerstoffatomen mehr als 3,1 Å entfernt sind, können keine Wasserstoffbrücken bilden, während sehr starke Bindungen einen Abstand von 2,8···2,4 Å haben. In Silikagelen tritt verständlicherweise ein Kontinuum von Silanolgruppenabständen auf, jedoch gibt es in weitporigen Gelen praktisch nur große Silanolgruppenabstände, d. h. freie Silanolgruppen, während in engporigen Gelen geringe Abstände, also gebundene Hydroxylgruppenpaare, überwiegen. Letztere werden auch als reaktive Silanolgruppen be-

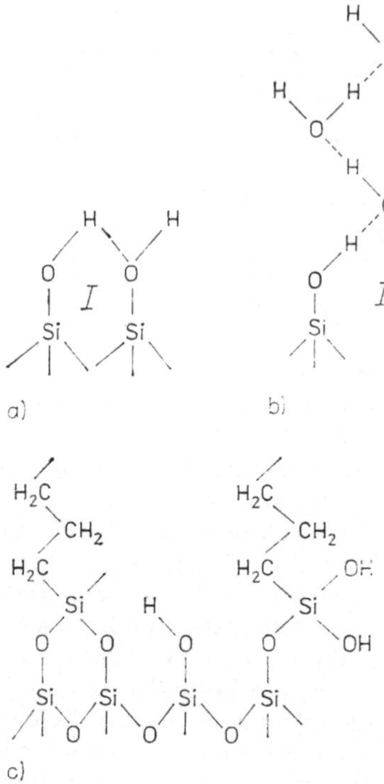

Abb. 3.2. Oberfläche von Silikagel

a) gebundenes Silanolgruppenpaar,
b) Ausbildung von Wasserstoffbrücken mit Wassermolekeln,
c) chemisch modifiziertes Gel (Silikontyp)

zeichnet. Die Reaktivität bezieht sich konkret auf die Sorption von Aromaten oder Wasser, wobei es zur Lösung der Bindung I und Ausbildung neuer Wasserstoffbrücken II mit dem aromatischen Kern oder dem Sauerstoff eines Wassermoleküls kommt (Abb. 3.2b) [13]. Schließlich erfolgt bei höheren Wassergehalten Schichtenbildung über alle Silanolgruppen hinweg, an der dann selbstverständlich auch freie Hydroxyle beteiligt sind.

Jedes reaktive Silanolgruppenpaar besteht aus zwei Hydroxylgruppen, von denen eine durch die Beanspruchung ihres freien Elektronenpaares größere Acidität und somit eine bevorzugte Wechselwirkung z. B. gegenüber aromatischen Kernen und Trimethylchlorsilan besitzt. SNYDER hat eine Methode zur selektiven Bestimmung reaktiver Silanolgruppen durch Trimethylchlorsilan angegeben [6]. Die Reaktion läuft vermutlich so ab, daß ein Hydroxyl als „Antritts"gruppe für das Alkylchlorsilan fungiert und das zweite Hydroxyl das abgespaltene Chloridion übernimmt.

Beim Erhitzen des Silikagels zwischen etwa 200···400(500)°C spalten die reaktiven Silanolgruppen ihr chemisch gebundenes Wasser ab und bilden Siloxangruppen leichter Rehydratisierbarkeit. Über 400°C, stärker ab etwa 1000°C, verändert sich die innere Gelstruktur (thermische Alterung). Dabei nehmen die Siloxanbindungen ihre natürlichen, stabilen Valenzwinkel von 130° ein und sind nicht mehr rehydratisierbar.

3.3. Träger mit chemisch gebundenen Wirkphasen

3.3.1. Übersicht

Zweckmäßig teilt man die Träger mit chemisch gebundenen organischen Phasen in zwei Gruppen ein. Zur ersten Gruppe zählen Träger, deren chemisch gebundene organische Reste eine quasi monomolekulare, mehr oder weniger inhomogene Schicht auf der Oberfläche bilden.

Obwohl diese Träger anfänglich als Bürstentyp bezeichnet wurden, zeigen ihre organischen Molekülketten mehr ein dynamisches Verhalten, sie richten sich auf oder kollabieren in Abhängigkeit vom eingesetzten Lösungsmittel und der Temperatur.

Zur zweiten Gruppe zählt man Träger, deren Modifizierung über vernetzte Oberflächenschichten erfolgt, die durch Polymerisation reaktiver Verbindungen auf der Trägeroberfläche erhalten werden. Die mittleren Schichtdicken liegen etwa zwischen 5···200 nm. Dicke Schichten wirken diffusionshindernd und sind nicht günstig.

Im folgenden werden Träger der ersten Gruppe mit porösem Silikagel als Matrix behandelt.

Die kovalente Bindung der Kohlenstoffkette kann direkt durch eine $\equiv$Si—C-Bindung zwischen Gel und Rest, durch eine Siloxanbrücke $\equiv$Si—O—Si—C (Silikontyp) oder über ein Sauerstoffatom $\equiv$Si—O—C— erfolgen (Estertyp). In den ersten beiden Fällen erhält man chemisch und hydrolytisch im pH-Bereich 2···8,5 relativ stabile Produkte. Die Kieselsäureesterbindung ist demgegenüber vergleichsweise instabil. Bei. Verwendung von Phasen des Estertyps dürfen im Elutionsmittel Wasser oder gar Protonen bzw. Hydroxylionen nicht anwesend sein. Hydrolytisch stabiler (pH-Bereich 5···7) sind Aminosilane $\equiv$Si—N—C—. Auch sie erreichen auf keinen Fall die Beständigkeit der Si—C-Bindung.

3.3.2. Herstellung und Eigenschaften von Trägern mit Si—C-Bindungen

Zu Si—C-Bindungen kommt man durch Umsetzung der mittels $SiCl_4$ oder $SOCl_2$ chlorierten Silikageloberfläche mit GRIGNARD-Reagenzien oder lithiumorganischen Verbindungen.

Monoschichtträger des Silikontyps können ferner sehr einfach mit Hilfe von Halogenalkylsilanen hergestellt werden. Zweckmäßigerweise setzt man gleich ein Derivat des gewünschten Monoschichtmoleküls um. Mehrstufige Reaktionen an fixierten Resten sind zwar durchführbar, jedoch hat man unvollständige Umsetzungen und Si—C-Spaltungen in Betracht zu ziehen.

Anstelle der Halogenalkylsilane lassen sich ebensogut die weniger reaktionsfähigen Ethoxy- oder Methoxyalkylsilane einsetzen.

Die allgemeine Umsetzungsgleichung lautet, wenn $X = -Cl$ oder $-OR$ und $n = 1, 2, 3$ bedeuten:

$$\equiv Si-OH + R_n SiX_{4-n} \rightarrow \equiv Si-O-Si(X_{3-n})\, R_n + HX.$$

Nach der Zahl der reaktiven Gruppen unterscheidet man mono-, di- und trifunktionelle Modifizierungsreagenzien, z. B. $R-(CH_3)_2 SiX$, $R-(CH_3)SiX_2$, $R-SiX_3$. Ihre Reaktionsfähigkeit steigt in der genannten Reihenfolge.

Die Umsetzungen erfolgen meist in wasserfreien Lösungsmitteln. Hierfür soll das Gel einerseits möglichst quantitativ vom physikalisch adsorbierten Wasser befreit sein, andererseits muß es die maximale OH-Gruppen-Konzentration von $4{,}8\,OH/nm^2$ ($\triangle\ 8{,}0\,\mu mol\ OH/m^2$) enthalten. Ein ausreichend trockenes Gel gewinnt man durch längeres Erhitzen im Vakuum auf $\leq 200\,°C$.

Unabhängig von der Zahl der reaktiven Gruppen pro Mol Modifizierungsreagens lassen sich jeweils nur ein bis zwei mit dem Gel umsetzen. Somit verbleiben an den auf der Oberfläche fixierten Silanmolekülen meist Funktionen, die bei der Aufarbeitung neue Silanolgruppen ergeben oder z. T. weiter reagieren.

Durch ihre Raumerfüllung behindern sich die Silanmoleküle gegenseitig, wodurch selbst im Falle von Trimethylchlorsilan in Übereinstimmung mit der Theorie nur 50% der ursprünglich vorliegenden Silanolgruppen umgesetzt werden können. Bei Alkylgruppen mit n C-Atomen ($4 \leq n \leq 16$) erreicht man eine Dichte von rd. $3{,}5\,\mu mol/m^2$ [14].

Die Oberfläche des modifizierten Silikagels wird auf diese Weise mit einer Schicht organischer Reste besetzt, die die restlichen Silanolgruppen mehr oder weniger wirksam abschirmen (Abb. 3.2c) und Träger konstanter Aktivität ergeben. Prüfung auf nicht abgeschirmte Silanolgruppen kann mit Hilfe des sog. Methylrottestes erfolgen [15], allerdings nur dann, wenn die fixierten Reste unpolaren Charakter tragen.

Infolge der Oberflächenbedeckung verkleinert sich der durchschnittliche Porendurchmesser, und damit sinken das spezifische Porenvolumen und die spezifische Oberfläche des Trägers. Das ist um so mehr der Fall, je länger die betreffenden Moleküle sind [14].

Tabelle 3.3 stellt vier Gruppen organischer Reste dar, wie sie heute in der Fixphasenchromatographie zur Anwendung kommen. Die meisten der angeführten Reste finden sich auf kommerziellen Trägern. Da man zur Synthese solcher Fixphasenträger heute meist von entsprechenden Silanen ausgeht, sitzt auf der Geloberfläche zunächst immer ein „Fremdsilicium"atom, das über ein oder zwei Siloxanbrücken verankert ist, und außer dem eigentlichen organischen Rest noch Silanol- und/oder Methylgruppen trägt. Der Rest selbst besteht aus der gezielt eingeführten Molekülfunktion bestimmter Polarität und dem Spacer (Abstandskette). Letzterer soll eine Länge von nicht weniger als drei C-Atomen haben.

Die Gruppe I in der Tab. 3.3 enthält Reste sehr geringer Polarität, die sich für die sog. RP-Träger zur Umkehrphasenchromatographie bewährt haben (näheres siehe Abschn. 6.). Größte Bedeutung kommt den n-Alkylresten zu. Mit steigender Kettenlänge dieser Reste sinkt ihre Polarität noch etwas ab, während die Substanzbelastbarkeit steigt. Wenig polarer als n-Alkylreste sind Phenylgruppen tragende Reste. Stark fluorierte Ketten verhalten sich hingegen sehr hydrophob und sind noch unpolarer als Kohlenwasserstoffreste.

Bei hohen Bedeckungsgraden ist die hydrophobe Oberfläche der RP-Träger durch wasserreiche Elutionsmittel nicht benetzbar. Unumgesetzte Silanole werden weitgehend abgeschirmt. Mit steigendem Anteil des organischen Lösungsmittelanteils im Elutionsmittel erfolgt zunehmend Benetzung unter Steigerung der Beweglichkeit der Alkylreste. Eluent und Probe vermögen mehr und mehr in die Ligandenschicht einzudringen und treten entsprechend ihrer Polarität mit den nicht mehr abgeschirmten Silanolen in Wechselwirkung.

Im Falle unpolarer Elutionsmittel (Kohlenwasserstoffe) ist der Einfluß der Restsilanole für polare Molekeln dominant, und es

Tabelle 3.3

Auf der Oberfläche von Silikagelen über O—Si—C-Bindungen chemisch fixierte organische Reste unterschiedlicher Funktionalität (Fixphasen)

Gruppe	Formel	Name	Bemerkungen
I	$-(CH_2)_2-(CF_2)_n-CF_3$	Perfluoralkyl-	
	$-(CH_2)_n-CH_3$	n-Alkyl-	$(0 \leq n \leq 22$, vorzugsw.
	$-(CH_2)_3-\langle\!\!\!\bigcirc\!\!\!\rangle$	3-Phenylpropyl-	C8, C18)
II	$-(CH_2)_3-O-CH_2-CH(OH)-$ CH_2-OH	3-(1,2-Dihydroxypropoxy)propyl-	„Glykol"-, „Diol"phase
	$-(CH_2)_3-CN$	3-Cyanopropyl-	} stark polare Gruppen
	$-(CH_2)_3-\langle\!\!\!\bigcirc\!\!\!\rangle-NO_2$	3-(4-Nitrophenyl)propyl-	mit hohen Dipolmomenten
	$-(CH_2)_3-NH-\langle\!\!\!\bigcirc\!\!\!\rangle(NO_2)_3$	3-(2,4,6-Trinitrophenylamino)-propyl-	CTK (Charge-Transfer-Komplex)-Bildner
	$-(CH_2)_2-\langle\!\!\!\bigcirc\!\!\!\rangle N$	2-(Pyridyl-(4))ethyl-	}
	$-(CH_2)_3-N(CH_3)_2$	3-Dimethylaminopropyl-	schwache Ionentauscher
	$-(CH_2)_3-NH_2$	3-Aminopropyl-	

III	$-(CH_2)_3-O-CH_2-CH(OH)-$ $CH_2-\overset{+}{N}(CH_3)_3$	3-(1-Trimethylammonio-2-hydroxy-propoxy)propyl-	
	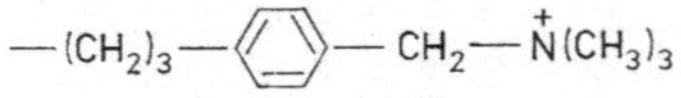 $-(CH_2)_3-$⟨C₆H₄⟩$-CH_2-\overset{+}{N}(CH_3)_3$	3-(4-Benzyltrimethylammonio)propyl-	starke Ionentauscher
	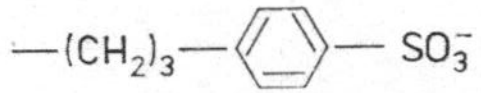 $-(CH_2)_3-$⟨C₆H₄⟩$-SO_3^-$	3-(4-Sulfonatophenyl)propyl-	

IV	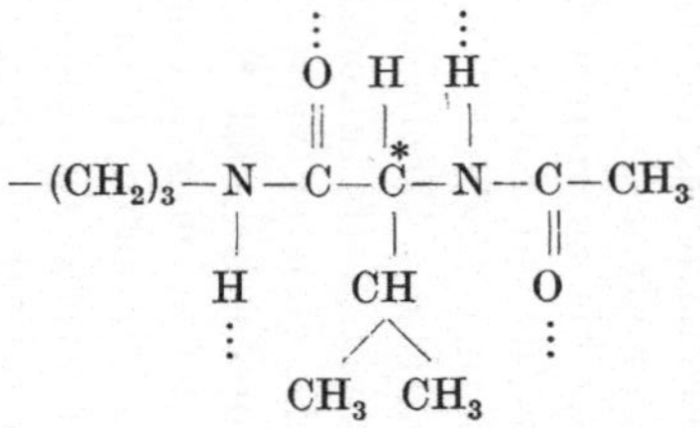 [Strukturformel N-Acetyl-L-valylamino]	3-(N-Acetyl-L-valylamino)propyl-	Enantioselektive Wechselwirkungen über H-Brücken
	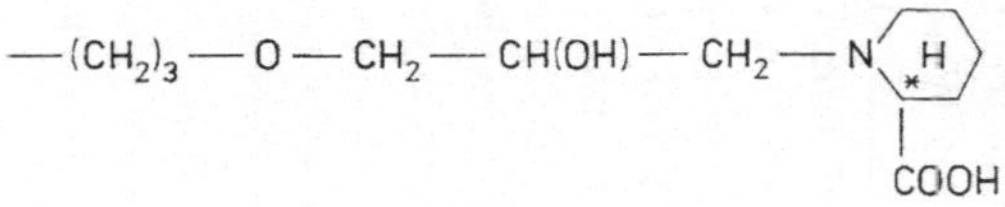 [Strukturformel 2-Carboxypiperidyl]	3-[1-(2-Carboxypiperidyl-(1))-2-hydroxypropoxy]propyl-	Bildung von Chelaten (inneren Komplexen) 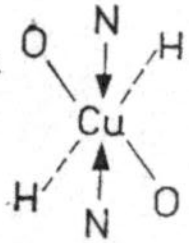

* wirksame asymmetrische C-Atome (Zentrochiralität)

kann je nach Silanolgruppenkonzentration zu bemerkenswertem Peaktailing kommen. Die Peakasymmetrie zeigt für mittlere Silanolgruppengehalte ein Maximum, das mit der Kettenlänge der Alkylreste wächst [16].

Will man gemischte Retentionsmechanismen von vornherein vermeiden, so ist eine Nachsilanisierung des Trägers, z. B. mit Trimethylchlorsilan oder Hexamethyldisilazan, notwendig („endcapping"). Da man dabei offensichtlich nur einen kleinen Anteil stark wirksamer Silanole beseitigt, ist die überraschende Tatsache zu beobachten, daß trotz ausgiebiger Silanisierung keine signifikante Erhöhung des Kohlenstoffgehaltes des betreffenden Materials nachweisbar ist.

Die sehr gute hydrolytische Stabilität von RP-Trägern verbessert sich noch bei größeren Kettenlängen. Allerdings kann man u. U. selbst an RP-8-Material (fixierte Kohlenwasserstoffkette C 8) während des Arbeitens mit wäßrigen Pufferlösungen innerhalb des empfohlenen Bereiches von pH 2,3···9 einen merklichen ·Trennwirksamkeitsabfall beobachten.

Nach Gebrauch wäßriger Systeme in Trennsäulen mit Fixphasen ist dementsprechend ganz allgemein ein Spülen mit organischen Lösungsmitteln zu empfehlen.

In der Gruppe II von Tab. 3.3 wurden organische Reste zusammengefaßt, die für sog. Normalphasen in Gebrauch sind. Sie besitzen relativ polaren Charakter, und ihr Name weist darauf hin, daß man wie bei Silikagel mit weniger polaren fluiden Phasen in „normaler Weise" chromatographieren kann. Grundsätzlich ist jedoch auch für alle Normalphasen die gesamte Palette der Lösungsmittel vom Wasser bis zu reinen Kohlenwasserstoffen einsetzbar. Die Wahl der fluiden Komponente bestimmt, welcher Trennmechanismus (Normal- oder Umkehrphasenmechanismus) vorherrscht und welche Art von Wechselwirkung zwischen Probenkomponente und Wirkphase (funktioneller Gruppe) ausschlaggebend ist. Beispielsweise eluieren verschiedene Pesticide auf der Basis von Phosphorsäureestern und Harnstoffabkömmlingen an 3-Cyanopropylresten mit Cyclohexan/Isopropanol in der Reihenfolge steigenden polaren Charakters (Normalphasenmechanismus). Steroide erscheinen hingegen am gleichen Träger im System Acetonitril/Wasser mit abnehmendem polarem Charakter (RP-Mechanismus). Im Falle der CTK-Phase [17] werden für die Trennung entsprechender Probenmoleküle (Aromaten) in unpolaren Lösungsmitteln Ladungsübertragungsvorgänge wirksam.

Die letzten drei Phasen in der Gruppe II stellen gleichzeitig schwache Ionentauscher dar, deren Stärke (Basizität) vom Pyridinrest zur Aminogruppe hin zunimmt.

In der Gruppe III wurden verschiedene Typen von Resten für zwei starke Anionentauscher (SAX) sowie einen starken Kationentauscher (SCX) aufgelistet. Im Gegensatz zu Austauschern aus vernetzten makroporösen Polystyrengelen, die eine Austauschkapazität von 3···5 mval/g und einen Arbeitsbereich von pH 0···14 aufweisen, sind Austauschkapazität und pH-Bereich für Austauscher auf Kieselgelbasis wesentlich kleiner. Immerhin erreicht man heute auch hier Austauschkapazitäten bis 1 mval/g. Der Arbeitsbereich liegt zwischen pH 2,3 und 8. Ionentauscher auf Kieselgelbasis sind im Gegensatz zu Austauschern mit organischer Matrix nicht quellbar und druckstabil.

Da bei biologisch und pharmakologisch aktiven Stoffen häufig nur eines der Enantiomeren eine Wirkung entfaltet, haben in neuerer Zeit chromatographische Verfahren zur Racemattrennung erhebliche Bedeutung erlangt. Solche Trennungen sind entweder indirekt über eine Derivatisierung der beiden Enantiomeren zu relativ leicht trennbaren Diastereomeren erreichbar oder auf direktem Wege unter Verwendung chiraler Fluidphasen oder chiraler Kompaktphasen zu verwirklichen.

Um eine enantioselektive Erkennung einer Verbindung an der Kompaktphase möglich zu machen, muß diese einen chiralen Rest enthalten (Gruppe IV), mit dem sich (mindestens) eine stereoselektive sowie zwei weitere Bindungen ausbilden können (3-Punkt-Kontakttheorie). Zum Zwecke der Ligandentauschchromatographie modifiziert man die Reste mit ionischen Gruppen, die (siehe Beispiel mit L-Pipecolinsäure in Gruppe IV) die Eigenschaft haben, Metallionen chelatartig zu binden. Die Trennung erfolgt dann in der Weise, daß einer der komplexgebundenen Liganden der Fixphase durch die Substratmoleküle ausgetauscht wird. Mit Hilfe der Ligandentauschchromatographie lassen sich racemische Amino- und Hydroxycarbonsäuren sowie andere Hydroxy- und Aminoverbindungen in die Enantiomeren trennen.

Die Synthese und Anwendung chiraler Phasen stellt heute ein eigenständiges, stark in der Entwicklung begriffenes Arbeitsgebiet dar [18].

3.4.   Methoden zur Charakterisierung und Fraktionierung (Klassierung) von Trägern

3.4.1.   Charakterisierung

3.4.1.1. Korngerüst

Eine für den Stoffübergang wichtige Eigenschaft des Trägers ist die Porengrößenverteilung. Die Ermittlung gestaltet sich allerdings aufwendig (s. u.), so daß meist nur die spezifische Oberfläche, der durchschnittliche Porendurchmesser und manchmal Schüttdichte und Porosität der Träger angegeben werden. Porengrößenhäufigkeitsmaxima können bei mehreren Porengrößen vorhanden sein.

Wichtige Texturparameter mit den zugehörigen Bestimmungsmethoden enthält Tab. 3.4.

Als Mikroporen bezeichnet man Poren mit $\overline{D} \leq 2$ nm (20 Å) und als Makroporen solche mit $\overline{D} > 50$ nm (500 Å) (IUPAC). Kleine, mittlere und Makroporen unterscheiden sich signifikant durch den Verlauf der Adsorptionsisotherme. Zur Chromatographie benötigt man mittelporige Träger mit möglichst homogener Porenstruktur.

Die vollständige Verteilung der Porengrößen kann aus Gasadsorptionsmessungen mit Stickstoff (Mikro- und Übergangsporen) und aus Quecksilberpenetrationsmessungen (Makro- und Übergangsporen) ermittelt werden.

Den in der Literatur aus Gasadsorptionsmessungen angegebenen Oberflächenwerten liegt meist die BET-Methode zugrunde. Sie erlaubt die Bestimmung der Oberflächen von makro- und mittelporigen Sorbenzien.

Da zwischen der spezifischen Oberfläche von Silikagelen und ihrem Silanolgruppengehalt Proportionalität besteht, lassen sich zur Oberflächenbestimmung auch chemische Methoden verwenden. Besonders einfach ist die Methode von SEARS [20], bei der der Silanolgruppengehalt unter Kochsalzzusatz zwischen pH 4···9 mit wäßriger Natronlauge titriert wird. Da nur ein Teil der vorhandenen Silanolgruppen neutralisiert werden kann, bedarf das Verfahren einer einmaligen Eichung nach der BET-Methode[1]).

---

[1]) Eine annähernd vollständige Titration der Silanolgruppen würde erst bei pH 12 erreicht, wenn bereits der Abbau des Gelgerüstes erfolgt.

Tabelle 3.4
Charakterisierung des Korngerüstes

Bezeichnung	Symbol	Einheit	Bestimmungsmethode	Berechnung
Spezifische Oberfläche	A_a	m²/g	Gasadsorptionsmessungen	*)
			titrimetrisch nach SEARS	$A_a = -25 + 32\,\mathrm{b}$ ($b$ml 0,1N NaOH)
			Glühverlust	—
Spezifisches Porenvolumen	$V_p{}^*$	cm³/g	Gasadsorptionsmessungen	*)
			Hg-Penetration	*)
			Titration nach MOTTLAU und FISHER	—
			Dichte	$V_p{}^* = 1/\varrho_s - 1/\varrho_w$
Wahre Dichte	ϱ_w	g/cm³	pyknometrisch mit Lösungsmitteln	$\varrho_w = G/V_G$
Scheinbare Dichte	ϱ_s	g/cm³	pyknometrisch mit Quecksilber	$\varrho_s = G/V_K$
Kornporosität	ε_p	—	$\varepsilon_p = V_p/V_K$ (Def.)	$\varepsilon_p = \dfrac{V_p{}^*}{V_p{}^* + 1/\varrho_w}$;
(„Porosität")	P	%	$P = \varepsilon_p \cdot 100$	$\varepsilon_p = V_p{}^* \cdot \varrho_s$
Mittlerer Porendurchmesser	$\bar{D}$	nm	nach WHEELER (zylindrische Poren)	$\bar{D} = 4V_p{}^* \cdot 10^3/A_a$
Differentielle Porengrößen-verteilung	$f(\bar{D})$	cm³g⁻¹nm⁻¹	siehe Text	*)

*) Es wird auf die Spezialliteratur verwiesen, Zusammenfassung z. B. in [19];

schematische Erläuterung der Volumenbezeichnungen

Eine hinreichende Korrelation ergibt sich auch zwischen der spezifischen Oberfläche und dem Glühverlust von trockenen, d. h. von physikalisch adsorbiertem Wasser befreiten, Silikagelen.

Die Bestimmung des spezifischen Porenvolumens kann nach MOTTLAU und FISHER [21] sehr schnell und genügend genau durch Titration des trockenen Gels mit Wasser erfolgen. Der Endpunkt wird an der plötzlichen homogenen Benetzung des Gelpulvers erkannt.

3.4.1.2. Korngrößenverteilung

Ein wichtiges Qualitätsmerkmal des chromatographischen Trägers ist die Korngrößenverteilung. Zur Darstellung dienen Verteilungsdichtekurven $f(x)$ oder Verteilungssummenkurven $F(x)$ (vgl. Abb. 2.5).

Zwecks Aufstellung solcher Kurven werden dem Merkmal $X = d_p$ (Korndurchmesser) seine Mengenanteile Q zugeordnet. Durch Auszählen der Teilchen erhält man eine Anzahlverteilung (Q — Teilchenzahl), durch Sieben beispielsweise eine Massenverteilung (Q — Teilchenmasse)[1].

Verteilungssummenkurven können als Durchgangssummenkurven (analog Abb. 2.5) oder Rückstandssummenkurven $\left(1 - F(x)\right)$ dargestellt werden. Zur graphischen Wiedergabe der Verteilungskurven haben sich Wahrscheinlichkeitsnetze bewährt, bei denen an der Abszisse der Merkmalsgrenzwert (Korndurchmesser) linear aufgetragen wird, während die Ordinate die Häufigkeitssummen in % der Gesamtteilchenzahl nichtlinear angibt. Dadurch, daß die Ordinate nach dem GAUSSschen Integral geteilt ist (fortschreitende Maßstabsdehnung im oberen und unteren Abschnitt), erhält man $F(x)$ für die erwünschte reguläre Korngrößenverteilung (GAUSS-Verteilung) als Gerade. Das ist um so eher der Fall, je enger die betreffende Trägerfraktion verteilt ist. Durchschnittliche und häufigste Partikelgröße fallen dann bei 50% Wahrscheinlichkeit (Ordinatenwert) zusammen. Man bezeichnet diesen Wert als d_{p50}.

Die Verteilungsbreite läßt sich im Wahrscheinlichkeitsnetz leicht mittels σ charakterisieren. 2σ ist der Abstand Φ (Abb. 2.5) zwischen den Ordinatenwerten 84,13 und 15,87% entsprechend

---

[1] Aus der Massenverteilung ergeben sich gegenüber der Anzahlverteilung höhere d_{p50}-Werte und dementsprechend z. B. Unterschiede bei Errechnung von Permeabilitäten und Säulenwiderstandsfaktoren.

einer Wahrscheinlichkeit von $84,13 - 15,87 = 68,26\%$. $d_{p50} = 10 \pm 2$ µm bedeutet, daß rd. 68% aller Teilchen einer 10 µm-Fraktion Durchmesser zwischen 8 und 12 µm haben.

Zur Bestimmung der Korngrößenverteilung verwendet man heute kaum noch die klassische Sedimentationsanalyse. Es werden schnelle Teilchenanalysen mit möglichst wenig Substanzverlust benötigt. Geeignet sind moderne automatische Zählverfahren (OPTON-Teilchengrößenanalysator, COULTER-Teilchenzähler).

3.4.2. Fraktionierverfahren

Nach ihrem Herstellungsprozeß liegen die chromatographischen Trägermaterialien zunächst in mehr oder weniger breiter Korngrößenverteilung vor. Hinreichend enge Fraktionen werden durch anschließende Klassierung des Gutes erhalten.

Das Problem für eine saubere Teilchenfraktionierung liegt ähnlich wie beim Säulenfüllen in der leichten Agglomerisation kleiner Partikel. Aus diesem Grunde scheiden z. B. die klassischen Windsichtverfahren für Materialien kleiner mittlerer Korngröße von vornherein aus. Brauchbare Fraktionen geringer Verteilungsbreite lassen sich z. B. mit einem Fliehkraft-Multiplex-Laborzickzacksichter (ALPINE AG) erhalten. Das Fraktioniergut wird bei diesem Gerät mittels Luft durch schnell rotierende, zickzackförmige Kanäle transportiert.

Zur Fraktionierung kleiner Trägermengen im Laboratorium sind Sedimentationsverfahren trotz ihres relativ hohen Zeitaufwandes recht gut geeignet. Erwähnt sei ein Überschichtungsverfahren, bei dem man das Fraktioniergut (Silikagel) am Kopf eines mit Sedimentationsflüssigkeit (Methanol, verdünntes Ammoniak) gefüllten weitlumigen Rohres ohne Turbulenz aufgibt. Am unteren verjüngten Rohrende sitzt ein zerlegbares Kollektorrohr, in dem sich die Teilchen in der Reihenfolge ihrer Korngrößen sammeln.

4. Die Trennsäule

4.1. Allgemeine Anforderungen

Jede Trennsäule besteht aus dem Säulenmantel und der Komhaktphase. Gebogene Säulen sind nur bei Kapillarsäulen vorteilpaft. Gleichgültig ist es, ob die Säulenanordnung senkrecht oder waagerecht erfolgt.

Als Säulenmantel verwendet man chemisch widerstandsfähige Stoffe, meist Edelstahl oder Glas. Glassäulen haben verschiedene Vorteile, z. B. durch ihre glatte Oberfläche und die chemische Inertheit. Im gehärteten Zustand können Spezialglassäulen Drükken bis 600 bar standhalten. Im übrigen lassen sie sich verhältnismäßig ökonomisch fertigen.

Das meist verbreitetste Säulenmaterial ist derzeit noch Edelstahlrohr. Für analytische Zwecke genügen schon Wandstärken von 0,8 mm. Die Rohre werden i. allg. durch Ziehverfahren hergestellt. Bereits unter der Lupe ist häufig eine unregelmäßige, insbesondere durch Längsrillen für die Chromatographie unbrauchbare Innenoberfläche zu erkennen. Man muß solches Material nachträglich glätten oder polieren. Bei nicht zu kleinen Innendurchmessern (konventionelle analytische Säulen) läßt sich durch das sog. Tieflochbohrverfahren eine Rauhigkeit von $< 0,1$ µm, d. h. höchste Oberflächenqualität erreichen.

In die engere Wahl kommen nur Stähle mit hohem Chromgehalt und mindestens 8% Nickel. Nickel sorgt für gute Korrosionsbeständigkeit, die sich durch Molybdänzusätze noch erhöht. An mit Titan stabilisierten Stählen ist eine Hochglanzpolitur infolge der harten Titancarbide über mechanische Polierverfahren nicht zu erreichen.

Auch im Falle von Edelstahlsäulen stellt die auftretende Korrosion ein ernstes Problem dar. Alle Komplexbildner des Eisens, z. B. Halogenid-, Acetat- und Citrationen greifen Stahl in Gegenwart des in der fluiden Phase gelösten Sauerstoffs an. Bei Verwendung von Lösungsmittelkombinationen mit Tetrachlorkohlenstoff kann starke Korrosion durch Chlorwasserstoff auftreten.

Hohe Oberflächengüte verbessert die Korrosionsbeständigkeit. Noch anfälliger als Edelstahlrohre sind daher Edelstahlfritten.

Im Handel gibt es neben Glas- und Stahlsäulen auch mit Glas ausgekleidete Stahlsäulen. Ferner werden radial komprimierbare Säulen mit flexiblem Säulenmantel empfohlen (Fa. WATERS).

4.2. *Konventionelle Säulen und PMB-Säulen*

Etwas kritisch bei gepackten Hochleistungstrennsäulen sind der Säulenabschluß an den beiden Enden und die zugehörigen Verbindungselemente. Hierfür werden i. allg. zwei Prinzipien angewendet (Abb. 4.1). Entweder setzt man das die Packungsschicht begrenzende Anschlußstück unmittelbar auf das Rohrende auf (Abb. 4.1a), oder man paßt es in geeigneter Form in den Säulen-

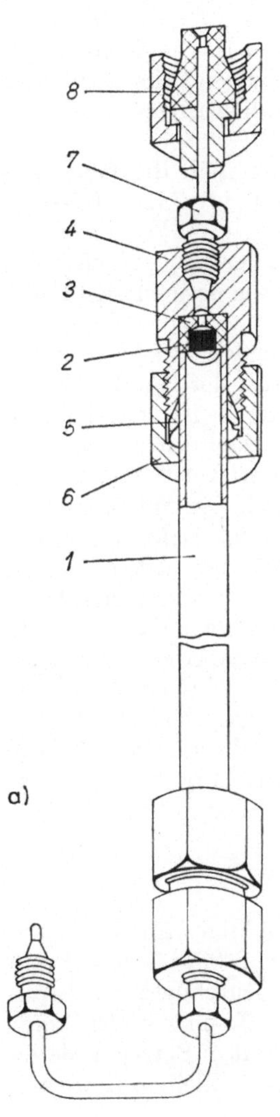

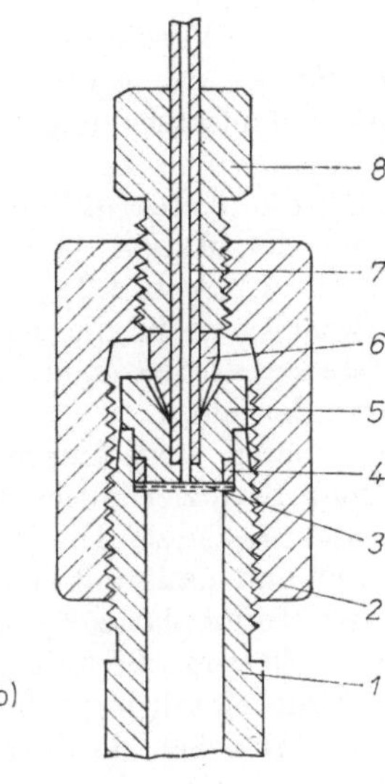

Abb. 4.1. Konstruktion konventioneller Trennsäulen

a) komplette Trennsäule mit Verbindungselementen (HEWLETT-PACKARD)

Abmessungen: $L = 200$ mm, $d_S = 4,6$ mm

1 — Edelstahlrohr; *2* — Edelstahlfritte (2 μm); *3* — Teflonzylinder; *4* — Verschraubung; *5* — Schneidringe (Swagelok); *6* — Überwurfmutter; *7* — Verschraubung; *8* — Überwurfmutter

b) oberes Ende einer Vertex-Säule (H. KNAUER)

1 — Edelstahlrohr; *2* — Überwurfmutter; *3* — Edelstahlsieb-Glasfiberfilter-Kombination; *4* — Teflondichtung; *5* — Edelstahleinsatz; *6* — Schneidring; *7* — Kapillarrohr; *8* — Verschraubung

mantel ein. Beide Varianten haben Vor- und Nachteile. Im Falle
der Vertex-Säule (Abb. 4.1b) ist das Rohrende für die Aufnahme
eines Edelstahleinsatzes und eines Teflondichtringes zusätzlich
ausgearbeitet.

Zum letzteren Konstruktionstyp gehören auch die Glas-Kar-
tuschen der Fa. MERCK (Darmstadt) und von LABORATORNI
PŘISTROJE (Prag) (Abb. 4.2a).

Grundsätzlich besteht eine Kartusche aus der Hülse (Halterohr)
und der Säulenpatrone (*engl.*: cartridge), die lose in die Hülse
eingelegt werden kann.

Auf die oberen und unteren Gewindeenden des Halterohrs
schraubt man Reduziermuffen (Anziehen mit der Hand), bis die
Säulenpatrone festsitzt. Die Verschraubung *5* ist kanülenartig
ausgearbeitet und paßt mit dem Ansatz *6* genau in die zentrale
Bohrung der Teflonplatte *7*. Der Säulenkopf wurde in Abb. 4.2
rechts nochmals vergrößert dargestellt. Durch den mit dem Glasrohr verkitteten Metallring soll eine übermäßige Deformation des
Teflons beim Anziehen der Verschraubungen vermieden werden.

Abbildung 4.2b zeigt als Beispiel einer PMB- (packed microbore)
Säule (vgl. Abschn. 2.10.) das System der Fa. KNAUER. Die
Zeichnung wird ohne Erläuterungen verständlich. Am besten ist es,
wenn PMB-Säulen unter Verzicht auf Totvolumen fördernde
Kapillarrohre unmittelbar mit den entsprechenden Detektoren
bzw. mit dem Injektor gekoppelt werden. Hierfür liefern viele
Firmen speziell angepaßte Detektoren und Injektionsvorrich-
tungen.

4.3.   *Mikro- und Kapillarsäulen*

Entsprechend den im Abschn. 2.10. gemachten Ausführungen
wollen wir Säulen mit Innendurchmessern von 0,5 bis zu 0,1 mm
Mikrosäulen und Säulen mit noch kleineren Durchmessern Kapillarsäulen nennen. Als brauchbare ungefüllte Kapillarsäulen kommen in der HPLC allerdings nur solche ernsthaft in Betracht, deren
Innendurchmesser etwa den jetzt relevanten kleinen Partikel-
durchmessern entspricht (Tab. 2.3).

Zur Herstellung miniaturisierter Säulen (Mikrosäulen) und
Kapillarsäulen verwendet man vorzugsweise Glas, wodurch die
Fertigung des Säulenrohres beim Stand der heutigen Technologie
keine größeren Probleme bereitet. Hingegen stellt die Schaffung
der technisch-apparativen Voraussetzungen zur Anwendung von
Mikro- und Kapillarsäulen extreme Anforderungen an die Geräte-

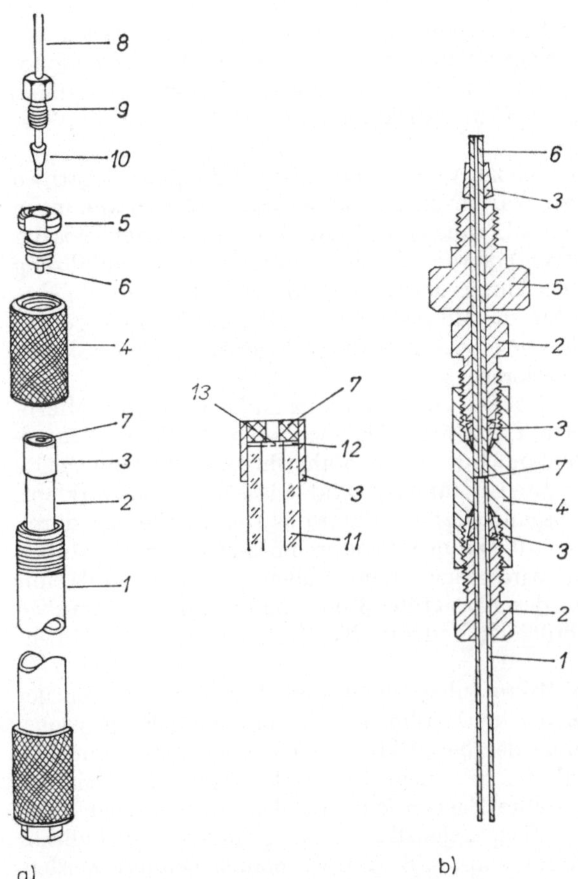

a)

b)

Abb. 4.2. Trennsäulen spezieller Konstruktion

a) zerlegte Glaskartusche (MERCK, LABORATORNI PŘISTROJE)

Abmessungen (Glasrohr): $L = 148$ mm, $d_S = 3{,}2$ mm

1 — Metallhalterung (Hülse); *2* — Patronensäule; *3* — Metallring; *4* — Reduziermuffe; *5* — Verschraubung; *6* — Kanülenansatz; *7* — Teflonplatte mit 2 mm Bohrung; *8* — Kapillarrohr; *9* — Verschraubung; *10* — Schneidring; *11* — Glasmantel (ca. 2 mm Wandstärke); *12* — Teflonring; *13* — Edelstahlsieb

b) PMB-Säule (H. KNAUER)

Abmessungen: $L = 100$ mm, $d_S = 1$ mm

1 — Stahlsäulenmantel; *2* — Verschraubung; *3* — Schneidring; *4* — Verbindungsstück; *5* — Verschraubung; *6* — Kapillare mit $d_g = 0{,}1$ mm; *7* — Verschlußsieb ($\lesssim 3$ μm)

technik, deren befriedigende Lösung noch nicht abzusehen ist. Auf Grund der geringen Volumenflüsse im Mikroliter- bzw. Nanoliterbereich und der notwendigen kleinen Injektionsvolumina ist die hinreichende Unterdrückung externer Varianzen äußerst schwierig.

Als einfachster Weg zur weitgehenden Beseitigung des negativen Einflusses externer Varianzen ist mit gewissen Einschränkungen die Anwendung eines Lösungsmittel- und Probenteilstroms vor der Trennsäule (splitting) sowie die nachfolgende Wiederzuführung des Lösungsmittels hinter der Trennsäule zum Detektor (make-up) zu sehen [1]. Für die Mikrosäulen geht damit allerdings gerade der entscheidende Vorteil, nämlich ihr geringer Lösungsmittel- und Substanzbedarf, verloren.

Abbildung 4.3 zeigt eine von TAKEUCHI und ISHII [2] zur Mikro-HPLC konstruierte Trennsäule. Die eigentliche Säule aus Quarzglas ist am Säulenkopf mit einem Stahlrohr und am Säulenende mit Teflon ummantelt. Stahlrohr und Glassäule sind verklebt. Vor dem Säulenausgang sitzt ein Filter aus Quarzwolle, das durch ein Kapillarrohr mit 0,05 mm Innendurchmesser gegen die Säulenpackung gepreßt wird. Nach dem Füllen der Trennsäule mit Trägermaterialien der Korngröße 3 oder 5 μm und Verschrauben mit dem Anschlußblock *4* dient das Teflonfilter *5* als Säulenabschluß.

Das Füllen von Mikrosäulen erfolgt ähnlich dem konventioneller Säulen nach einer der im Abschn. 4.5. beschriebenen Suspensionstechniken. Im Falle der bei Mikrosäulen bevorzugten manuellen Arbeitsweise wird die in einem Becherglas unter Einsatz von Ultraschall hergestellte Suspension zunächst mittels einer Glasspritze in ein mit Suspensionsflüssigkeit gefülltes Mini-Füllrohr gesaugt. Als Füllrohr kann z. B. Teflonschlauch benutzt werden. Nach dem Verbinden von Füllrohr und Mikrosäule drückt man die Suspensionsflüssigkeit durch Druck auf den Kolben der Glasspritze in die Trennsäule.

Bei den ungefüllten Kapillaren stellt die Rohrwand selbst die Kompaktphase dar und muß stellvertretend für die Packung alle Voraussetzungen zur Trennung erfüllen.

Um das zu erreichen, behandelt man leere Natron-Kalk-Glaskapillaren zunächst 24 h bei 50 °C mit 0,3 N Natriumhydroxid-Lösung. Auf diese Weise wird auf der Glasoberfläche eine stabile Silikagelschicht erzeugt, und man kann so vorbehandelte Kapillaren unmittelbar zur Adsorptionschromatographie einsetzen. Auf der Schicht lassen sich ferner die üblichen Fixphasen mit

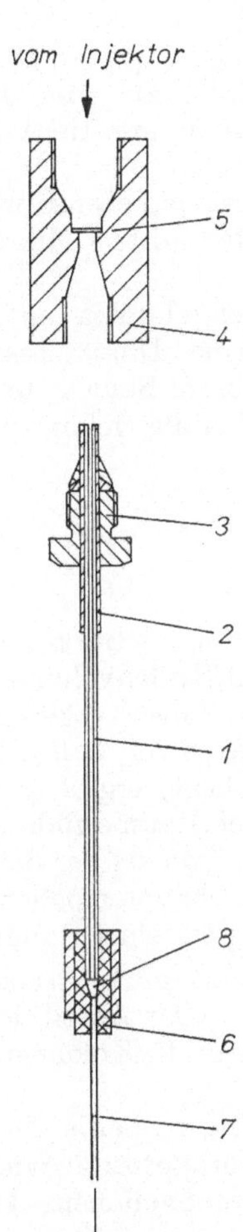

Abb. 4.3. Säulenaufbau zur Mikrochromatographie

1 — kommerzielle Quarzglaskapillare (HEWLETT PACKARD) als Trennsäule, Abmessungen: $L = 10-20$ cm, $d_S = 0{,}34$ mm; *2* — Stahlkapillare, $d_S = 0{,}5$ mm; *3* — Verschraubung und Dichtring; *4* — Anschlußblock mit *5* — Teflonmikrofilter (Stärke 10 μm); *6* — Teflon; *7* — Stahlkapillare, $d_S = 0{,}05$ mm; *8* — Filter (Quarzwolle)

Hilfe der für Silikagel bekannten Reaktionen synthetisieren, wodurch solche Kapillaren auch zur RP-, Normalphasen- und Ionentauschchromatographie geeignet sind [3].

Die fertig behandelte Glaskapillare führt man unmittelbar in einen Mikroinjektionsblock ein. Sie wird durch einen Dichtring aus lösungsmittelbeständigem Kunststoff und vorsichtiges Anziehen einer kleinen Überwurfmutter analog wie Metallkapillaren

gedichtet. Wegen der sehr geringen Dosiervolumina (unter 1 nl)
kommen für die Probeaufgabe nur die Splitinjektion oder die
direkte Probeneinführung in die Säule (in-column injection) in
Frage [4].

Während der Trennung betreibt man Kapillarsäulen ebenso wie
Mikrosäulen bei konstantem Eingangsdruck oder mittels Mikro-
spritzenpumpen (flußkonstante Pumpen).

Als Mikrozellen zur UV-Detektion mit Zellenvolumina unter
1 nl dienen Quarzkapillaren entsprechend engem Durchmesser
in Verbindung mit leistungsfähigen UV-Detektoren. Säulen- und
Zellenkapillare werden durch Teflonschlauch bündig gekoppelt.

4.4.   Die Trennsäulenpackung

Je nach Art des Einbringens der Partikel in die Säule werden sich
unterschiedliche Packungsdichten (Trägergewicht/Säulenvolumen)
bzw. Raumerfüllungen (Trägervolumen/Säulenvolumen) ergeben.
Stellt man sich kugelförmige Teilchen so angeordnet vor, daß jede
Kugelschicht genau über der vorhergehenden liegt, ergibt sich
eine sehr lockere, regelmäßige Packung mit einer Raumerfüllung
$\pi/6 = 0{,}524$. Liegt dagegen jede Kugel in einem Zwickel der dar-
unterliegenden Schicht, dann erhält man die überhaupt mögliche
(hexagonal bzw. kubisch) dichteste Kugelpackung mit einer Raumerfüllung von $\sqrt{2} \cdot \pi/6 = 0{,}74$. Aus beiden Extremen ergibt sich eine
statistische homogene Raumerfüllung von 63,2%. Der Anteil der
Zwischenkornporosität ε_f (Zwischenkornvolumen V_f/Kolonnen-
volumen V) einer solchen Kolonne wäre 36,8%.

Da die Teilchen i. allg. nicht undurchlässig, sondern porös sind,
werden zwei weitere Angaben verwendet: die Kornporosität oder
innere Porosität der Teilchen ε_p (Anteil des Porenvolumens V_p
am Kornvolumen V_K) sowie die Kolonnengesamtporosität ε_m
(Anteil des Volumens der gesamten fluiden Phase V_m am Kolon-
nenvolumen V).

Weil d_p für die Berechnung der Raumerfüllung keine Rolle
spielt, gilt: Die Raumerfüllung bzw. die Porositäten ε_f und ε_m
sind unabhängig vom Teilchendurchmesser.

Der mathematische Zusammenhang der Porositäten ist leicht
zu übersehen. Wenn die Raumerfüllung des Trägers $(1 - \varepsilon_f)$ und
sein Porositätsanteil daran ε_p ist, beträgt der Anteil des Korn-
porenvolumens am Säulenvolumen $(1 - \varepsilon_f)\,\varepsilon_p$. Die Gesamtporosi-

tät einer Trennsäule errechnet sich somit zu

$$\varepsilon_m = \varepsilon_f + (1 - \varepsilon_f)\,\varepsilon_p. \tag{4.1}$$

ε_m läßt sich experimentell am besten nach Gl. (4.2) ermitteln:

$$\varepsilon_m = \frac{V_m}{V} = \frac{V_M}{V} = \frac{t_M \cdot \dot{V}}{q_S \cdot L} = \frac{\dot{V}}{q_S \cdot \overline{u}}. \tag{4.2}$$

Wenn ε_p bekannt ist, ergibt sich ε_f nach Gl. (4.1).

Zieht man vom Gesamtvolumen V der Trennsäule außer V_m auch das Gerüstvolumen des Trägers V_G ab, bleibt das von der fluiden Phase nicht erfüllte Hohlraumvolumen übrig.

In Abb. 4.4 ist links ein Ausschnitt aus einer mit sphärischem Trägermaterial hergestellten Füllung gezeichnet. Man beachte die Hohlraumbildung. Im rechten Bildteil wurden die Definitionen

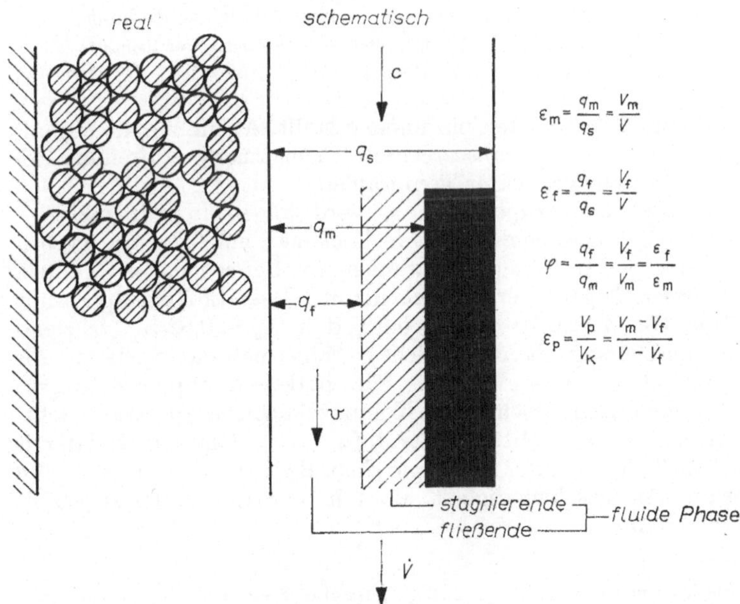

Abb. 4.4. Reale und schematische Darstellung des Trägerbetts mit den Porositätsparametern ε_m, ε_f, ε_p und φ

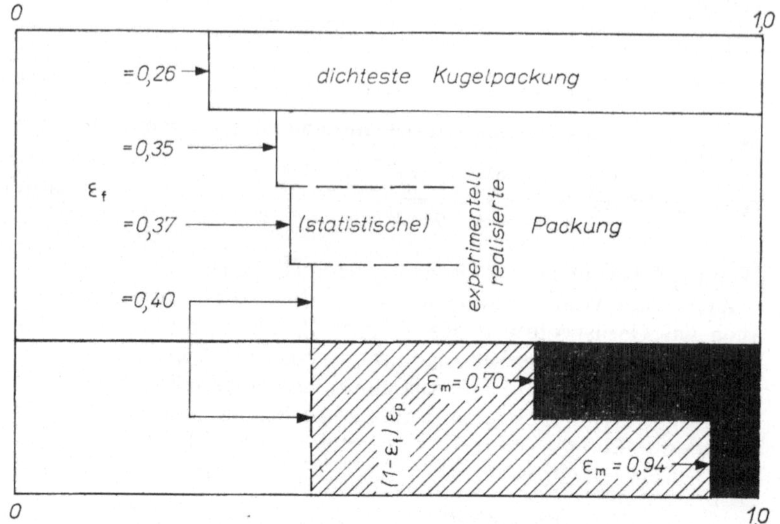

Abb. 4.5. Zur Veranschaulichung der Volumenanteile der Packung
ε_f — Zwischenkornporosität; ε_p — Kornporosität; ε_m — Kolonnengesamtporosität

der Porositätsparameter zusammengestellt. Abbildung 4.5 enthält schließlich eine maßstabsgerechte, schematisierte Aufteilung der Volumenanteile gepackter Trennsäulen.

Die Zwischenkornporosität ε_f wird allgemein mit 0,35 bis 0,40 ± 5% angegeben[1]), meist rechnet man mit 0,40. Die Porositätswerte poröser Träger schwanken im Bereich $0,5 < \varepsilon_p < 0,9$. Aus diesen Angaben ergibt sich für die Gesamtkolonnenporosität mittels Gl. (4.1) $0,70 < \varepsilon_m < 0,94$, d. h. $\bar{\varepsilon}_m = 0,82 \approx 0,8$, ziemlich unabhängig davon, welches Trägermaterial vorliegt. Als Faustregel gilt $\varepsilon_f \leq \varepsilon_m \leq 2\varepsilon_f$. Für praktisch unporöse Träger, z. B. kommerzielle beschichtete Kompaktkügelchen (poröse Schichtträger), ist $\varepsilon_m \approx \varepsilon_f$. Mittels Gl. (4.2) $(u \sim 1/\varepsilon_m)$ folgt daher, daß mit solchen Trägern unter sonst gleichen Bedingungen die doppelte lineare Fließgeschwindigkeit als mit porösem Material erzielt werden kann.

---

[1]) Bedingung für sog. „regelmäßig" gepackte Säulen ist $d_S > 10\,d_p$. Alle Angaben beziehen sich auf nicht verformbare Träger. Für organisches, kompressibles Material erhält man Werte bis $\varepsilon_f = 0,2$.

4.5.   Fülltechniken

Wie bekannt, neigen kleine Teilchen infolge elektrostatischer Aufladung zu Agglomerisation, und zwar um so stärker, je geringer der Partikeldurchmesser ist. Im „Bulk" tritt Brücken- und Kanalbildung ein. Durch Benetzung mit Flüssigkeiten läßt sich dieser Effekt stark herabsetzen.

Alle Trockenpackungstechniken sind daher, selbst wenn sie sehr sorgfältig durchgeführt werden („rotate, bounce and tap"), zur Trennsäulenherstellung mit irregulären Trägern $< 50\ \mu$m und mit sphärischen Trägern $< 30\ \mu$m nicht zu empfehlen. Korngrößen $< 20\ \mu$m können überhaupt nur in Flüssigkeitssuspension effektiv gepackt werden.

Damit eine weitgehend homogene Packung erreicht wird, kommt es außerdem darauf an, Teilchensegregation (Sortierungseffekte) während des Füllens zu vermeiden.

Nach dem STOKESschen Gesetz beträgt die Sinkgeschwindigkeit c_s kugelförmiger Teilchen der Dichte ϱ_p in einer Flüssigkeit der Dichte ϱ_l

$$c_s = (\varrho_p - \varrho_l) \cdot g \cdot d_p{}^2 / 18\eta \tag{4.3}$$

(g — Erdbeschleunigung, 981 cm $\cdot$ s^{-2}).

Aus Gl. (4.3) erkennt man die prinzipiellen Möglichkeiten, um der Segregation entgegenzuwirken:

a) Einfüllgeschwindigkeit $\gg c_s$ oder
b) η sehr groß oder
c) $\varrho_l = \varrho_p$, d. h. $c_s = 0$.

Entsprechend benutzt man vier unterschiedliche Suspensionen:

1. Die einfache Flüssigkeitssuspension in organischen Lösungsmitteln (Methanol, Acetonitril usw.),
2. die elektrostatische Dispersion [5],
3. die viskose Dispersion [6] und
4. die Schwebesuspension [7].

Da d_p in Gl. (4.3) quadratisch eingeht, sind Träger mit breiter Korngrößenverteilung von vornherein ungünstiger zu handhaben als Träger mit enger Verteilung. Füllverfahren unter Verwendung der einfachen Flüssigkeitssuspension und der elektrostatischen Dispersion werden nur bei enger Korngrößenverteilung voll befriedigen.

Benutzt man als Suspensionsflüssigkeit gleich das Elutionsmittel, ist die Trennsäule ohne nachfolgende Konditionierung einsetzbar. Man kann diese Methode bei modernen Trägermaterialien kleiner Korngröße und enger Korngrößenverteilung vorteilhaft anwenden.

Die elektrostatische Dispersion in 0,001 N wäßriger Ammoniaklösung hat für unbeladene Silikagele den Vorteil, daß Agglomerisation ziemlich sicher vermieden wird. Das Gel allerdings desaktiviert vollkommen und muß anschließend reaktiviert werden.

Die Methode mit stark viskosen Flüssigkeiten (40···60 mPa · s) ist zeitaufwendig. Sie benötigt mehr als die zehnfache Füllzeit der anderen Methoden.

Als sehr allgemein anwendbare Fülltechnik darf das Schwebesuspensionsverfahren angesehen werden. Hierbei stellt man Dichtegleichheit zwischen Suspensionsflüssigkeit und Träger her. Gute Ergebnisse können an Kieselgelen, an Aluminiumoxiden, an Trägern mit chemisch gebundenen Phasen sowie an organischen Materialien erhalten werden. Der Träger der Dichte ϱ_p ist zunächst in einer Flüssigkeit der Dichte ϱ_l unter Verwendung eines Vibrators bzw. mit Ultraschall sorgfältig zu dispergieren, wobei $\varrho_l \lessgtr \varrho_p$ sein kann. Dichtegleichgewicht wird durch langsame Zugabe einer geeigneten Zweitflüssigkeit erreicht. Leider kommen an Flüssigkeiten hoher Dichte praktisch ausschließlich halogenierte, insbesondere bromierte und jodierte Kohlenwasserstoffe in Frage. Sie sind oft nicht ausreichend stabil, und Zersetzungsprodukte neigen zur irreversiblen Sorption auf den Trägermaterialien.

Bei Benutzung von Silikagel ($\varrho_w \approx 1,9\ \mathrm{g} \cdot \mathrm{cm}^{-3}$) gibt es noch eine gewisse Auswahl solcher Flüssigkeiten, bei Aluminiumoxiden ($\varrho_w = 3,4-5,6\ \mathrm{g} \cdot \mathrm{cm}^{-3}$) bestehen weit weniger Möglichkeiten (verwendbar ist z. B. CH_2J_2, $\varrho = 3,3\ \mathrm{g} \cdot \mathrm{cm}^{-3}$).

Das für Silikagele ursprünglich vorgeschlagene Tetrabromethan erwies sich wegen seiner gesundheitsschädigenden Wirkung und seiner Unbeständigkeit als ungünstig; es ist besser, z. B. Dibromethan oder Bromoform zu verwenden.

Nach den Erfahrungen des Autors sind für nacktes Silikagel und Normalphasen Gemische aus Dibromethan und Dioxan, im Falle von RP 8-Material Dibromethan mit Tetrachlorkohlenstoff und bei RP 18-Trägern Tetrachlorkohlenstoff geeignet.

Meist stellt man Suspensionen mit $\geq 20\%$ Feststoffgehalt her. Die Trägerkonzentration ist nicht kritisch; jedoch sollte ein zu großer Überschuß gegenüber der für die Trennsäule ausreichenden Menge vermieden werden.

Sorgfältig hergestellte Schwebesuspensionen halten sich stundenlang. Gelegentlich beobachtet man trotz Dichtegleichheit eine mehr oder weniger starke Flockenbildung. In diesen Fällen

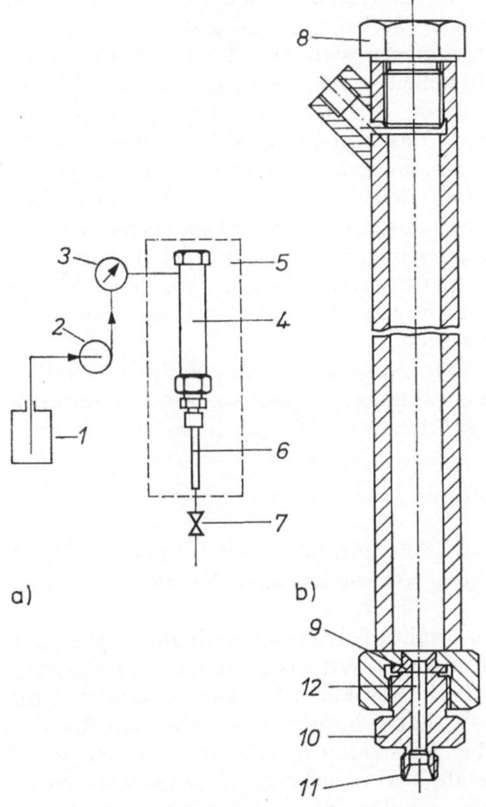

Abb. 4.6. a) Anordnung zum Füllen von Trennsäulen

1 — Vorratsgefäß für Konditionierflüssigkeit; *2* — Hochdruckpumpe (Fördervolumen für analytische Säulen ca. 20 ml/min, maximaler Förderdruck 800 bar); *3* — Hochdruckmanometer; *4* — Füllrohr; *5* — abklappbare Schutzwand; *6* — Trennsäule; *7* — Ventil

b) Füllrohr (vergrößert)

8 — Verschlußschraube mit Dichtring; *9* — Aluminiumdichtung; *10* — Verschlußmutter mit *11* — Anschluß für die Trennsäule; *12* — Bohrung, deren Stärke sich nach dem Innendurchmesser der anzuschließenden Trennsäule richtet

ist Agglomerisation eingetreten Die Benutzung solcher Suspensionen empfiehlt sich nicht.

Die fertige Suspension wird in ein senkrecht gehaltertes Füllgefäß (Füllrohr, Vorsäule) gegeben (Abb. 4.6), an dem die bereits mit Dispergierflüssigkeit gefüllte Trennsäule ohne Übergangsverengung angeschraubt ist. Wesentlich für wirksame Packungen erwiesen sich hohe Füllgeschwindigkeiten, wozu Drücke zwischen 400···600, ja sogar 800 bar notwendig sind[1]).

Bei Verwendung von Trägern zwischen 10 und 5 µm ist der Füllvorgang mit den üblichen kurzen Säulen und Drücken bis zu 400···600 bar in 1···2 min beendet. Zweckmäßigerweise wird der Druckanstieg während des Füllens in Abhängigkeit von der Zeit als Kurve gezeichnet. Abweichungen vom normalen Verlauf (zu langsamer Druckanstieg) deuten auf schlechte Packungen hin.

Nach Verwendung einer Suspension in halogenierten Kohlenwasserstoffen ist die Säule sehr gründlich zu konditionieren. Als Konditionierflüssigkeit dient z. B. Dioxan. Danach können n-Hexan (Silikagel und Normalphasenträger) oder Methanol (RP-Träger) verwendet werden.

Organische halbfeste Gele müssen vor dem Füllprozeß etliche Stunden in der Suspensionsflüssigkeit quellen. Betreffs des angewendeten Fülldrucks beachte man die Angaben des Herstellers.

4.6.   *Qualitätskriterien für Trennsäulen*

Prüfstein der Qualität der Füllung muß in erster Linie die $H_T(u)$-Funktion sein. Zweckmäßig verwendet man die reduzierte Darstellung (Abschn. 2.6.).

Ein weiteres wichtiges Qualitätskriterium stellt die Permeabilität dar. Sie nimmt mit kleiner werdendem Partikeldurchmesser des Trägermaterials ab (vgl. Abschn. 2.7.). Der Zusammenhang beider Größen geht aus Gl. (2.93) hervor. Wesentlich für die Permeabilität ist ferner die Partikelform, die der Formfaktor ϑ berücksichtigt. Abnehmende ϑ-Werte erhöhen K. Dementsprechend läßt sich zeigen, daß Trennsäulen, die mit sphärischen Trägern gefüllt sind, bei vergleichbaren H_T-Werten eine gegenüber irre-

---

[1]) Der Druck steigt während des Füllens von selbst an und soll nicht reguliert werden.

    Alle Zahl na.. aben hier beziehen sich auf sphärische Teilchen. Bei irregulärem Material müssen die Drücke niedriger sein; das Packen solcher Säulen ist wesentlich diffiziler.

gulären Trägern gleicher Korngröße rd. 20% höhere Permeabilität haben [8].

Bezogen auf gleiches Material sollte die Trennsäule kleinster Permeabilität die besten Trenneigenschaften besitzen. Zu hohe Permeabilität weist auf eine weniger gelungene, d. h. weniger dichte bzw. weniger homogene Packung hin. Der Zwischenkornvolumenanteil ε_f hat sich vergrößert, was den Massenübergang beeinträchtigt und die Säulenwirksamkeit herabsetzt.

Es können in Trennsäulen außer „obligatorischen" Inhomogenitäten bei sonst dichter Packung auch Risse oder Hohlräume entstehen, die die Säule unbrauchbar machen. Solche Hohlräume bilden sich z. B. leicht in zu lockeren Packungen, vor allem am Säulenanfang. Ein geringes derartiges Packungsdefizit kann man durch „Nachstopfen" beseitigen. Gelegentlich bringt auch das Wenden der Trennsäule Erfolg.

Eine von d_p unabhängige Maßzahl für die Güte von Trennsäulenfüllungen des gleichen Materials ist der Säulenwiderstandsfaktor Φ [9] (Abschn. 2.6.). Aus Gl. (2.91) und Gl. (2.93) ergibt sich

$$\Phi = \frac{\Delta P \cdot d_p{}^2}{u \cdot \eta \cdot L}. \tag{4.4}$$

Für mittels der Suspensionsverfahren hergestellte Trennsäulen von Silikagelträgern liegt Φ etwa zwischen $500 \cdots 1500$, wobei sphärischen Trägern Werte in der Nähe der unteren und irregulären Trägern Werte in der Nähe der oberen Grenze zukommen.

4.7. Säulenschalten

Die sog. multidimensionale oder mehrstufige Chromatographie wendet nacheinander verschiedene chromatographische Phasensysteme an, deren unterschiedliche Selektivitäten dann meist auch bei sehr komplexen Proben eine befriedigende Trennung interessierender Komponenten erlauben.

Im Falle der zweidimensionalen Dünnschichtchromatographie wird jede Komponente nach der Trennung durch einen Punkt in der Ebene (Platte) charakterisiert. Die Punktkoordinaten sind durch zwei Retentionswerte in zwei unterschiedlichen Phasensystemen festgelegt. In der n-dimensionalen Säulenchromatographie liegt dieser Punkt im n-dimensionalen Raum und hat als Koordinaten die mit n verschiedenen Säulen (Stufen) erhaltenen Retentionswerte.

Grundsätzlich kann von Stufe zu Stufe on-line oder off-line gearbeitet werden. Die off-line-Technik ist arbeitsaufwendig und schwer automatisierbar. Beim Manipulieren zwischen den Stufen (Lösungsmittelabdampfen) sind Substanzverluste möglich. Der große Vorteil dieser Technik besteht jedoch darin, daß völlig inkompatible Phasensysteme kombiniert werden können.

Bei der Multisäulen-on-line-Technik verwendet man totvolumenarme, automatische Hochdruck-Schaltventile, die mit Mikroprozessor gesteuerten Zeitgebern arbeiten. Das Schema einer solchen Anordnung ist in Abb. 4.7 zu sehen.

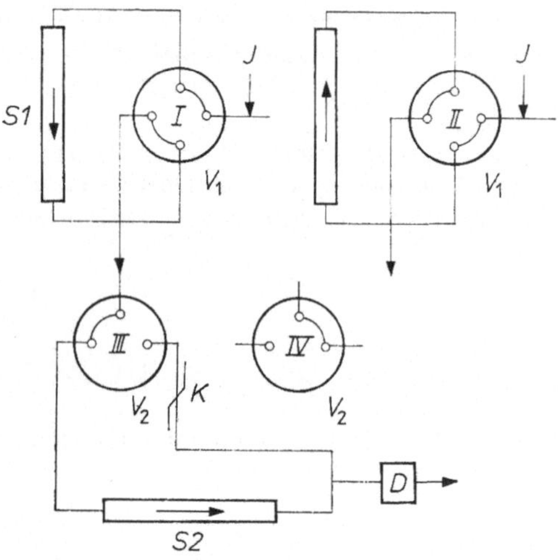

Abb. 4.7. Säulenschalttechnologie für $n = 2$ Dimensionen

S — Trennsäulen; K — Restriktionskapillare; I — Injektor; D — Detektor; V — Schaltventile; I, II, III, IV — Ventilstellungen

Im Bild wurden die Trennsäulen $S1$ und $S2$ mit zwei Schaltventilen gekoppelt. Hierbei kann $S1$ in zwei Richtungen betrieben werden (Stellung I normale Betriebsweise, Stellung II Rückspülen). $S2$ dient als Speichersäule für front cutting, heart cutting und end cutting. Unter front cutting versteht man das Abschneiden des vorderen Chromatogrammteils, heart cutting bedeutet das Herausschneiden einzelner relevanter Peaks oder Peakgruppen aus dem Chromatogramm. Während man im ersten Fall die Optimierung der Selektivität für verschiedene Peakgruppen oder Stoffklassen anstrebt, geht es im zweiten Fall meist um die

Erhöhung der Peakgrößenverhältnisse. Die Methode eignet sich insbesondere zur Bestimmung von Spurenbestandteilen (Rückstandsanalyse, clean-up) in komplizierten Matrices. Beim end cutting ist entsprechend der hintere Chromatogrammteil von Interesse.

Ein Rückspülen der Säule 1 nach dem Speichern des vorangegangenen Chromatogrammteiles entfernt unnötige Ballaststoffe und verkürzt die Chromatogrammdauer.

Nachfolgend wird die Technik heart cutting näher besprochen.

Nimmt man an, ein Chromatogramm der Säule 1 bestünde aus drei hintereinander liegenden Abschnitten für die Substanzgruppen A, B, C, so wird in der Ventilstellung I, IV zuerst A über die Kapillare K zum Detektor strömen. Durch Ventilstellung III gelangt anschließend B auf Säule 2 (heart cutting). Nach Umstellen der Ventile in die Stellungen II, IV bleibt B am Anfang der Säule 2 als Speicherinformation, während A über $S1$ zurückgespült wird. A erscheint bei der Registrierung durch D als schmaler Peak mit geringem Informationsgehalt. Wählt man nach dem Speicherprozeß wieder die Ventilkombination I, IV, so wird A über $S1$ entsprechend der Selektivität dieser Säule aufgetrennt und ein aufgefächertes Chromatogramm wiedergegeben.

Zuletzt erfolgt in den Stellungen II, III oder I, III die Auftrennung der Gruppe B und damit die Decodierung der gespeicherten Information mit der gewünschten Aussage.

Die Säulen $S1$ und $S2$ können ganz unterschiedliche Kompaktphasen enthalten. Für die Lösungsmittelauswahl gelten hingegen gewisse Einschränkungen. Insbesondere muß im on-line-Betrieb ihre gegenseitige Mischbarkeit gewährleistet sein.

Tabelle 4.1 enthält verschiedene on-line kompatible Methoden.

Tabelle 4.1

On-line multidimensional kompatible Methoden

	LSC	NPC	RPC	IEC	GPC	GFC
Flüssig-fest-Chromatographie (LSC)	+	+	−	−	+	−
Normalphasenchromatographie (NPC)	+	+	−	−	+	−
Umkehrphasenchromatographie (RPC)	−	−	+	+	+	+
Ionentauschchromatographie (IEC)	−	−	+	+	−	+
Gelpermeationschromatographie (GPC)	+	+	+	−	+	−
Gelfiltrationschromatographie (GFC)	−	−	+	+	−	+

+ kompatibel
− nicht kompatibel

7*

Sehr vorteilhaft ist z. B. die Kombination einer Säule zur Molekülgrößen-Ausschlußchromatographie (GPC, GFC) mit einer der übrigen aufgeführten Methoden. Andererseits steht in der Tabelle bei der Kombination LSC/RPC ein Minus, da in diesem Falle i. allg. mit Wasser nicht mischbare Lösungsmittel (LSC) und wäßrige Lösungsmittelgemische (RPC) zum Einsatz gelangen würden, so daß das Kompatibilitätskriterium nicht erfüllt ist.

Bei Überführung der Komponenten von einer vorhergehenden zur nächsten Stufe ($S1 \rightarrow S2$) ist die Probenkonzentrierung am Säulenkopf der zweiten Säule notwendig (on-column concentration). Um das zu gewährleisten, muß das Lösungsmittelgemisch der Säule 1 eine schwächere Elutionsstärke als das Lösungsmittel-(gemisch) der Säule 2 besitzen. Diese Forderung ist beispielsweise erfüllt, wenn Substanz von einer mit Wasser betriebenen GFC-Säule auf eine RP-Säule gelangt. Durch das für die RP-Säule sehr schwache Elutionsmittel Wasser ergibt sich eine ideale on-column-Konzentrierung, und die nachfolgende Gradientenelution führt zu sehr schmalen Peaks.

Gelangt die Substanz hingegen mit einem größeren Volumen vergleichsweise stärkerer Elutionsmittel auf die folgende Säule, entfällt ein Konzentrierungseffekt, und eine zusätzliche Bandenverbreiterung tritt ein.

Bei der Auftrennung schmaler Chromatogrammausschnitte (heart cutting) wird die Speichersäule wenig genutzt, denn während der Zeit der Trennung ist immer nur ein kurzes Stück der Säule durch Substanz belegt. Soll daher eine große Probenzahl (z. B. in der klinischen Routine) hintereinander analysiert werden, ist es zweckmäßig, den Schnitt aus jeder folgenden Probe bereits kurze Zeit nach dem Schnitt der vorausgegangenen Probe zu überführen und außerdem den Abstand zwischen den Peakgruppen durch ein minimales, vorher berechenbares Elutionsmittelvolumen festzulegen. Damit die Folge von Peakgruppen kontinuierlich über die Speichersäule wandert, muß außerdem der normalerweise statische Speichervorgang in eine dynamische Speicherung übergehen, was durch eine geeignete Ventilschaltung zwischen den Säulen mit zwei Pumpen erreicht wird. Die erläuterte Technik wird als Boxcarchromatographie [10] bezeichnet.

5. Das Elutionsmittel

5.1. *Allgemeines*

Im Gegensatz zur Gaschromatographie spielt das Elutionsmittel für den Trennprozeß in der Flüssigchromatographie eine entscheidende Rolle. Die Kenntnis der Eigenschaften einer Vielzahl von Lösungsmitteln ist daher für die erfolgreiche Lösung der Trennprobleme sehr wichtig.

Natürlich kommen in der Praxis nicht alle bekannten Lösungsmittel für die Chromatographie in Frage, insbesondere ist beim Einsatz reiner (d. h. unvermischter) Lösungsmittel eine Reihe einschränkender Kriterien zu beachten.

Aus naheliegenden Gründen wird man Lösungsmittel mit Siedepunkten zwischen 50 und 100 °C bevorzugen. Ferner soll die Viskosität der einzusetzenden Flüssigkeiten möglichst unter 1 mPa·s (1 cP) liegen, schon um niedrige Säulenvordrücke anwenden zu können (Gl. (2.91)). Außerdem sind mit hohen Elutionsmittelviskositäten große Temperatureffekte und kleine Diffusionskoeffizienten verbunden, wodurch sich die Säulenwirksamkeit verschlechtert.

Je nach Problem werden weitere Forderungen an das Elutionsmittel gestellt. Dazu gehören gute UV-Durchlässigkeit oder günstiger Brechungsindex, Verfügbarkeit in ausreichender Menge und Reinheit, geringe Korrosionswirkung u. a. Selbstverständlich muß die Probe im Elutionsmittel löslich sein. Schließlich ist die Erfüllung der Bestimmungen des Gesundheits- und Brandschutzes zu gewährleisten.

Unabhängig von allen diesen Forderungen stellen eine optimale Elutionswirkung ($1 < k_i < 10$) und gute Selektivitätseigenschaften die wichtigsten Auswahlkriterien für Lösungsmittel dar. Sie stehen, wie schon deutlich wurde (Abb. 3.1), in engem Zusammenhang mit Fragen der molekularen Wechselwirkung von Probe, Lösungsmittel und Kompaktphase.

Nach KISELEV unterscheidet man zweckmäßig zwischen spezifischen Wechselwirkungen der Moleküle infolge lokaler Besonderheiten der Elektronendichteverteilung und zwischen nichtspezifischen Wechselwirkungen durch Dispersionskräfte.

Dispersionskräfte beruhen bekanntlich auf der inneren Elektronenbewegung der Moleküle (atomare Dipole). Die hierdurch bewirkte Anziehung ist stets wirksam, aber ungerichtet. Sie tritt um so stärker in Erscheinung, je höher die Elektronenpolarisierbarkeit der Verbindungen ist, und geht damit ungefähr mit dem Brechungsindex konform; dispersive Wechselwirkungen sind zwischen Verbindungen mit hohem Brechungsindex besonders ausgeprägt.

Zu den spezifischen Wechselwirkungen rechnen Ionen-/Ionen-Wechselwirkungen nach dem COULOMBschen Gesetz, Wechselwirkungen zwischen Ionen und Dipolen sowie Wechselwirkungen zwischen permanenten und induzierten Dipolen.

Spezifische Wechselwirkungen ergeben sich ferner unter Mitwirkung von π-Elektronen oder einsamen Elektronenpaaren, bzw. wenn die Möglichkeit zur Ausbildung von Elektronendonator/-akzeptorkomplexen besteht.

Einen besonders exponierten Fall zwischenmolekularer Wechselwirkungen stellen die Wasserstoffbrücken dar[1]).

Vielfach unterscheidet man zwischen protischen Lösungsmitteln mit aciden H-Atomen (Wasser, Alkohole, Carbonsäuren, Chloroform, Säureamide sowie primäre und sekundäre Amine) und aprotischen Lösungsmitteln.

Aprotische Lösungsmittel besitzen keine aciden H-Atome, Eigendissoziation ist nicht nachweisbar. Apolare aprotische Lösungsmittel sind z. B. Kohlenwasserstoffe, Schwefelkohlenstoff und Tetrachlorkohlenstoff. Als polar aprotisch hat man Lösungsmittel wie Ether, Dioxan oder Pyridin einzustufen. Mit ihren freien Elektronenpaaren weisen polare „Apros" hohe Nucleophilität und LEWIS-Basenstärke aus. Sie lagern nicht nur protische Solventien leicht an, sondern eignen sich ganz allgemein zur Solvatation von Kationen. Dieses Verhalten ist bei den dipolar aprotischen Vertretern, die definitionsgemäß Dielektrizitätskonstanten > 15 und Dipolmomente $> 2,5$ D haben, besonders stark ausgeprägt. In diese Gruppe fallen (in der Reihenfolge ihrer Donorzahlen[2]) u. a. Nitromethan, Acetonitril, Aceton, Dimethylformamid sowie Dimethylsufoxid.

Oberflächlich betrachtet könnte man meinen, daß das Dipolmoment ein geeignetes Maß für die Lösungsmittelpolarität darstellt. Ein Blick auf Tab. 5.1 zeigt jedoch, daß das nicht der Fall ist.

---

[1]) X—H$\cdots$Y, z. B. OH$\cdots$O (H_2O, Alkohole), NH$\cdots$O=C (Amide), OH$\cdots$O=C (Säuren, Alkohole/Carbonylgruppen) usw. Die X—H-Bindung wird aufgeweitet, und das Proton dringt z. T. in die Elektronenhülle von Y ein.

[2]) Die Donorzahl nach GUTMANN wird ausgedrückt als $-\Delta H$-Wert für das 1:1-Addukt zwischen dem Lösungsmittel und Antimonpentachlorid in 1,2-Dichlorethan. Sie ist eine brauchbare Maßzahl der LEWIS-Basenstärke.

Tabelle 5.1

P' — Polaritätsindex nach SNYDER; x — Selektivitätsparameter, Index e für Protonenakzeptor-, Index d für Protonendonatorwirkung, Index n für Dipolwechselwirkung des Lösungsmittels; ε^0 — Lösungsmittelstärkeparameter (Tab. 5.2); δ — Löslichkeitsparameter (Tab.); E_T — Lösungsmittelpolarität nach DIMROTH und REICHARDT [11]. Das hier zur spektroskopischen Messung der lösungsmittelabhängigen Übergangsenergien zwischen Grund- und Anregungszustand benutzte Pyridinium-N-phenolbetaïn besitzt ein hohes Dipolmoment und die Fähigkeit zu komplexer molekularer Wechselwirkung; μ — Dipolmoment in D (Debye). 1 D = 3,337 · 10⁻³⁰ C · m (SI-Einheit). Werte überwiegend aus [9]; S_{RP}(exp.) — experimentell ermittelte Elutionsmittelstärken für wassermischbare Vorzugslösungsmittel der RP-Chromatographie.

Lösungsmittel	Selektivitätsgruppe n. Tab. 5.4	P'	x_e	x_d	x_n	ε^0 SiO₂	Al₂O₃	δ (J/cm³)^{1/2}	E_T (KJ/mol)	μ (D)	S_{RP} exp.
n-Hexan	—	0,1	—	—	—	0,01	0,01	14,9	129,4	0	—
Diisopropylether	I	2,4	0,48	0,14	0,38	0,34	0,28	14,5	142,4	1,2	—
Methylenchlorid	V	3,1	0,29	0,18	0,53	0,32	0,42	19,8	172,1	1,6	—
Tetrahydrofuran	III	4,0	0,38	0,20	0,42	0,44	0,57	18,6	156,6	1,7	4,5
n-Propanol	II	4,0	0,54	0,19	0,27	0,63	0,82	24,6	212,3	1,7	—
Chloroform	VIII	4,1	0,25	0,41	0,33	0,26	0,40	19,0	163,7	1,2	—
Ethylacetat	VIa	4,4	0,34	0,23	0,43	0,38	0,58	18,2	159,5	1,8	—
1,4-Dioxan	VIa	4,8	0,36	0,24	0,40	0,49	0,56	20,7	150,7	0	3,5
Aceton	VIa	5,1	0,35	0,23	0,42	0,47	0,56	19,6	176,7	2,8	3,4
Methanol	II	5,1	0,48	0,22	0,31	0,73	0,95	29,7	232,4	1,7	2,6
Pyridin	III	5,3	0,41	0,22	0,36	0,55	0,71	21,7	168,3	2,2	—
Acetonitril	VIb	5,8	0,31	0,27	0,42	0,50	0,65	24,8	192,6	3,4	3,2
Nitromethan	VII	6,0	0,28	0,31	0,40	0,49	0,64	26,4	193,8	3,1	—
Essigsäure	IV	6,0	0,39	0,31	0,30	—	—	20,7	214,4	1,7	—
Anilin	VIb	6,3	0,32	0,32	0,36	0,48	0,62	21,1	185,5	1,5	—
Dimethylformamid	III	6,4	0,39	0,21	0,40	—	—	24,1	183,4	3,8	—
Dimethylsulfoxid	III	7,2	0,39	0,23	0,39	0,58	0,75	24,6	188,4	4,3	—
Formamid	IV	9,6	0,36	0,33	0,30	—	—	39,3	237,0	3,2	—
Wasser	VIII	10,2	0,37	0,37	0,25	—	—	47,9	264,2	1,8	0

Unter der Polarität eines Lösungsmittels versteht man heute die Summe aller zwischenmolekularen Wechselwirkungen nach Art und Stärke, zu denen das Lösungsmittel fähig ist. Im Sinne dieser Definition gehören hierzu auch dispersive Wechselwirkungen. Praktisch läuft das Problem auf die Ermittlung der Wechselwirkungen zwischen dem jeweiligen Lösungsmittel und geeignet gewählten Bezugsstoffen hinaus. Das beste Polaritätsmaß ist dasjenige, das alle möglichen Wechselwirkungen am besten erfaßt.

In der Praxis sind dementsprechend verschiedene empirische Polaritätsskalen in Gebrauch, die mehr oder weniger gute Näherungen darstellen und im Einzelfall voneinander abweichen können. Im Rahmen dieses Taschenbuches werden als Maßzahlen der Lösungsmittelpolarität der Polaritätsindex P' nach SNYDER, der Löslichkeitsparameter δ nach HILDEBRAND, der Lösungsmittelstärkeparameter ε^0 nach SNYDER und die Lösungsmittelpolarität E_T nach DIMROTH und REICHARDT verwendet (s. Tab. 5.1).

Die Lösungsmittelpolarität steht naturgemäß in enger Beziehung zu zwei weiteren, in der Chromatographie wichtigen Begriffen, zur Solvensstärke (Elutionsmittelstärke) und zur Selektivität.

Die Elutionsmittelstärke eines Lösungsmittels drückt sich in seiner Eigenschaft bzw. Fähigkeit zur Elution der im chromatographischen Phasensystem verteilten Stoffe aus. Voraussetzung hierfür sind wenigstens geringe Wechselwirkungen zwischen diesen Stoffen und dem Lösungsmittel, andernfalls tritt überhaupt keine Lösung ein; die Verteilungskonstanten liegen dann praktisch bei ∞, und die Elutionsstärke des Lösungsmittels ist Null.

Im Gegensatz zur Lösungsmittelpolarität läßt sich die Elutionsstärke nur im Zusammenhang mit dem chromatographischen Phasensystem betrachten. Es ergeben sich zwei Fälle:

Liegt ein System mit polarer Kompaktphase (Normalphasenchromatographie[1]), Adsorptionschromatographie) vor, werden

---

[1]) Der Ausdruck Normalphasenchromatographie (NPC) wird i. allg. auf die Chromatographie mit polaren Fixphasen beschränkt. Das entsprechende Pendant stellt die Chromatographie mit unpolaren Fixphasen dar (daher der Name Umkehrphase, engl. reversed phase). Da man beide Fälle ebenso für die Flüssig-flüssig-Chromatographie realisieren kann (s. Abschn. 3.1.), gelten die folgenden Ausführungen grundsätzlich auch hierfür.

wenig polare Lösungsmittel für Stoffe mittlerer oder gar hoher Polarität nur eine geringe oder keine Elutionskraft besitzen, sehr polare Lösungsmittel hingegen können diese Komponenten schnell aus dem System eluieren. Sie haben genügend Solvatationsvermögen, um auch mit aktiven Kompaktphasen erfolgreich zu konkurrieren. Zwischen beiden Extrema lassen sich alle Lösungsmittel in einer, eluotropen[1]) Serie steigender Polarität anordnen (Tab. 5.2 und 5.3).

Verwendet man jedoch eine wenig polare, hauptsächlich zu dispersiver Wechselwirkung befähigte Kompaktphase (Umkehrphasen-Chromatographie (RPC)), so verliert Wasser mit der höchsten Polarität seine starke Elutionskraft. Nur typisch unpolare Elutionsmittel sind nunmehr imstande, unpolare Komponenten zu eluieren. Damit gehen Elutionsstärke und Polarität nicht mehr konform, und es ergibt sich eine eluotrope Lösungsmittelserie abnehmender Polarität.

Die eluotropen Serien spiegeln die Tatsache wider, daß Elution und Löslichkeit durch die jeweils dominierende Kategorie molekularer Wechselwirkungen bestimmt werden. Ionen treten vorwiegend mit Ionen oder Dipolen, Moleküle leichter Elektronenpolarisierbarkeit bevorzugt mit Molekülen leichter Elektronenpolarisierbarkeit und Protonendonatoren mit -akzeptoren usw. zusammen. Sehr pauschal drücken das die empirischen Regeln „similia similibus solvuntur" (Ähnliches wird durch Ähnliches gelöst) bzw. „similia similibus attrahuntur" (Ähnliches wird durch Ähnliches angezogen)[2]) aus.

Infolge des komplexen Charakters sich überlagernder zwischenmolekularer Kräfte zeigt jedes chromatographisch aktive Phasensystem eine mehr oder weniger ausgeprägte Selektivität. Man kann sie als Eigenschaft des Systems beschreiben und definieren, den Stoffaustausch zwischen den Phasen für unterschiedliche Komponenten mit unterschiedlichen ΔG^0-Werten bzw. unterschiedlichen Verteilungskonstanten zu reproduzieren [1]. Grundlegende quantitative Beziehungen wurden bereits mitgeteilt (Gl. (2.8), (2.72) und (2.73)).

Im nächsten Abschnitt werden die Begriffe Polarität und Elutionsstärke unter quantitativen Aspekten behandelt.

---

[1]) *lat.:* ēluĕre — auswaschen, *griech.:* ὁ τρόπος — Wendung
[2]) L. Gurwitsch, 1923

Tabelle 5.2

Zusammenstellung erweiterter Löslichkeitsparameter $(J/cm^3)^{1/2}$

δ_i — aus der Verdampfungsenergie ermittelter Parameter

δ_d — Dispersionsparameter (aus dem Brechungsindex)

δ_0 — Orientierungsparameter (aus dem Dipolmoment)

δ_{in} — Induktionsparameter (über δ_0)

δ_a — Protonendonatorparameter $\Big\}$ (aus den Bindungswärmen)
δ_b — Protonenakzeptorparameter

ε^0 — Lösungsmittelstärken, berechnet für SiO_2 nach SNYDER [7] (Adsorptionschromatographie); * anderen Quellen entnommen

Lösungsmittel	δ_i	δ_d	δ_0	δ_{in}	δ_a	δ_b	ε^0 (SiO_2)
Alkane	14,9	14,9	0	0	0	0	≈ 0
Diisopropylether	14,5	14,1	2,0	0,2	0	6,1	0,34*
Diethylether	15,3	13,7	4,9	1,0	0	6,1	0,29
Triethylamin	15,3	15,3	0	0	0	9,2	—
Cyclohexan	16,8	16,8	0	0	0	0	0,03
Propylchlorid	17,2	14,9	5,9	1,2	0	1,4	0,23
Tetrachlorkohlen-stoff	17,6	17,6	0	0	0	1,0	0,11*
Ethylacetat	18,2	14,3	8,2	2,0	0	5,5	0,38*
Propylamin	18,2	14,9	3,5	0,4	3,7	11,3	0,50*
Toluen	18,2	18,2	0	0	0	1,2	0,22
Tetrahydrofuran	18,6	15,6	7,2	1,6	0	7,6	0,44*
Benzen	18,8	18,8	0	0	0	1,2	0,25
Chloroform	19,0	16,6	6,1	1,0	13,3	1,0	0,26*
Aceton	19,6	13,9	10,4	3,1	0	6,1	0,47*
1,4-Dioxan	20,7	16,0	10,6	2,0	0	9,4	0,49*
Pyridin	21,7	18,4	7,8	2,0	0	10,0	0,55
Dimethylformamid	24,1	16,2	12,7	4,9	0	9,4	—
Propanol	24,6	14,7	5,3	0,8	12,9	12,9	0,63
Dimethylsulfoxid	24,6	17,2	12,5	4,3	0	10,6	0,58*
Acetonitril	24,8	13,3	16,8	5,7	0	7,8	0,50
Ethanol	26,0	13,9	7,0	1,0	14,1	14,1	0,68
Nitromethan	26,4	14,9	17,0	6,1	0	2,5	0,49
Methanol	29,7	12,7	10,0	1,6	17,0	17,0	0,73
Formamid	39,3	17,0	n. b.	n. b.	n. b.	n. b.	—
Wasser	47,9	12,9	n. b.	n. b.	n. b.	n. b.	hoch

Tabelle 5.3

Eluotrope Lösungsmittelreihe für Silikagel

UV — Grenze der UV-Durchlässigkeit (Extinktion 1,0 bei 1 cm Schichtdicke gegen Luft bzw. Wasser); V^A — Volumenzunahme von Viton A (Du Pont) in % nach 70stündiger Lösungsmitteleinwirkung bei Zimmertemperatur

Lösungsmittel	η (mPa · s, 20 °C)	ϱ (g cm^{-3}, 20 °C)	Kp (°C)	n_D^{20}	UV (nm)	V^A
n-Pentan	0,23	0,6262	36	1,358	205	0
n-Hexan	0,32	0,6594	69	1,375	195	0
2,2,4-Trimethylpentan	0,50	0,6918	99	1,392	200	0
Cyclohexan	0,98	0,7783	81	1,426	200	0
Tetrachlorkohlenstoff	0,97	1,5940	77	1,460	265	1
Toluen	0,59	0,8669	111	1,496	285	18
n-Propylchlorid	0,35	0,8924	47	1,388	225	—
Benzen	0,65	0,8789	80	1,501	280	10
Chloroform	0,57	1,4892	61	1,446	235	9
Diethylether	0,23	0,7135	35	1,353	215	97
Methylenchlorid	0,44	1,3255	40	1,425	230	—
Diisopropylether	0,37	0,7258	68	1,368	220	—
Ethylacetat	0,45	0,9006	77	1,372	255	—
Tetrahydrofuran	0,49	0,8892	66	1,405	210	—
Aceton	0,32	0,7906	56	1,359	330	165
1,4-Dioxan	1,31	1,0338	101	1,422	215	—
Nitromethan	0,67	1,1385	101	1,382	380	—
Acetonitril	0,37	0,7823	82	1,344	190	—
Pyridin	0,96	0,9826	115	1,510	305	—
Dimethylsulfoxid	2,47	1,1000	189	1,478	260	—
n-Propanol	2,26	0,8035	97	1,385	205	—
Isopropanol	2,37	0,7851	82	1,378	205	—
Ethanol	1,20	0,7894	78	1,361	205	—
Methanol	0,61	0,7915	65	1,329	205	68
Wasser	1,00	0,9982	100	1,333	170	0

5.2. Eluotrope Serien

5.2.1. Der Snydersche Polaritätsindex

Zur Aufstellung einer den chromatographischen Anforderungen möglichst weitgehend angepaßten Polaritätsskala bzw. eluotropen Lösungsmittelreihe hat Snyder versucht, die wichtigsten molekularen Wechselwirkungen durch drei „Sondenmoleküle" zu er-

fassen [2]. Es sind dies das typisch amphiprotische, als Protonendonator (Wasserstoffbrückenbildner) und Protonenakzeptor
(LEWIS-Base) wirkende Ethanol, das aprotische, dipolmomentfreie
Lösungsmittel 1,4-Dioxan und die Pseudosäure Nitromethan mit
einem permanenten Dipolmoment von > 3 Debye.

SNYDER benutzte eine von ROHRSCHNEIDER (1973) veröffent-
lichte Zusammenstellung von Gas-flüssig-Verteilungskonstanten
der drei Teststoffe in 81 Lösungsmitteln. Da die ursprünglichen
Angaben von den Molmassen der Lösungsmittel abhängen, korrigierte sie SNYDER durch Multiplikation mit den Lösungsmittel-
molvolumina (Molenbruch bezogene Verteilungskonstanten). Die
korrigierten Werte wurden zu den Verteilungskonstanten hypo-
thetischer n-Alkane (mit den Molvolumina der Teststoffe) ins
Verhältnis gesetzt und so „Exzeßretentionen" für die polaren
Wechselwirkungen zwischen Teststoff und Lösungsmittel erhalten. Da gewisse Exzeßanteile auch mit unpolaren Lösungsmitteln (Kohlenwasserstoffen) auftreten, bezog SNYDER schließlich noch eine dritte Korrektur (induktive Einflüsse) ein.

Die Summe der dekadischen Logarithmen aller drei korrigierten
Verteilungskonstanten wird als Polaritätsindex P' des betreffenden Lösungsmittels bezeichnet. Nach Division der Einzelglieder
durch P' resultieren für jedes Lösungsmittel von P' unabhängige,
charakteristische Selektivitätsparameter gemäß

$$x_e + x_d + x_n = 1. \tag{5.1}$$

x_e gibt den Anteil seiner Protonenakzeptoreigenschaft wieder
(sondiert mittels Ethanol), x_d den Anteil seiner Protonendonatoreigenschaft (sondiert mittels Dioxan) und x_n die Fähigkeit des
Lösungsmittels zur Wechselwirkung mit Dipolen (sondiert durch
Nitromethan).

Beispielsweise haben Alkohole auf Grund ihres Assoziations-
vermögens hohe x_e-Werte ($\bar{x}_e = 0{,}55$) und Aromaten wegen der
leichten Polarisierbarkeit ihrer π-Elektronen erhöhte x_n-Werte
($\bar{x}_n = 0{,}44$). Infolge der Protonendonatoreigenschaft des Chloro-
forms dominiert in diesem Fall x_d (Tab. 5.1).

Mit Hilfe der Selektivitätsparameter lassen sich die Lösungsmittel in acht Selektivitätsgruppen klassifizieren. Zur Parameter-
darstellung benutzte SNYDER das Verfahren von GIBBS-ROOZE-
BOOM für dreikomponentige Systeme mit Hilfe eines gleichseitigen
Dreiecks. Jeder Punkt innerhalb des Dreiecks legt die Stellung
individueller Lösungsmittel auf Grund ihrer Selektivitätspara-

meter eindeutig fest. Lösungsmittel mit weitgehend ähnlicher Selektivität häufen sich auf bestimmten Gebieten innerhalb des Dreiecks und weisen sich als charakteristische Gruppe aus.

Beim Vergleich der Lösungsmittelgruppen (Tab. 5.4) fällt auf, daß chemisch sehr unähnliche Verbindungen mit sehr verschiedenen Polaritäten vereinigt sein können. In der Gruppe VIII findet man z. B. die miteinander nicht mischbaren Lösungsmittel Chloroform (Polaritätsindex 4,1) und Wasser (Polaritätsindex 10,2). Auf Grund der sehr unterschiedlichen Polaritäten der beiden Lösungsmittel wäre einem geeigneten unpolaren Zweitlösungsmittel nur eine sehr geringe Wassermenge zuzusetzen, um für die Mischung die gleiche Polarität wie mit Chloroform einzustellen. Die äquipolaren Mischungen würden als Protonendonatoren durchaus ähnliches Selektivitätsverhalten zeigen.

Tabelle 5.4

Lösungsmittelklassifikation nach Selektivitätsgruppen [10]

Selektivitäts-gruppe	Lösungsmittel
I	Aliphatische Ether, Trialkylamine
II	Aliphatische Alkohole
III	Tetrahydrofuran, Pyridine, Amide (außer Formamid), Sulfoxide
IV	Glykole, Benzylalkohol, Formamid, Essigsäure
V	Methylenchlorid, Ethylenchlorid
VIa	Aliphatische Ketone und Ester, Dioxan
VIb	Nitrile, Anilin
VII	Aromatische Kohlenwasserstoffe, Nitroverbindungen, aromatische Ether
VIII	Fluoralkohole, Chloroform, Wasser

Wenn Φ_i die Volumenanteile der Komponenten $i = 1 \cdots n$ in einem Lösungsmittelgemisch sind, dann errechnet sich seine Gesamtpolarität, ausgedrückt durch P_M', aus den Einzelpolaritäten P_i' der reinen Lösungsmittel gemäß

$$P_M' = \sum_{i=1}^{n} P_i' \Phi_i. \tag{5.2}$$

Im Falle einer binären Mischung erhält man

$$P_M' = P_1' \Phi_1 + P_2' \Phi_2. \tag{5.3}$$

Es sei schon an dieser Stelle betont, daß diese Gleichungen auch
für die HILDEBRANDschen Löslichkeitsparameter δ_i gelten, wenn
man $P_i{}'$ durch δ_i ersetzt, nicht hingegen für die Lösungsmittelstärkeparameter ε^0 (Abschn. 5.2.3.), da letztere sich nicht linear
mit der Gemischzusammensetzung ändern.

Da P' und die Lösungsmittelstärke S in der Normalphasenchromatographie (Index N) konform gehen und beide Größen
sowieso nur relativen Charakter haben, kann man sie als identisch
betrachten ($P' = S_N$).

Lösungsmittel(gemische) gleicher Polarität liefern größenord-
nungsmäßig gleiche Bereiche der Retentionsparameter (k_i-Werte).

Um die Selektivität der Trennung zu variieren, läßt man die
als günstig ermittelte Lösungsmittelstärke bzw. Gemischpolarität
$P_M{}'$ unverändert und tauscht lediglich eine Gemischkomponente
durch ein Lösungsmittel einer anderen Selektivitätsgruppe aus
(Tab. 5.4).

Der Volumenanteil Φ_G des weniger polaren Grundlösungsmittels
(Index G) einer Mischung mit der vorgegebenen Polarität $P_M{}'$
errechnet sich gemäß

$$\Phi_G = \frac{P_i{}' - P_M{}'}{P_i{}' - P_G{}'} \qquad (\Phi_i = 1 - \Phi_G), \tag{5.4}$$

wenn das Lösungsmittel i die Polarität $P_i{}'$ aufweist.

Im Falle $P_G{}' \approx 0$ gilt

$$\Phi_G = 1 - \frac{P_M{}'}{P_i{}'}. \tag{5.5}$$

Beispiel: Eine Probe ergibt mit n-Hexan ($P' = 0{,}1$) zu hohe,
mit Methylenchlorid ($P' = 3{,}1$) zu niedrige k_i-Werte. Geeignet
wäre ein Elutionsmittel mit $P_M{}' = 2{,}0$.
Φ_G (n-Hexan) $= 1 - 2{,}0/3{,}1 = 0{,}35$ und Φ_i (Methylenchlorid)
$= 1 - 0{,}35 = 0{,}65$; $P_M{}' = 3{,}1 \cdot 0{,}65 = 2{,}0$.

In der Umkehrphasenchromatographie (RP-Chromatographie)
sind, wie schon dargelegt, Polarität P' und Elutionsstärke S_{RP}
nicht identisch, sondern entgegengesetzt orientiert. Dementsprechend sollte gelten

$$S_{RP} = P'_{\mathrm{H_2O}} - P_i{}'. \tag{5.6}$$

S_{RP} ist durch diese Gleichung für Wasser mit Null ($P_i{}' = P'_{\mathrm{H_2O}}$
$= 10{,}2$) und S_{RP} für n-Hexan mit ≈ 10 festgelegt.

SNYDER [3] hat S_{RP}-Werte für die wichtigsten wassermischbaren Lösungsmittel angegeben, die experimentell bestimmt wurden (Tab. 5.1). Nach Addition von 1,8 Einheiten erhält man zu den nach Gl. (5.6) ermittelten Elutionsstärken ungefähre Übereinstimmung. Mit den Werten wird wie im Falle der Normalphasenchromatographie unter Anwendung der Gln. (5.2) $\cdots$ (5.5) gerechnet. Beispiel: In einem Gemisch aus 50 Vol.-% Methanol/Wasser soll unter Konstanthalten der Elutionsstärke Methanol durch Tetrahydrofuran (THF) ausgetauscht werden. Grundlösungsmittel ($S_G = 0$) ist in diesem Falle Wasser. Die Elutionsmittelstärke des Gemischs beträgt $S_{RP} = 2{,}6 \cdot 0{,}5 = 1{,}3$. Gleichung (5.5) ergibt bei Einsetzen der Lösungsmittelstärken anstelle der Polaritäten $\varPhi_G = 1 - 1{,}3/4{,}5 = 0{,}71$ und $\varPhi_{THF} = 1 - 0{,}71 = 0{,}29$.

S_{RP} ist etwas abhängig von der Natur der Kompaktphase und der Art der Probenmoleküle.

5.2.2. Der HILDEBRANDsche Löslichkeitsparameter

Ein im Vergleich zum Polaritätsindex älteres Konzept ordnet die Lösungsmittel nach den sog. HILDEBRANDschen Löslichkeitsparametern δ_i [4, 5]. δ_i^2 (J/ml) ist die innere Verdampfungswärme des reinen Lösungsmittels, d. h. die zur Überwindung der zwischenmolekularen Anziehungskräfte notwendige Änderung der inneren Energie gemäß

$$\delta_i^2 = \frac{\varDelta E_i^V}{V_i} = \frac{\varDelta H_i^V - RT}{V_i}, \tag{5.7}$$

wenn $\varDelta E_i^V$ die molare Verdampfungsenergie bei idealer Gasphase, $\varDelta H_i^V$ die molare Verdampfungsenthalpie und V_i das Molvolumen bezeichnet.

Auch die HILDEBRANDschen Parameter können näherungsweise in Anteile aufgespalten werden, die den spezifischen intermolekularen Wechselwirkungen Rechnung tragen [6]:

$$\delta_i^2 = \delta_d^2 + \delta_0^2 + 2\delta_{in}\delta_d + 2\delta_a\delta_b, \tag{5.8}$$

bzw. nach Multiplikation mit V_i

$$\varDelta E_i^V = E_d^V + E_0^V + E_{in}^V + E_W^V. \tag{5.9}$$

Das erste Glied kennzeichnet den dispersiven Anteil an der Verdampfungsenergie und damit die Fähigkeit des Lösungsmittels, sich an dispersiven Wechselwirkungen zu beteiligen. Im zweiten Glied drückt sich seine Dipolorientierung aus. Schließlich gibt das dritte Glied den Anteil der Induktionsenergie an, charakterisiert also die Eigenschaft des Lösungsmittelmoleküls, in anderen Molekülen ein Dipolmoment zu erzeugen. Das vierte Glied stellt die Wasserstoffbrückenbindungsenergie durch Protonendonator- (δ_a) und Protonenakzeptorwirkung (δ_b) dar.

In Tab. 5.2 sind die δ-Werte für gebräuchliche Lösungsmittel zusammengestellt.

Lösungsmittel mit hohem δ_d lösen vor allem Komponenten starker Elektronenpolarisierbarkeit bzw. mit großem Brechungsindex (z. B. Aromaten, Halogenverbindungen und höhermolekulare Homologe), solche mit hohen δ_0-Werten Komponenten mit großen Dipolmomenten (z. B. Nitroverbindungen, Nitrile, Amide). Gute Protonendonatoren mit hinreichenden δ_a-Werten (a — acid), wie Alkohole, Formamid und Wasser, lösen Basen, gute Protonenakzeptoren, die entsprechende δ_b-Werte ausweisen (b — basisch), Phenole und Säuren. Für alle n-Alkohole gilt definitionsgemäß $\delta_a = \delta_b$.

Prinzipiell lassen sich Polaritätsindex und Löslichkeitsparameter in analoger Art und Weise benutzen. Wie P' charakterisiert auch δ_i die Lösungsmittelpolarität, während die Einzelparameter (Tab. 5.2) die Selektivitätsanteile erfassen. Auch δ_i kann man im Falle der Normalphasenchromatographie mit der Elutionsmittelstärke als identisch betrachten bzw. für die RP-Chromatographie $S_{RP} = \delta_{i(H_2O)} - \delta_i$ setzen. Selbstverständlich ergeben sich andere Zahlenwerte.

Zur Berechnung der Elutionsstärke von Lösungsmittelgemischen und zur Optimierung der Selektivität der Trennung wird in gleicher Weise verfahren, wie es im Abschn. 5.2.1. beschrieben wurde.

P' und δ_i gehen prinzipiell konform und lassen sich ineinander umrechnen. Allerdings ist die Abhängigkeit der Parameter nicht linear, und auf Grund der unterschiedlichen Bezugssysteme beider Polaritätsskalen ergibt eine Reihe von Lösungsmitteln erhebliche Unterschiede (vgl. Tab. 5.1).

5.2.3. *Der Lösungsmittelstärkeparameter ε^0*

Im Abschn. 3.1. wurde mit ε^0 ein die Elutionsmittelstärke in der Adsorptionschromatographie charakterisierender Parameter eingeführt (Tab. 5.1 und 5.2). Tabelle 5.3 enthält die eluotrope Anordnung gebräuchlicher Lösungsmittel für Silikagel.

Bei Verwendung unpolarer Adsorbenzien ergibt sich die Umkehrung der Serie. An Kohlenstoff besitzen z. B. das stark polare Wasser und Methanol eine geringe, wenig polare Lösungsmittel (insbesondere Aromaten) eine hohe Elutionskraft.

Im Gegensatz zu den P'- und δ_i-Werten ändern sich die ε^0-Werte, wie bereits erwähnt, nicht linear mit der Lösungsmittelgemischzusammensetzung. Stärker eluierende Lösungsmittel haben im Gemisch die Tendenz, sich auf der Sorbensoberfläche anzureichern. Der Grund ist die „Konkurrenz" zwischen sämtlichen Molekülen des Elutionsmittelgemisches auf der Trägeroberfläche. ε^0 (Gemisch), als Funktion der Gemischzusammensetzung aufgetragen, ergibt eine zur Gemischachse (% polare Komponente) stark konkave Kurve.

Zur Ermittlung von ε^0-Werten binärer Lösungsmittelgemische wurden von SNYDER Berechnungsmethoden angegeben [7]. Einfacher verwendet man Nomogramme, die den gesamten Bereich der ε^0-Werte mit Gemischen gebräuchlicher Lösungsmittel umfassen.

SAUNDERS [8] hat für Silikagel von $A_a = 300 \text{ m}^2/\text{g}$ und .eine Anzahl unterschiedlicher Verbindungsklassen sog. E_3-Werte publiziert, d. h. erforderliche Elutionsmittelstärken ε^0, um innerhalb eines gegebenen Aktivitätsbereiches $k_i = 3$ zu erreichen.

Die Lösungsmittelselektivität läßt sich dadurch variieren, daß man unter Beibehaltung günstiger k_i-Werte (d. h. $\varepsilon^0 = $ konst.) andere, äquieluotrope Gemische anwendet. Hierbei erweisen sich folgende Regeln als nützlich:

1. Günstige α_{ij}-Werte werden bei etwa gleichem ε^0 durch Gemische erreicht, die entweder hohe Gehalte eines gegenüber dem Grundlösungsmittel nur wenig stärkeren Lösungsmittels oder geringe Gehalte eines wesentlich stärkeren Elutionsmittels besitzen. Die erste Möglichkeit ist vorzuziehen.
2. Wasserstoffbrückenbindungen zwischen Lösungsmittel und Probe führen i. allg. zu beträchtlichen Selektivitätsänderungen.
3. Bei geringen Gehalten stark eluierender Lösungsmittel sei daran erinnert, daß die Kompaktphase zunächst mit diesen Lösungsmitteln angereichert wird und erst nach einem mehr oder weniger großen Elutionsvolumen Gleichgewicht herrscht. In der Dünnschichtchromatographie (Abschn. 10.) erreicht man die Gleichgewichtseinstellung häufig nicht (Lösungsmittelentmischung).

Das Gesagte verdeutlicht auch, daß die Reinheit der verwendeten Lösungsmittel in der Chromatographie besonders wichtig ist. Manche Lösungsmittel (Aceton) sind z. B. für die Adsorptionschromatographie wenig geeignet, andere enthalten Stabilisatoren (Chloroform, Tetrahydrofuran). Das erforderlichenfalls entsprechend vorgereinigte Lösungsmittel soll möglichst vor Gebrauch eine Adsorptionssäule mit aktiviertem Silikagel oder Aluminiumoxid passiert haben.

6. Fixphasen- und Ionentauschchromatographie

6.1. Bedeutung

Die in diesem Abschnitt behandelten Methoden machen etwa 85% des flüssigchromatographischen Potentials überhaupt aus.[1].

Es wird eingeschätzt, daß sich gegenwärtig allein durch Umkehrphasenchromatographie (RPC) mehr als zwei Drittel aller wichtigen Trennprobleme der Flüssigchromatographie bearbeiten lassen. Dazu muß man wissen, daß sich auch rd. 80% der ionogenen, also eigentlich für die Ionentauschchromatographie prädestinierten organischen Verbindungen, zur Untersuchung mittels RPC eignen. Darunter fallen u. a. so wichtige Bestandteile lebender Organismen wie Nukleinsäuren und Proteine und deren Bausteine. Ferner haben immerhin 80% der pharmazeutischen Wirkstoffe ionogenen Charakter.

10% der Problemstellungen werden über Normalphasenchromatographie und weitere 10% über Ionentauschchromatographie gelöst[1]). Hierher gehören eine Vielzahl anorganischer Ionen, deren chromatographische Bestimmung z. B. in Wässern (Umweltanalytik, Kraftwerksanalytik) oder biologischen Flüssigkeiten (Blut, Urin) zunehmend an Bedeutung gewinnt.

6.2. Normalphasenchromatographie

Zur Normalphasenchromatographie (NPC) eignen sich alle Fixphasen der Gruppe II in Tab. 3.3, wenn sie, wie bereits im Abschn. 3.3.2. dargelegt worden ist, mit fluiden Phasen geeigneter Polarität zum Einsatz kommen. Bei Vorliegen echter Normal-

---

[1]) Weitere 10% fallen in das Gebiet der Molekülgrößen-Ausschlußchromatographie.

phasenmechanismen eluieren die Probenkomponenten in der Reihenfolge steigender Polaritäten, und das Lösungsmittel mit dem höchsten Polaritätsindex (Tab. 5.1) besitzt die größte Elutionsstärke.

Die in der Normalphasenchromatographie relevanten Wechselwirkungen lassen sich in vielen Fällen deuten und heuristisch verwerten. Es sei dies am Beispiel der Abb. 6.1 erläutert.

In dem angegebenen System trennen sich die drei polaren Komponenten nur teilweise optimal. Nitrobenzen und Dimethylphtha-

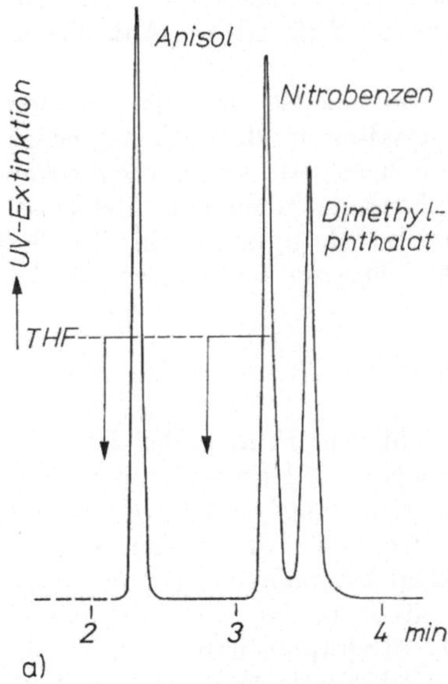

Abb. 6.1a. Zum Mechanismus in der Normalphasenchromatographie
Trennsäule: Zorbax CN (DU PONT), 25 cm × 4,6 mm (6 μm Silikagel mit Cyanopropyldimethylsilylresten); Fluide Phase: Cyclohexan-Isopropanol (75:25, V/V) Fluß: 1 ml · min⁻¹; Detektor: UV (254 nm) [2]; Pfeile: siehe Text; THF = Tetrahydrofuran

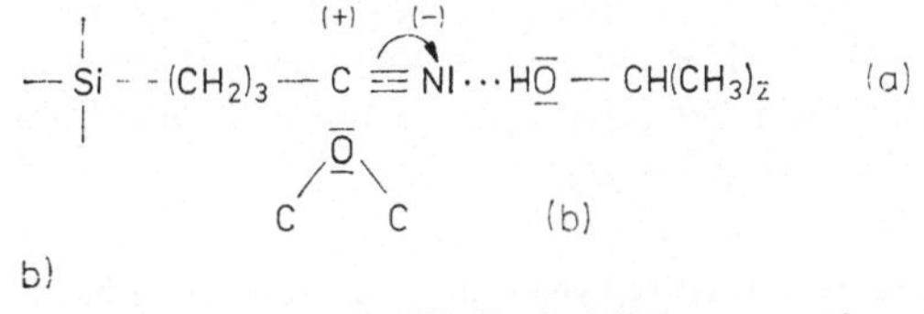

$$-\!\!-\overset{|}{\underset{|}{Si}}-\!-(CH_2)_3-\!\!-C \overset{(+)}{\equiv} \overset{(-)}{NI}\cdots H\bar{O}-\!\!-CH(CH_3)_2 \qquad (a)$$

$$\underset{C \qquad C}{\overset{\bar{O}}{\diagdown}} \qquad (b)$$

b)

Abb. 6.1b. Typische Wechselwirkungen an einer CN-Phase

8*

lat besitzen keine Grundlinientrennung. Ersetzt man Isopropanol $(S_N = 3,9)$ im Gemisch durch die gleiche Menge an Tetrahydrofuran $(S_N = 4,0)$, ändert sich die Gemischstärke erwartungsgemäß praktisch nicht. Wohl aber ändert sich die Selektivität der Trennung (Verbesserung der α-Werte), da die Selektivitätsgruppe II (Lösungsmittel mit starker Protonendonatorwirkung) gegen die Gruppe III (Lösungsmittel mit typischer LEWIS-Basen-Wirkung) vertauscht wurde. Auf diese Weise dominiert der Elutionsmechanismus (b) über den Mechanismus (a) (Abb. 6.1 b)[1].

Während Dimethylphthalat praktisch keine Retentionszeitänderung erfährt, verringern sich die Kapazitätsfaktoren für den starken Dipol Nitrobenzen um ca. 25% und für Anisol sogar auf die Hälfte.

Die Stoffklassentrennung der Abb. 6.2 ist ebenfalls ein typisches Beispiel für das Elutionsverhalten in der Normalphasenchromatographie. Man zwingt die höheren Aromaten, die stärkere π-π-Komplexe mit der Kompaktphase ausbilden, durch sukzessiven Zusatz des stärkeren Elutionsmittels Methylenchlorid $(P' = 3,1)$ von 7 auf 80% zum gruppenweisen Verlassen der Trennsäule.

6.3.   Umkehrphasenchromatographie

Wie schon einführend erwähnt, geht das Prinzip der Umkehrphasenchromatographie im wesentlichen auf HOWARD und MARTIN zurück [3]. Die Autoren hatten seinerzeit stark hydrophobes Material (höhere Fettsäuren) zu trennen. Aus diesem Grunde präparierten sie sich durch Paraffin-Imprägnierung von silanisierter Kieselgur eine gleichfalls hydrophobe Kompaktphase[2].

Den Begriff Umkehrphasenchromatographie haben wir bereits mehrfach benutzt (vgl. Abschn. 5. und ebenda Fußnote 1, S. 104). Seit in den letzten Jahren ein reichhaltiges Angebot an Trägern mit chemisch fixierten Alkylresten zur Verfügung steht, entwickelte sich die Methode zur universellsten der modernen Säulen-Flüssigchromatographie.

Der eingebürgerte Name Umkehrphasenchromatographie trifft indessen das Wesen der Methode nicht genau. Die von C. HORVÁTH 1976 vorgeschlagene Bezeichnung „Solvophobe bzw. Hydrophobe Chromatographie" verdient den Vorzug.

---

[1] Auch der alkoholische Sauerstoff ist teilweise im Sinne von (b) wirksam.
[2] Vgl. die am Ende von Abschn. 5.1. erläuterten empirischen Regeln.

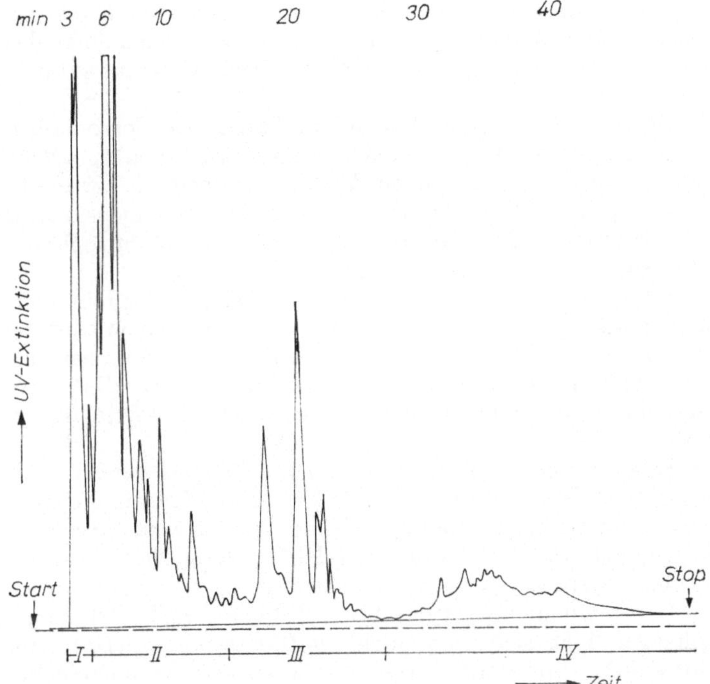

Abb. 6.2. Chromatogramm des sog. Durchlaufs einer Normalparaffingewinnungsanlage bei Einsatz von Roh-Dieselkraftstoff der Siedelage 165—303 °C

Aromatengehalt 24,5%. Als chromatographischer Träger diente ein Silikagel mit der in Abschn. 3., Tab. 3.3 aufgeführten Pikramidofunktion (CTK-Bildner). Dementsprechend trennen sich die aromatischen Kohlenwasserstoffe in der Reihenfolge der Stoffklassen Monoaromaten (*I*), Diaromaten (*II*), Triaromaten (*III*) und höhere Aromaten (*IV*) auf. 2 Trennsäulen 200 × 4,6 mm (in Reihe); Fluide Phase: n-Hexan mit Methylenchlorid (Gradient). Weitere Angaben Lit. [17], Abschn. 3.

Entsprechend der auch quantitativ ausgearbeiteten Theorie von HORVÁTH-SINANOGLU beruhen chromatographische Vorgänge der genannten Art auf solvophoben (hydrophoben) Triebkräften, die um so stärker sind, je größer die mögliche unpolare Kontaktfläche zwischen Trägermatrix und Species und je höher die Oberflächenspannung des Elutionsmittels ist.

In der solvophoben Wechselwirkung drückt sich die Tendenz der Lösungsmittelmoleküle aus, die Größe der Hohlräume, die die Probenmoleküle ausfüllen, zu reduzieren. Infolge der besonders hohen Kohäsionsdichte des Wassers wird der Effekt in wäßrigen Systemen sehr stark, und Wasser stellt demzufolge das schwächste Elutionsmittel der Solvophoben Chromatographie dar.

Die überraschend große Anwendungsbreite der Solvophoben Chromatographie wird verständlich, wenn man bedenkt, welche hervorragende Rolle hydrophobe Wechselwirkungen in der belebten Natur spielen. Eine Aufrechterhaltung der dreidimensionalen Proteinstrukturen oder die Bildung und Funktion biologischer Membranen wären ohne sie unmöglich.

Zur Solvophoben Chromatographie lassen sich außer rein wäßrigen und wäßrig-organischen Elutionssystemen auch wasserfreie polare sowie unpolare organische Lösungsmittel einsetzen. Im letzteren Fall handelt es sich um die sog. nichtwäßrige RP-Chromatographie (*engl.*: nonaqueous reversed-phase chromatography, NARP).

Zur Erläuterung der Methode sei an das Beispiel der Abb. 6.2 angeknüpft. Dieses Beispiel ist charakteristisch für die Normalphasenchromatographie, weil spezifische Wechselwirkungen zwischen Kompaktphase und Probe mit Hilfe polarer Elutionsmittel überwunden werden.

Bei Verwendung einer typischen RP-Phase, z. B. Octadecylsilylsilikagel, läßt sich eine (nicht stoffklassenorientierte) Aromatentrennung nur dann realisieren, wenn von vornherein ein relativ polares organisches Elutionsmittel (z. B. Acetonitril, $P' = 5{,}8$) verwendet wird. Es sorgt für einen ausreichend solvophoben Effekt in bezug auf die Aromatenmoleküle, die mit n-Hexan ohne Auflösung eluiert würden. Ein Lösungsmittelprogramm mit Methylenchlorid, das jetzt im Gegensatz zum Beispiel der Abb. 6.2 die weniger polare Komponente darstellt, schwächt den solvophoben Charakter des Elutionsmittels und sorgt für die Elution der höheren Homologen.

Ähnliche Betrachtungen kann man für die Elution paraffinischer oder olefinischer Proben an RP-Trägern anstellen. Auch in diesem Falle ergibt Methylenchlorid oder gar n-Hexan allein keine Auflösung. Hierzu sind hinreichend hohe Zusätze polarer Lösungsmittel notwendig.

Wie ersichtlich, liegt das Hauptanwendungsgebiet der NARP bei der Untersuchung lipophiler, wenig polarer Proben, z. B. der Fette und Öle (Triglyceride) sowie der Wachse, wie überhaupt von Lipiden, Sterinen, fettlöslichen Vitaminen usw.

Als anderes Extrem sei das Verhalten stark polarer organischer Verbindungen unter RP-Bedingungen betrachtet. Hierzu zählen Stoffe wie Zucker bzw. Polyole, aber auch z. B. Harnstoff-Formaldehydleime, die durchweg gut wasserlöslich sind und von typischen RP-Trägern mit Wasser allein eluiert werden können. Dabei läßt sich im übrigen der Vorteil der hohen UV-Transparenz des Wassers in vollem Umfang zur Detektion nutzen.

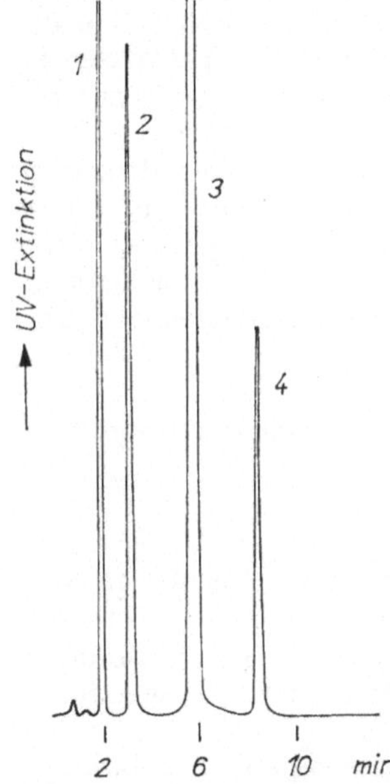

Abb. 6.3. Chromatogramm von Soft Drink Additives
(Bedingungen wie bei Abb. 6.1 a.)

Fluide Phase: Wasser mit 6% Essigsäure
1 — Vitamin C (L-Ascorbinsäure), *2* — Saccharin (o-Sulfobenzoesäureimid), *3* — Coffein (1,3,7-Trimethylxanthin), *4* — Benzoesäure

Das Beispiel der Abb. 6.3 zeigt polare organische Komponenten, die als Zusätze für alkoholfreie Getränke (Cola) dienen. Elutionsmittel ist ebenfalls Wasser, jedoch soll anhand der Nitrilphase verdeutlicht werden, daß der Umkehrphasenmechanismus durchaus nicht nur an typische RP-Materialien gebunden ist.

Die polarste Komponente L-Ascorbinsäure ($pK_a = 4,2$) erscheint in Abb. 6.3 zuerst, gefolgt von dem (sehr schwach) sauren o-Sulfobenzoesäureimid ($pK_a = 11,7$), dem weniger polaren Coffein und der verhältnismäßig unpolaren Benzoesäure ($pK_a = 4,2$). Durch den Essigsäurezusatz wird die Säuredissoziation unterdrückt.

Die RP-Chromatographie an dem kurzkettigen CN-Träger hat gegenüber der Chromatographie an Phasen mit längeren Kohlenwasserstoffresten hier sogar den Vorteil, daß sich die Komponenten schon mit dem schwachen Elutionsmittel Wasser und ausgesprochen selektiv ohne Zusatz organischer Lösungsmittel eluieren lassen.

Würde man die Trennung der genannten Stoffe an RP-Material (C8, C18) vornehmen, wäre ein Zusatz von organischen Lösungsmitteln (Methanol) zum Wasser notwendig. Die durch die Hydrophobie erzwungene dispersive Wechselwirkung zwischen den unpolaren Molekülanteilen und den Ketten der Kompaktphase ist dann so groß, daß die Probe nicht ohne Zusatz organischer Lösungsmittel zum Wasser in angemessener Zeit eluiert wird.

Setzt man Wasser Methanol zu, erhöht sich der dispersive Elutionsmittelanteil durch CH_3-Gruppen. Gleichzeitig bilden sich durch Assoziation über Wasserstoffbrücken Hydrate, wofür bei beiden Molekültypen durch Protonen und freie Elektronenpaare am Sauerstoff ideale Voraussetzungen vorhanden sind. Das

$$\text{stabile Trihydrat} \quad CH_3-\overline{\overline{O}}H|O\diagup^{\displaystyle H\diagdown^{OH}}_{\displaystyle \overline{\overline{H}}\diagdown_{OH}}\!\!<^{H}_{H} \quad \text{weist sich durch ein star-}$$

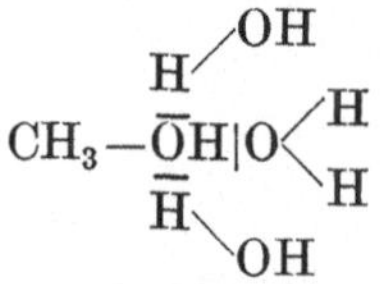

kes Viskositätsmaximum der Mischung (1,85 mPa · s, 20 °C) und ein Fließgeschwindigkeitsminimum beim Molenbruch 0,75 aus [4]. Weit weniger zur H-Brückenbindung ist Acetonitril befähigt. Gemische mit Wasser besitzen erst beim Molenbruch $> 0,9$ ($x_{H_2O} = 1$) ein wesentlich kleineres Viskositätsmaximum (1,12 mPa · s, 20 °C).

Im Elutionsgemisch muß der Anteil des organischen Lösungsmittels grundsätzlich wachsen, sobald sich der unpolare Anteil im Molekül des gelösten Stoffes vergrößert. Zur Elution von n-Alkanen, höheren Alkoholen u. ä. dienen schließlich reine organische Lösungsmittel.

Polare Verbindungen werden in unpolaren Lösungsmitteln verzögert, und zwar um so mehr, je geringer ihr Kohlenwasserstoffanteil im Molekül ist [5]. Der Effekt verstärkt sich, wenn der Kohlenstoffgehalt der Kompaktphase kleiner wird, ein deutlicher Hinweis, daß ungebundene Silanolgruppen des Trägermaterials in Erscheinung treten.

Die Kontaktfläche der gelösten Substanzen mit dem hydrophoben Träger ist ihrem unpolaren Oberflächenanteil proportional. Für homologe Reihen verschiedener Verbindungsklassen kann deshalb eine Proportionalität zwischen $\lg k_i$ und der C-Zahl gefunden werden. Folgerichtig wächst k_i auch mit der Kettenlänge der fixierten Alkylreste, wogegen H_T hiervon unabhängig sein sollte.

Bei komplizierten Trennproblemen ist die Verwendung binärer Lösungsmittelgemische u. U. nicht ausreichend. Deswegen wurde z. B. für die Auftrennung der oligomeren Bestandteile eines mittelmolekularen Bisphenol A-Epoxidharzes (Abb. 6.4) ein ternäres

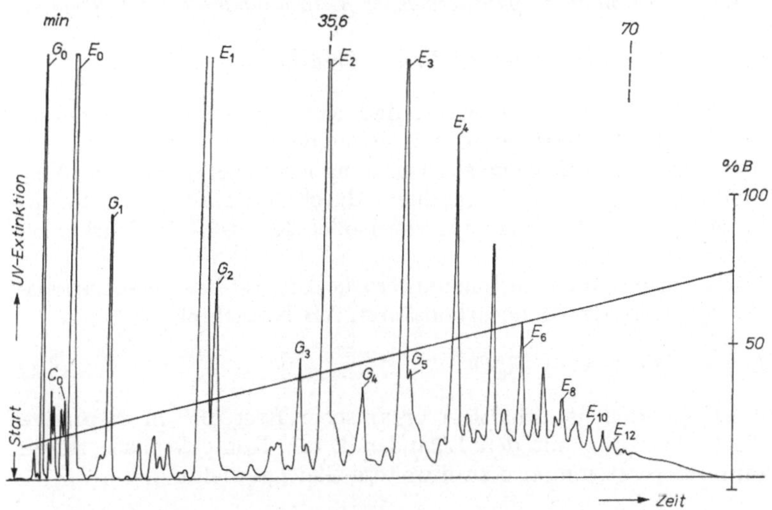

Abb. 6.4. Analytische Charakterisierung eines mittelmolekularen ungehärteten Bisphenol A-Epoxidharzes [6]
Trennsäule: LiChrosorb RP-8, 25 cm × 4,6 mm (irreguläres Silikagel der Korngröße 10 μm mit n-C8-Ketten);

Fluide Phase: (A) Wasser-Methanol (65:35, V/V) und (B) Methylenchlorid-Methanol (65:35, V/V), Gradient 10–80% (B) in (A) über 90 min; Fluß: 2 ml · min⁻¹; Detektor: UV (254 nm);
E – Bisglycidylether mit endständigen Epoxygruppen;
G – Monoglycidylether mit glykolischen Endgruppen;
C – Monoglycidylether mit chlorhydrinischen Endgruppen.
Die Indices charakterisieren die Kettenlänge der Oligomeren mit $n = 0, 1, 2 \dots$ z. B. gemäß der Grundstruktur für E

Gemisch aus Wasser, Methanol und Methylenchlorid verwendet. Mit dem wasserreichen Gemisch eluieren die polaren niedermolekularen Bestandteile, während das wasserfreie, weniger polare Lösungsmittelgemisch eine hohe Elutionskraft für die höhermolekularen Bestandteile ergibt. Aus den Chromatogrammen ist die Berechnung der relativen Epoxyäquivalentmassen bis etwa 1000 möglich.

6.4. Chromatographie ionogener Verbindungen an RP-Trägern

6.4.1. Trennungen mittels Ionenunterdrückung

Es wurde bereits angedeutet, daß sich unpolare Fixphasen in Form der RP-Materialien mit gebundenen Kohlenwasserstoffresten auch hervorragend zur Trennung ionogener organischer Verbindungen eignen. Dies geschieht durch Anwendung der Ionenunterdrückung (Ionensuppression) oder Ionen-Wechselwirkungschromatographie.

Als Beispiel für eine Ionenunterdrückung sei das Dissoziationsgleichgewicht der Monocarbonsäuren AH betrachtet:

$$AH + H_2O \rightleftharpoons A^- + H_3^+O \tag{6.1}$$

A ist ein kohlenstoffhaltiger organischer Rest, der in dispersive Wechselwirkung mit den Liganden L der Kompaktphase treten kann. Es existieren also zwei weitere Gleichgewichte

$$AH + L \rightleftharpoons LAH \quad \text{und} \quad A^- + L \rightleftharpoons LA^-, \tag{6.2}$$

für die sich die Gleichgewichtskonstanten und mittels Gl. (2.6 b) zwei Grenzkapazitätsfaktoren formulieren lassen, nämlich

$$k_{AH} = \beta_{K/F} \frac{[LAH]}{[AH]} \quad \text{und} \quad k_{A^-} = \beta_{K/F} \frac{[LA^-]}{[A^-]}. \tag{6.3}$$

β steht für das Phasenverhältnis. Liegt nur die Form AH vor, kommt es für die betreffende Verbindung zur maximal möglichen Wechselwirkung mit der Kompaktphase. Im zweiten Fall (vollständige Dissoziation) werden alle Anionen in der fluiden Phase hydratisiert vorliegen, und die Kapazitätsfaktoren erreichen minimale Werte. Da man das Gleichgewicht der Gl. (6.1) über Änderungen des pH-Wertes durch Pufferlösungen beliebig beeinflussen kann, lassen sich zwischen den Grenzkapazitätsfaktoren $k_z = k_{AH}$

$= k_{\mathrm{A}^-}$ alle möglichen Retentionswerte der Komponente i einstellen (x_z — Molenbruch). Man erhält

$$k_i = \sum_{z=1}^{n} k_z \cdot x_z. \tag{6.4}$$

Für monoprotische Säuren AH bzw. monoprotische Basen BH$^+$ mit den Gleichgewichtskonstanten K_a lautet Gl. (6.4) ausgeschrieben:

$$k_i = k_{\mathrm{AH}} \frac{[\mathrm{H}^+]}{[\mathrm{H}^+] + K_a} + k_{\mathrm{A}^-} \frac{K_a}{[\mathrm{H}^+] + K_a} \tag{6.5a}$$

$$k_i = k_{\mathrm{BH}^+} \frac{[\mathrm{H}^+]}{[\mathrm{H}^+] + K_a} + k_{\mathrm{B}} \frac{K_a}{[\mathrm{H}^+] + K_a}. \tag{6.5b}$$

Die graphische Darstellung dieser Beziehungen ergibt die S-förmigen Kurven der Abb. 6.5 mit einem Wendepunkt bei $\mathrm{pH} = \mathrm{p}K_a$. Größere Retentionswertänderungen für monoprotische Säuren und Basen sind offensichtlich im Bereich $\mathrm{p}K_a \pm 2$ zu erwarten. Darüber hinaus nähern sich die Kurven den Grenzkapazitätsfaktoren der betreffenden Verbindungen bei vollständiger bzw. vernachlässigbarer Ionensuppression.

Geeignete Puffer sind somit im Falle ionogener Verbindungen ein wichtiger Faktor zur Einstellung der optimalen Selektivität. Das wird mit Abb. 6.6 am Beispiel von Phenolcarbonsäuren verdeutlicht. In den Schnittpunkten der Kurven ergibt sich $\alpha = 1$. Die besten Trennungen werden zwischen diesen Punkten zu erwarten sein, wobei sowohl sehr niedrige als auch sehr hohe pH-Werte ungünstig sind.

Pufferlösungen haben bei der Chromatographie ionogener Verbindungen eine weitere wichtige Funktion zu erfüllen. Ohne Verwendung eines pH-Puffers herrscht längs der Peaks zwangsläufig ein pH-Gradient. Entsprechend der Dissoziationsgleichung für Säuren und Basen

$$K_a = \frac{[\mathrm{A}^-]}{[\mathrm{HA}]} [\mathrm{H}^+] \quad \text{bzw.} \quad K_a = \frac{[\mathrm{B}]}{[\mathrm{BH}^+]} [\mathrm{H}^+] \tag{6.6}$$

bedeutet dies, daß das Verhältnis der beteiligten Molekülspecies nicht konstant ist und somit keine einheitliche Wanderungsgeschwindigkeit zustande kommt. Peaktailing ist die Folge.

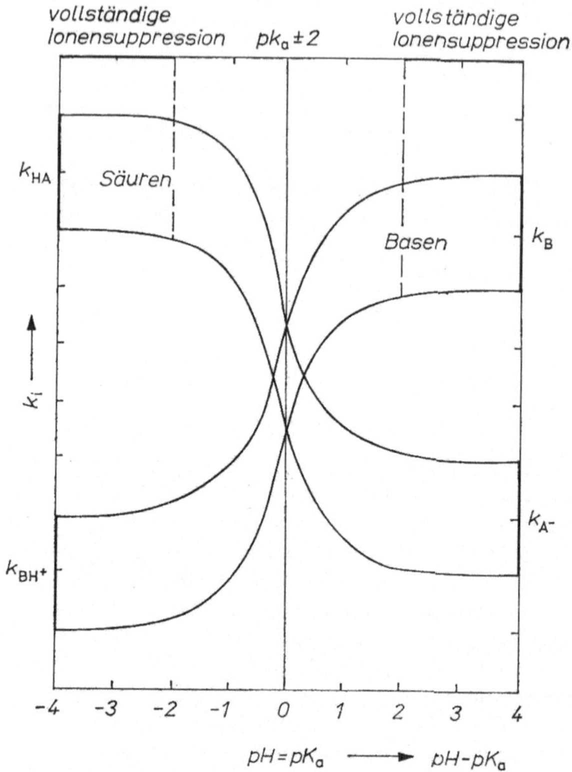

Abb. 6.5. Graphische Darstellung der Gl. (6.5)

Im übrigen trägt der Puffer wegen seiner hohen Ionenkonzentration auch zur Unterdrückung eines durch Restsilanole bewirkten Tailings bei.

Da der mögliche Arbeitsbereich mit Fixphasen auf Silikagelbasis auf Grund ihrer begrenzten Stabilität zwischen pH 2···8(9) liegt, was allerdings auch dem zulässigen pH-Bereich für kommerzielle Geräte entspricht, ist die Anwendung der Methode der Ionenunterdrückung auf starke Säuren und Basen nicht möglich. Sie sind in dem zulässigen Arbeitsbereich stets vollständig ionisiert.

In solchen Fällen erreicht man eine hinreichende Retention durch Ionenwechselwirkung, deren Anwendung natürlich auch auf schwache Protolyte möglich ist.

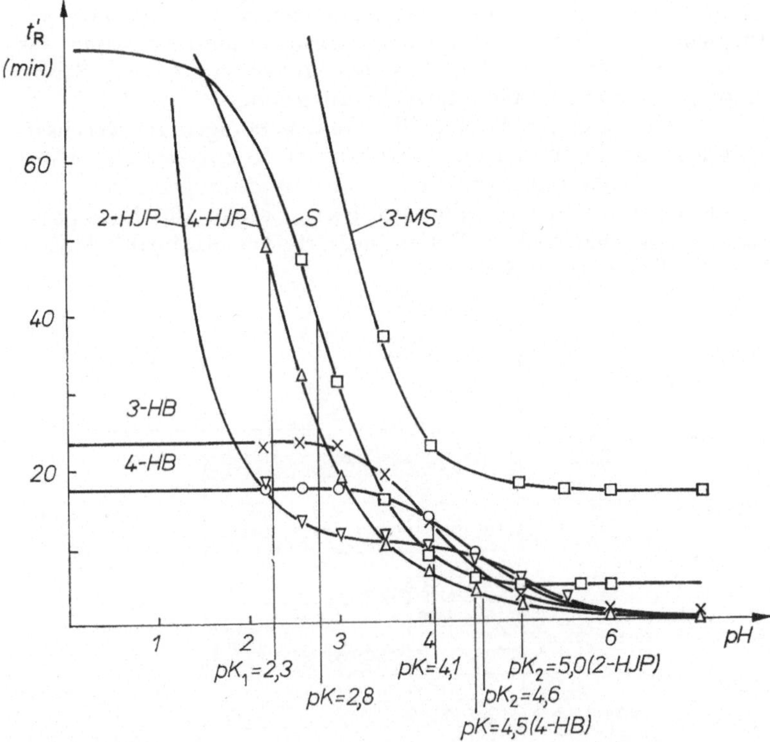

Abb. 6.6. Abhängigkeit der Nettoretentionswerte t_R' einiger Phenolcarbonsäuren vom pH-Wert

Aufgetragen wurden experimentell bestimmte Meßpunkte sowie die durch Computer-Aus-
gleichsrechnung nach der Methode der kleinsten Quadrate mittels Gl. (6.5) berechneten
Kurven (ausgezogen). Die eingezeichneten pK-Werte der Säuren ergeben sich graphisch aus
den Wendepunkten und stimmen gut mit anderweitig ermittelten Literaturwerten überein.
HB — Hydroxybenzoesäuren, HIP — Hydroxyisophthalsäuren, S — Salicylsäure, MS
Methylsalicylsäure
Trennsäule: LiChrosorb RP-8 (10 µm); Fluide Phase: Wasser-Pufferlösung (95:5, V/V) [7]

6.4.2. Trennungen mittels Ionenwechselwirkung (Ionenpaar-chromatographie)

Das Prinzip der klassischen Ionenpaarbildung läßt sich wie folgt
darstellen:

$$A^- + B^+ \rightleftharpoons AB. \tag{6.7}$$

A⁻ würde dem Anion in Gl. (6.1) entsprechen, B⁺ wäre das Paarungsion, z. B. aus einer quartären Ammoniumverbindung des Typs R_4NCl. Im Falle einer Base als Probenion dient ein Säureanion geeigneter Lipophilität als Paarungsion.

Das Ionenpaar AB besitzt alle Voraussetzungen zur Wechselwirkung mit den unpolaren Liganden der Kompaktphase, wobei seine solvophobe Eigenschaft retentionszeitbestimmend ist.

Im Gegensatz zur Ionenunterdrückung ergibt die Ionenpaarchromatographie höchste Retentionswerte bei maximaler Ionisation der Probe (Gl. (6.1)).

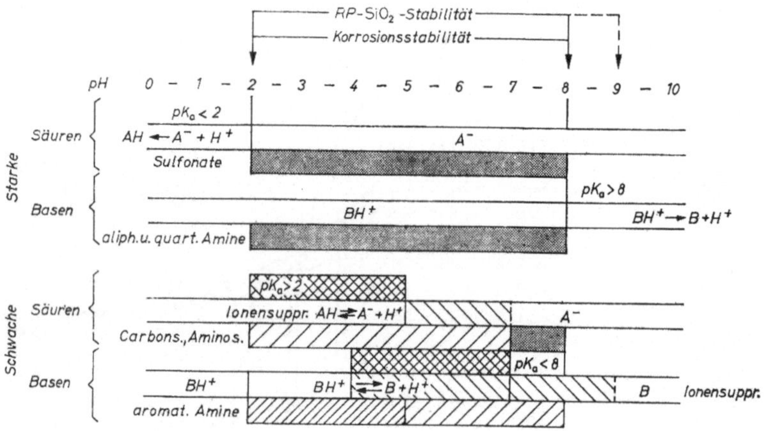

Abb. 6.7. pH-Bereiche für Ionenunterdrückung (Ionensuppression) und Ionenwechselwirkungschromatographie (Ionenpaarchromatographie)

$RP \cdot SiO_2$ — Reversed Phase-Träger; AH — Säure; B — Base; dunkle und nach rechts schraffierte Zeilen: Arbeitsbereiche der Ionenpaarchromatographie; über Kreuz schraffiert: pK_a-Bereiche der häufigsten Vertreter

In Abb. 6.7 wurden oben die Bereiche völliger Ionisation für starke Säuren und Basen aufgetragen. Sie erstrecken sich weit über die Stabilitätsbereiche des Trägers und den für die Geräte erlaubten pH-Bereich. Darunter erkennt man als dunkle Zeilen die bei starken Säuren und Basen mit den genannten Einschränkungen für die Ionenwechselwirkungschromatographie interessanten Arbeitsbereiche.

Auch im Falle der schwachen Säuren und Basen kommt grundsätzlich der gesamte pH-Bereich 2···8 für die Ionenwechselwirkungschromatographie in Frage (nach rechts schraffierte und dunkle Zeilen). Ionenunterdrückung empfiehlt sich für die Säuren bis pH 7, für die Basen, vom Alkalischen ausgehend, bis pH 4 (nach links schraffierte Zeilen). Danach liegen weitgehend die ionisierten Formen A^- bzw. BH^+ vor, so daß die Ionenwechselwirkungschromatographie die Methode der Wahl darstellt.

In der Ionenwechselwirkungschromatographie kann man grundsätzlich mit UV-Detektion arbeiten, auch dann, wenn die zu chromatographierenden Verbindungen, wie z. B. die Alkansulfonate, überhaupt nicht UV-aktiv sind. In solchen Fällen werden UV-adsorbierende Paarungsionen eingesetzt, so daß das Ionenpaar AB stets ein UV-Signal ergibt. Als Beispiel einer solchen indirekten photometrischen Detektion zeigt Abb. 6.8 die chromatographische Trennung technischer Alkansulfonate durch Ionenwechselwirkungschromatographie. Paarungsreagens ist N-Methylpyridiniumchlorid. Ob die Probenpeaks (wie im vorliegenden Beispiel) positiv oder negativ sind, hängt vom chromatographischen System ab. (Zur indirekten photometrischen Detektion siehe auch Abschn. 6.5.3.).

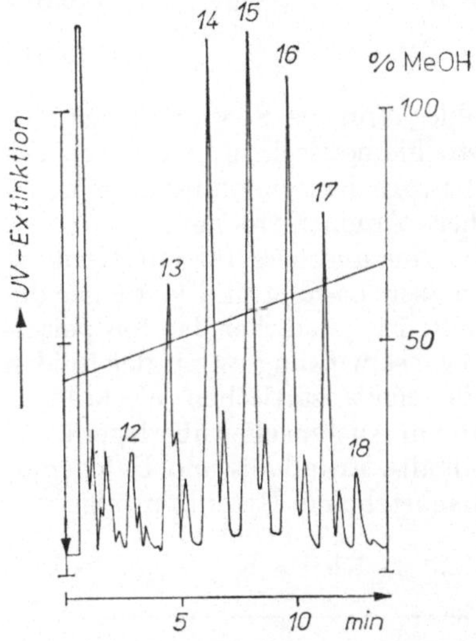

Abb. 6.8. Chromatogramm eines technischen Alkansulfonates (K 30, BAYER AG) durch indirekte photometrische Detektion [8]

Die Zahlen kennzeichnen die C-Zahl der jeweiligen Isomerengruppe, wobei der letzte Peak jeder Gruppe dem endständigen Monosulfonat entspricht und der erste Peak ein Gemisch aller nicht endständigen Monosulfonate repräsentiert.
Trennsäule: LiChrosorb RP-8 (10 μm), 20 cm × 4,6 mm;
Fluide Phase: Wasser-Methanol (MeOH) mit 0,25 mmol · l⁻¹ N-Methylpyridiniumchlorid. Lösungsmittelgradient (rechte Chromatogrammachse); Fluß: 2 ml · min⁻¹; Detektor: UV (260 nm)

6.5.   Chromatographie ionogener Verbindungen durch Ionentausch

6.5.1.   Besonderheiten von Ionentauschern als Kompaktphase

Das wesentliche Merkmal der Ionentauscher ist eine Matrix mit chemisch fixierten Ionen (Festionen) sowie beweglichen Gegenionen zur Ladungskompensation. Im Gegensatz zu den Festionen können die Gegenionen den Austauscher verlassen, sobald mit dem Elutionsmittel Konkurrenzionen gleichnamiger Ladung angeboten werden.

Man unterscheidet zwischen Kationentauschern und Anionentauschern. Die stark sauren bzw. stark basischen Typen tragen als Festion Sulfosäure- bzw. quartäre Ammoniumgruppen. Mit dem Konkurrenzion X stellen sich folgende Gleichgewichte ein:

$$-SO_3^-K^+ + X^+ \rightleftharpoons -SO_3^-X^+ + K^+ \tag{6.8a}$$

$$-N^+R_3A^- + X^- \rightleftharpoons -N^+R_3X^- + A^-. \tag{6.8b}$$

Die Ionentauschchromatographie kann als Spezialfall der Adsorptionschromatographie mit stöchiometrischem Austausch geladener Teilchen angesehen werden. An Kationentauschern lassen sich Kationen, an Anionentauschern Anionen trennen.

Allgemein ist die Affinität des Austauschers für ein Konkurrenzion um so stärker, je höher dessen Ladung und je kleiner die um das Ion aufgebaute Solvenshülle ist, je stärker das Ion polarisiert werden kann, je geringere Wechselwirkung es mit der fluiden Phase zeigt und je mehr sich der elektrostatischen Wechselwirkung nichtionogene Matrixeffekte am Austauscher überlagern.

So ergeben sich z. B. für die Alkali-, Erdalkali- und Halogenidionen an starken Austauschern nachstehende Retentionsfolgen:

$$Ba^{2+} > Sr^{2+} > Ca^{2+} > Mg^{2+} > Cs^+ > Rb^+ > K^+ > Na^+ > Li^+$$

$$J^- > Br^- > Cl^- > F^-$$

α ist die Polarisierbarkeit, S die Solvatation der Ionen. NH_4^+ wird zwischen K^+ und Na^+ eingeordnet.

Die Vorhersage von Retentionsfolgen bzw. Selektivitäten für
Ionen, die nicht homologen Reihen angehören, ist schwieriger.
Beispielsweise gilt für Anionen an starken Austauschern die empi-
rische Folge:

$$\text{Citrat} > SO_4^{2-} > \text{Oxalat} > J^- > NO_3^- > Br^- > CN^- > NO_2^-$$
$$> Cl^- > HCOO^- > CH_3COO^- > F^-.$$

Sie hängt etwas vom Austauschertyp und vom Elutionsmittel
ab. Man erkennt gleichzeitig das dreibasische Citration als starkes
Eluation, wohingegen Acetat nur sehr schwache Elutionseigen-
schaften zeigt.

Entsprechend Gl. (6.8) kommen als Konkurrenzionen auch Protonen (Hydroniumionen) sowie Hydroxylionen in Frage. Sie besitzen jedoch auf Grund ihrer großen Hydrathülle nur sehr niedrige
Elutionskraft und sind in obigen Ionenfolgen zwischen Li^+ und
Na^+ bzw. bei F^- einzuordnen. Hingegen ist der Einfluß des pH-
Wertes auf die Lage der Dissoziationsgleichgewichte der beteiligten Ionen ganz entscheidend und bestimmt die Stärke und Selektivität des Elutionsmittels. Wesentlich sind ferner die Ionenstärke
und der Puffertyp in der fluiden Phase.

Die im Handel befindlichen konventionellen Austauscher erweisen sich i. allg. als weniger gut zur HPLC geeignet.

Die beste Trennwirksamkeit und Trennleistung wird mit Austauschern auf der Basis poröser Kieselgele erreicht (Tab. 3.3),
wobei allerdings ihre Langzeitstabilität gegen Hydrolyse zu wün-
schen übrig läßt.

Weite Verbreitung zur modernen Ionentauschchromatographie
haben Schichtträger gefunden, die die Festionen in einer Polymer-
schicht auf einem chromatographisch unwirksamen Kern tragen[1]).

Die von SMALL eingeführten Harze bestehen aus partiell bzw.
oberflächensulfonierten Polystyrendivinylbenzenharzen (Kationentauscher) oder aus sulfonierten Polystyrendivinylbenzenharzen
mit an der Oberfläche agglomerisierten Mikrokügelchen (0,1···
0,5 μm) eines Anionentauschers (DIONEX CORPORATION, USA).

Ebenso kann man auf SiO_2 eine polymere Methacrylatschicht
mit entsprechenden Austauschergruppen anbringen (WESCAN
INSTRUMENTS, INC., USA).

Die Austauschkapazität solcher Austauscher liegt im Bereich
von 0,005 bis 0,1 mval/g (Austauscher geringer bis mittlerer Kapazität (vgl. Abschn. 3.3.2.)).

---

[1]) *engl.:* superficial (pellicular) ion exchanger

6.5.2.   Trennung organischer Ionen

Die Verwendung von Ionentauschern zur Trennung organisch
ionogener Verbindungen erfuhr mit der Entwicklung der modernen
RP-Träger durch die im Abschn. 6.4. behandelten Methoden ernst-
hafte Konkurrenz. So wird man zur Trennung der großen Palette
organischer Carbonsäuren oder für die schwachen Basen heute die
Methode der Ionenunterdrückung an RP-Material vorziehen. Auch
im Falle von Aminosäuren, früher Paradebeispiele der Ionentauschchromatographie, und insbesondere für Peptide und viele
andere Naturstoffbausteine, liefert die RP-Chromatographie
ausgezeichnete Ergebnisse.

Andererseits macht die Entwicklung moderner Austauscher
die Methode des Ionentausches auch für organische Ionen nach
wie vor attraktiv und kaum entbehrlich (Abb. 6.9). Gegenwärtig
hat sich das Schwergewicht der chromatographischen Anwendung
von Austauschern in das Gebiet der bisher vernachlässigten Trennung anorganischer Ionen verlagert.

6.5.3.   Trennung anorganischer Ionen

Zur Trennung anorganischer Ionen sind moderne Ionentauscher
die Kompaktphase der Wahl.

Gleichwohl kann man auch hier die Ionenpaarchromatographie
einsetzen. Als Paarungsreagenzien für Kationen eignen sich z. B.
niedere Alkansulfonate, während Alkylamine (n-Octylamin) oder
quartäre Ammoniumverbindungen zur Anionentrennung verwendet werden.

Sehr einfach lassen sich Alkaliionen trennen. Das gelingt an
starken Kationentauschern geringer Kapazität mit verdünnten
Säuren (z. B. an VYDAC SC[1]), Austauschkapazität 0,1 mval/g,
0,0015 M HNO_3 [2]) [11]).

Erdalkaliionen eluieren infolge ihrer zweifachen Ladung erst
bei wesentlich stärkerer Säurekonzentration. Um das zu vermei-

---

[1]) VYDAC SC Kationentauscher (THE SEPARATIONS GROUP, USA) besitzen
   einen inerten Glaskern mit ca. 1 µm Silikageloberfläche, chemisch
   modifiziert mit $-R-SO_3H$.
[2]) HCl ist wegen Korrosion nicht zu empfehlen.

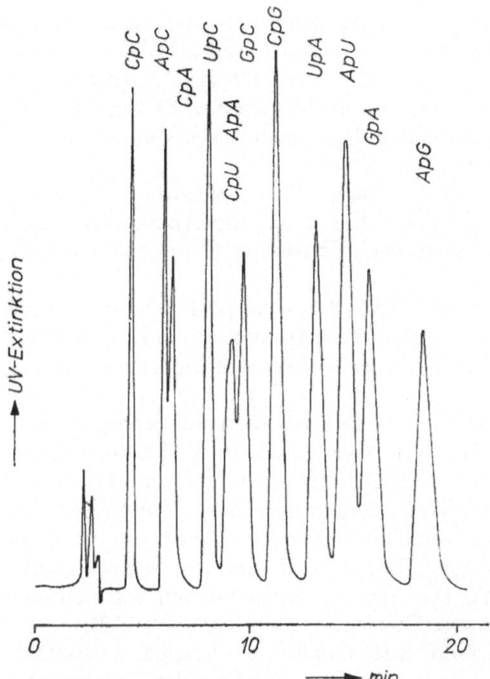

Abb. 6.9. Trennung von Dinucleosidmonophosphaten aus Ribonucleinsäure (RNA) durch Ionentausch

Fluide Phase: 0,01 M Triethylammoniumacetat bei pH 3,1;
Trennsäule: Partisil 10 SAX (Silikagelfixphase mit quartären Ammoniumgruppen, Partikelgröße 10 μm), 3 × 500 mm;
Detektion: UV (260 nm) [17].
Alle Sequenzisomerenpaare werden aufgelöst. Die Symbole über den Peaks entsprechen der international üblichen Schreibweise, d. h. die Großbuchstaben kennzeichnen die Purin- bzw. Pyrimidinbasen der durch Phosphorsäure (p) in 3'-,5'-Stellung verknüpften Nucleoside.

den, benutzt man protonierte Basen (Ethylendiamin), die eine größere Elutionsstärke als Hydroniumionen aufweisen. Größere Elutionsstärken lassen sich natürlich auch mit stärker affinen Metallionen im Eluens realisieren.

Für die Elution anorganischer Anionen von starken Anionentauschern haben sich neben dem System HCO_3^-/CO_3^{2-} u. a. Salicylat-, Phthalat- und Citrationen bewährt.

In allen diesen Fällen beeinflußt der pH-Wert die Geschwindigkeit und Selektivität der Trennung. Im Gegensatz zu Kationentrennungen mit Ethylendiamin (s. o.) vermindern hohe Protonenkonzentrationen bei Anionentrennungen die Konzentration der ionischen Eluensform (Bildung der undissoziierten Säure, Gl. (6.1)) und erniedrigen die Stärke des Elutionsmittels. Saure Probenkomponenten wandern dadurch langsamer.

Kompliziert sind die Verhältnisse bei Verwendung schwacher Ionentauscher, da der pH-Wert hier auch die Austauscherfunktion selbst (Anzahl der austauschwirksamen Gruppen) maßgeblich beeinflußt.

Im Falle der Aminophase (Tab. 3.3, Gruppe II) beispielsweise steigt die Anzahl der matrixfixierten Ammoniumionen unterhalb pH 11 stark an, wobei sich dieser Effekt mit der Protonierung schwacher Säuren überlagert.

Die schnelle Entwicklung der Chromatographie anorganischer Ionen setzte mit den Arbeiten von SMALL und Mitarb. ein [9]. Der wesentliche Fortschritt dieser Arbeiten bestand darin, daß durch Kombination der Trennsäule mit einer nachgeschalteten Suppressorsäule eine universelle und zudem sehr empfindliche Detektion der getrennten Probenionen durch Leitfähigkeitsmessung möglich wurde. Das Prinzip eines solchen sog. „Ionenchromatographen" (DIONEX CORPORATION) zeigt Abb. 6.10.

Während die Trennsäule eine möglichst niedrige Austauschkapazität besitzen soll, um leichte Eluierbarkeit der Probenionen zu ermöglichen, gilt für die Suppressorsäule das Umgekehrte. Mit ihr möchte man eine möglichst große Menge des Elutionsmittels neutralisieren, bevor Regeneration notwendig wird.

Das gewöhnlich zur Trennung von Anionen verwendete Elutionsmittel ist eine wäßrige Lösung aus Natriumhydrogencarbonat und Carbonat. Die Hydrogencarbonat- und Carbonationen konkurrieren mit den Anionen (A^-) der Probe um die Austauscherplätze und werden im sauren Suppressor in die elektrolytisch wenig leitende Kohlensäure verwandelt.

Eine periodische Regeneration des Suppressors wie im Schema ist heute nicht mehr notwendig, da kontinuierlich arbeitende Vorrichtungen angeboten werden.

Abbildung 6.11 zeigt einen Hohlfaserionentauscher (sulfonierte Polymermembran), den das Effluens eines Anionentauschers kontinuierlich durchströmt. Auf Grund des DONNAN-Ausschlusses können die negativ geladenen Proben-(X^-) und Eluensionen (OH^-) die Membran nicht passieren, während Kationen wie Na^+ und H entsprechend dem bestehenden Ionengefälle hindurch-

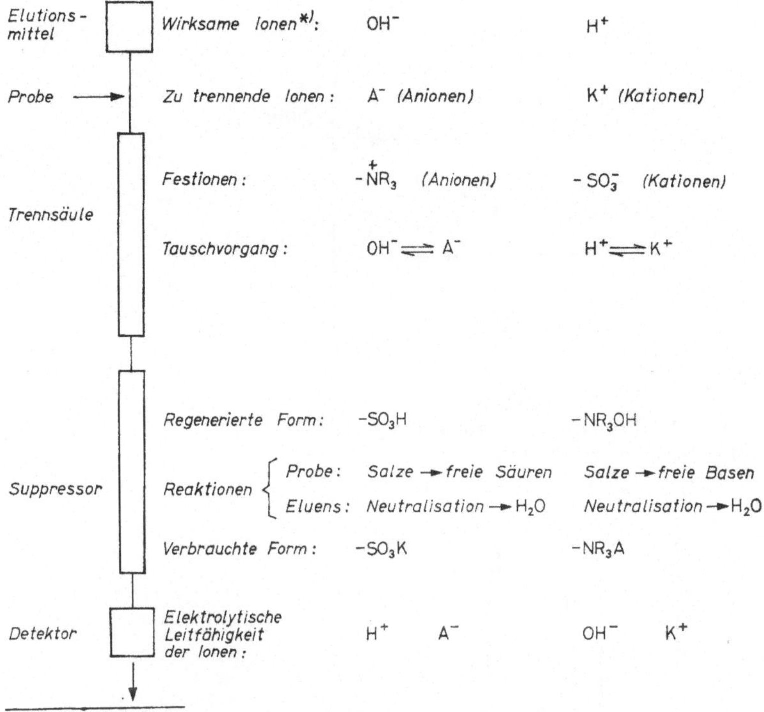

Abb. 6.10. Prinzip der Ionentauschchromatographie nach SMALL mit Verminderung der Eluensleitfähigkeit durch eine Suppressorsäule

wandern. Auf diese Weise verläßt den Suppressor außer den freien Säuren der Probe nur Wasser (Abb. 6.11) bzw. CO_2 (Abb. 6.12).

Ein anderes Membranverfahren unterstützt den Ionentransport durch ein mittels Gleichspannung angelegtes elektrisches Feld (Kammertechnologie der BIOTRONIK GmbH).

Die Anwendung geeigneter Suppressoren ergibt eine drastische Erniedrigung der Grundleitfähigkeit (z. B. von 700 auf 20 $\mu S\,cm^{-1}$). Dies ist insofern sehr vorteilhaft, weil dadurch die Empfindlichkeit der Detektion (Signal-/Rauschverhältnis) erheblich gesteigert wird und Temperaturschwankungen die Leitfähigkeitsmessung um so weniger beeinflussen, je kleiner die Eigenleitfähigkeit des Elutionsmittels ist.

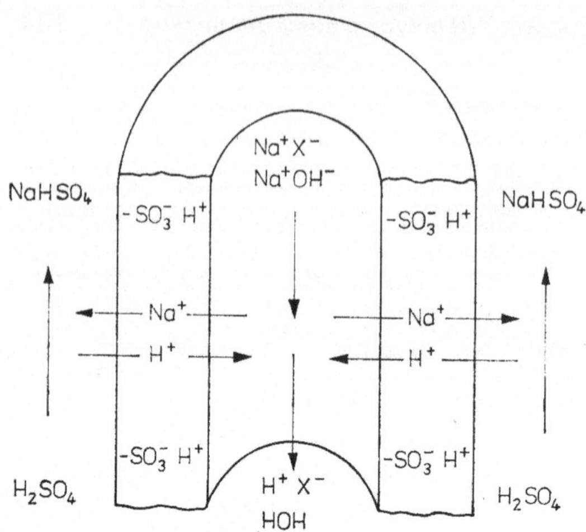

Abb. 6.11. Prinzip des Hohlfasersuppressors
Erläuterungen siehe Text.

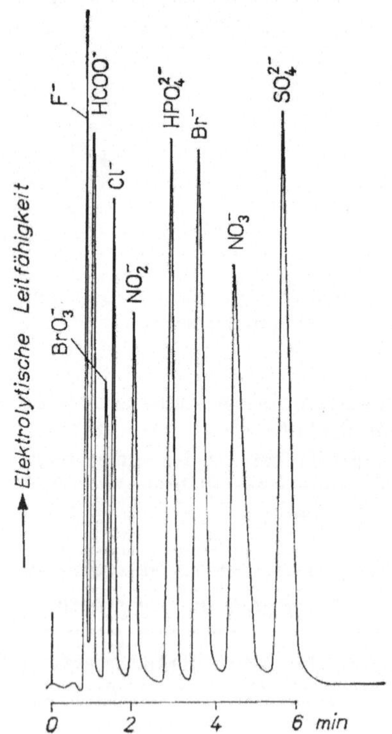

Abb. 6.12. Trennung verschiedener Anionen an einem Anionentauscher (Dionex Corp., USA), vgl. Abschn. 6.5.1.

Elutionsmittel: 2,8 mM NaHCO₃-/2,2 mM NaHCO₃-Lösung;
Detektion: Elektrolytische Leitfähigkeit.

Hinter der Trennsäule befand sich ein Hohlfasersuppressor mit einem Gesamtvolumen von ca. 200 µl [21]. Konzentration der Anionen (in der Reihenfolge des Chromatogramms) in ppm: 3, 8, 10, 4, 10, 30, 30, 30, 25

Während für die meisten Anionen keine Einschränkung besteht, führt die Verwendung eines Suppressors bei Kationen (abgesehen von den Alkali- und Erdalkaliionen) häufig zu Schwierigkeiten. Beispielsweise schlagen sich Schwermetallionen wie Cu^{2+} oder Ni^{2+} auf dem Suppressor als Hydroxide nieder.

Wie vor allem FRITZ und Mitarb. zeigten, kann man für viele Probleme ohne weiteres auf die Suppressorsäule verzichten [10, 11]. Voraussetzung zur Anwendung der Leitfähigkeitsdetektion sind dann Elutionsmittel, die von vornherein eine hinreichend niedrige Grundleitfähigkeit ergeben. Ein viel benutztes Eluens für Anionen ist o-Phthalsäure bei pH $4\cdots6{,}5$ in $10^{-3}\cdots10^{-4}$ M Lösung. Da insbesondere Protonen (aber auch Hydroxylionen) eine sehr hohe spezifische Leitfähigkeit besitzen, darf der pH-Wert nicht sehr von 7 abweichen. Austauscher niedriger Kapazität sind wichtig. GIRARD und GLATZ geben einen kritischen Vergleich der mit und ohne Suppressorsäule arbeitenden Techniken [12]. Während geringe Gehalte von Anionen sehr schwacher, kaum dissoziierter Säuren (Cyanid, Silicat, Borat) hinter der Suppressorsäule durch Leitfähigkeitsdetektion nur wenig empfindlich bestimmbar sind, erreicht man ohne Suppressor bei etwas höheren pH-Werten gute Empfindlichkeiten (Eluens: $4\cdot10^{-3}$ M NaOH/$0{,}5\cdot10^{-3}$ M Natriumbenzoat [13]).

Viele Anionen lassen sich mit modernen UV-Photometern einfach und empfindlich detektieren, wobei die im Falle der Leitfähigkeitsdetektion notwendigen Einschränkungen entfallen (Tab. 6.1). Als Elutionsmittel dienen UV-transparente Ionen wie Perchlorat, Sulfat, Phosphat und Methansulfonsäure (CH_3SO_3H) [18].

Andererseits sind UV-transparente Anionen und Kationen durch indirekte Photometrie als negative Peaks zu erfassen [14], sofern

Tabelle 6.1

Zusammenstellung einiger bei $190\cdots200$ nm absorbierender Anionen

Cl^-*)	S^{2-}	N_3^-
Br^-	SO_3^{2-}	SCN^-
J^-	$S_2O_3^{2-}$	$HCOO^-$
ClO_3^-	NO_2^-	$C_2O_4^{2-}$
BrO_3^-	NO_3^-	CH_3COO^-
JO_3^-	AsO_4^{3-}	Cl_3COO^-

*) das Fluoridion ist transparent

die Elutionsmittel UV-aktive Eigenschaften aufweisen. Das erläutert Abb. 6.13.
Der betreffende Austauscher sei mit dem Eluens (K^+E^- bzw. E^+A^-)
vollständig im Gleichgewicht. Wird anschließend Probe injiziert,
so wandert zunächst eine dadurch bedingte positive oder negative
Grundlinienstörung[1]) mit der Geschwindigkeit des Inertpeaks durch
die Säule. Ins Gleichgewicht setzen sich die jeweils am Austauscher konkurrierenden Ionen $A^- \rightleftharpoons E^-$ (Anionenchromatographie)

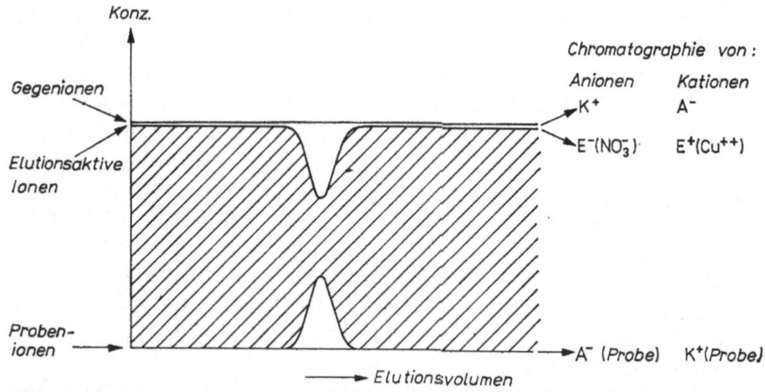

Abb. 6.13. Prinzip der indirekten Photometrie in der Ionentauschchromatographie
K^+ — Kation; A^- — Anion; $E^\pm$ — Eluension

oder $K^+ \rightleftharpoons E^+$ (Kationenchromatographie), wodurch die Probenionen A^- oder K^+ je nach Gleichgewichtslage mehr oder weniger
schnell durch die Trennsäule wandern. Am Säulenende verlassen
alle Probenionen den Austauscher und müssen wegen der Elektroneutralitätsbedingung durch Eluensionen ersetzt werden.
Das bedeutet, daß im Eluat ein zu den austretenden Probenionen
äquivalentes Defizit an Eluensionen auftritt (Abb. 6.13). Dieses
Konzentrationsdefizit bleibt dem Chromatographer normalerweise
verborgen. Verwendet man jedoch UV-aktive Eluensionen (Beispiel: NO_3^- oder Cu^{2+}), weist der Detektor sämtliche Konzentra-
tionsprofile der Probenionen als Defizitpeaks aus. Sind sowohl

---

[1]) Bei der Injektion werden die Ionen E am Austauscher durch die äqui-
valente Menge an Probenionen ersetzt. Überschreitet die Äquivalent-
konzentration der Probe die des Elutionsmittels, entsteht ein positiver
Peak, im umgekehrten Falle ein negativer.

die elutionsaktiven Kationen als auch die elutionsaktiven Anionen UV-aktiv (Beispiel: Kupfer-o-sulfobenzoat [19]), lassen sich Kationen und Anionen im gleichen Chromatogramm bestimmen.

Ein Nachteil aller indirekten photometrischen Methoden (vgl. auch Abschn. 6.4.2.) besteht darin, daß neben dem schon erwähnten Injektionspeak (zu Beginn des Chromatogramms) noch ein sog. Systempeak auftritt. Der Systempeak wird außer durch Konzentration und Volumen der injizierten Probe und durch die Natur des Probenions vom pH-Wert und von der Art und Konzentration des Eluens beeinflußt [15]. Er kann im Chromatogramm, je nach den Bedingungen, an verschiedenen Stellen auftreten und positiv oder negativ sein. In solchen Fällen ist es notwendig, die Trennung auch hinsichtlich einer günstigen Lage des Systempeaks zu optimieren.

Ganz analog wie mit dem Photometer läßt sich der Abfall der Eluenskonzentration durch den Probenpeak mit einem Brechungsindexdetektor registrieren. Voraussetzung ist, daß das Eluens einen hinreichend hohen Untergrundbrechungsindex ergibt. Da man nicht die Konzentration der Probenionen selbst mißt, wird die Methode als indirekte RI-Detektion bezeichnet. Sie besitzt eine zur UV-Methode vergleichbare Empfindlichkeit (Tab. 6.2).

Beide indirekten Detektionsmethoden sind der Leitfähigkeitsdetektion ohne Suppressorsäule überlegen. Prinzipiell haftet allen

Tabelle 6.2

Vergleich der Detektionsgrenzen (in µg) zwischen Indirekter Brechungsindexdetektion (IDRI), Indirekter UV-Detektion (IDUV) und Direkter Leitfähigkeitsdetektion (DL) ohne Suppressorsäule [16].
Elutionsmittel: Kaliumhydrogenphthalatlösung (pH 4), Anionentauschersäule geringer Kapazität

Anion	IDRI	IDUV	DL
Cl^-	0,06	0,09	0,15
Br^-	0,19	0,28	0,44
SO_3^{2-}	0,10	0,12	—
SO_4^{2-}	0,11	0,12	0,78
NO_2^-	0,08	0,26	0,77
NO_3^-	0,12	0,18	0,41
$H_2PO_4^-$	0,18	0,45	*)
CO_3^{2-}	0,95	0,19	—
CH_3COO^-	1,4	0,80	*)

*) keine Detektion

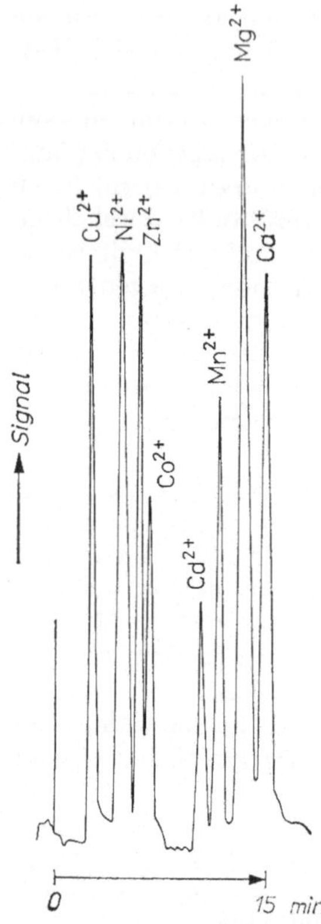

Abb. 6.14. Multikationenchromatographie an PARTISIL 10 SCX (10 µm Silikagel mit chemisch gebundenen Sulfosäuregruppen, WHATMAN, GB) [20]

Fluide Phase: wäßrige 0,5 mM Oxalsäure- /2 mM Ethylendiamin-Lösung (pH 4);
Detektion: Postchromatographische Derivatisierung durch PAR-ZnEDTA (siehe Text), UV/VIS-Detektor (490 nm)

drei in Tab. 6.2 verglichenen Methoden der Mangel eines relativ starken Basisrauschens an, zurückzuführen auf die erforderliche Kompensation des methodisch bedingten hohen Untergrundsignals.

Eine direkte und empfindliche Detektion der Kationen besteht in der postchromatographischen Derivatisierung. Beispielsweise bildet der sog. PAR-Indikator[1]) mit einer größeren Zahl von Kationen wasserlösliche, gefärbte Komplexe, die hohe Extinktionskoeffizienten um 500 nm aufweisen.

Abbildung 6.14 zeigt das Chromatogramm eines Kationenge-

---

[1]) PAR = 4-(2-Pyridylazo)-resorcin

misches aus Schwermetall- und Erdalkaliionen. Entscheidend für die Selektivität der Trennung ist das Verhältnis von Ethylendiamin und Oxalsäure. Im Eluat erfolgt eine Umsetzung gemäß

$$Me^{2+} + 2PAR^- + ZnEDTA = MeEDTA + Zn(PAR)_2. \qquad (6.9)$$

Durch die Reaktion werden auch Metalle wie die Erdalkalien erfaßt, die mit PAR nicht reagieren, wohl aber mit Zink-Ethylendiamintetraacetat (ZnEDTA).

7. Apparative Hilfsmittel

7.1. Druckerzeugung

In der Schnellen Flüssigchromatographie gehört die Druckpumpe neben dem Detektor zu den wichtigsten Bauteilen.

Viele Probleme lassen sich mit Drücken < 100 bar[1]) erfolgreich bearbeiten. Andererseits können die Möglichkeiten der Schnellen Chromatographie nur bei wesentlich höheren Drücken voll ausgeschöpft werden. Kommerzielle Geräte erlauben meist maximale Arbeitsdrücke zwischen 400 und 500 bar.

Die Standardförderleistung der Pumpen käuflicher Geräte beträgt für analytische Aufgaben i. allg. $0{,}1\cdots10$ ml $\cdot$ min^{-1}. Zu präparativen Zwecken werden Förderleistungen bis 100 ml $\cdot$ min^{-1} angeboten.

Ein Arbeiten mit PMB-Säulen oder Mikrosäulen erfordert Pumpen, die Förderleistungen im Mikroliterbereich erlauben, offene Kapillarsäulen benötigen Förderleistungen < 1 µl $\cdot$ min^{-1}. Dieser Entwicklung tragen die Gerätehersteller zunehmend Rechnung.

Während oszillierende Verdrängerpumpen unterhalb 50 µl $\cdot$ min^{-1} meist unzureichende Flußkonstanz ergeben, bewähren sich hier Pumpen des Spritzentyps (s. u.). Erwähnt seien die Spritzenpumpen der Firmen MILTON ROY und ISCO, Inc. (USA) mit $1\cdots600$ µl $\cdot$ min^{-1} bzw. $0{,}02\cdots6000$ µl $\cdot$ min^{-1} Förderleistung. Beide Typen arbeiten bis 700 bar.

---

[1]) 1 bar $= 750{,}06$ Torr $= 1{,}0197$ kp/cm^2 (at) $= 0{,}987$ atm $= 10^6$ dyn/cm^2 $= 0{,}1$ MPa; 1 techn. Atmosphäre (kp/cm^2) $= 0{,}0981$ MPa; MPa $=$ Mega Pascal (SI-Einheit); 1 psi $=$ lb./sq.in. $= 0{,}07031$ kp/cm^2 (angelsächs. Einheit); psig $=$ pound-force per square inch gauge (Überdruck gegen Atmosphärendruck)

Ein kombiniertes System, das eine Förderleistung von 1 µl bis 5 ml pro Minute besitzt, bietet die Fa. HEWLETT PACKARD an. Es besteht aus drei Niederdruck-Doppelspritzen-Dosierpumpen (100 µl Verdrängungsvolumen pro Spritze) und einer bis 400 bar arbeitenden Hochdruck-Membranpumpe der Hubfrequenz 10 Hz.

Für den Einsatz von Pumpen in der Schnellen Flüssigchromatographie sind geringe Restpulsation und konstante Förderleistung wichtige Kriterien. Durchflußschwankungen beeinträchtigen sowohl die qualitative als auch die quantitative Chromatogrammauswertung durch fehlerhafte Retentionszeiten und Peakflächen.

Tabelle 7.1 gibt eine Übersicht für die zur Schnellen Flüssigchromatographie verwendbaren Pumpentypen.

7.1.1. Oszillierende Verdrängerpumpen

Oszillierende (reziproke) Pumpen mit Tauchkolben oder Membrankonstruktion werden sehr häufig eingesetzt. Vor allem bei hohen Flüssen sind sie das Fördermittel der Wahl. Die Pumpenköpfe besitzen selbsttätige Doppelkugelventile mit Kugeln aus Aluminiumoxid auf feinstgeläppten Ventilsitzen. Die Abdichtung des Tauchkolbens erfolgt durch Packungsringe bzw. Manschetten aus Teflon oder Viton. Der Kolben besteht aus gehärtetem Stahl mit Aufspritzverschleißschutz oder aus Aluminiumoxid (Saphir).

Ein völlig leckfreier Betrieb gelingt mit Membranpumpen. Die Membran, die den Arbeitsraum hermetisch abschließt, wird durch einen Kolben indirekt über Hydrauliköl bewegt.

Der Förderstrom $\dot{V}$ oszillierender Pumpen ist dem Kolbenquerschnitt, der Hubhöhe und der Hubfrequenz proportional. Er läßt sich entweder über das verdrängte Flüssigkeitsvolumen (z. B. Pumpenkopfverstellung, Regelplunger) oder über die Hubfrequenz (drehzahlvariabler Antrieb) regeln.

Die Förderkurve in Tab. 7.1 kann durch einen zweiten Pumpenkopf erheblich verbessert werden. Zwei Kolben arbeiten um 180° phasenverschoben. Ihre Bewegung läßt sich elektronisch oder mechanisch so steuern, daß die Förderkurve annähernd eine Gerade ergibt.

Solche Pumpen sind mit Arbeitsdrücken $\gg$ 500 bar im Handel. Die Reproduzierbarkeit des Durchflusses liegt bei $\pm 1\%$. Nachteilig ist es, daß die effektive Fördermenge mit wachsendem Druck abnimmt.

Einfache Kurzhubkolbenpumpen erfordern Pulsationsdämpfer.

Tabelle 7.1

Hubkolbenpumpen zur Schnellen Chromatographie

	Langhub (Großhub)-Kolbenpumpen		Kurzhub-Kolbenpumpen (Oszillierende Verdrängerpumpen)	
	mit mechan. Antrieb	mit pneumat. Antrieb (Druckverstärkerpumpen)	Kolbenmembranpumpen	Kolbenpumpen mit Tauchkolben (Plunger)
kontinuierlich förderbares Volumen (ml)	≤ 500	unbegrenzt		
Grundlinienstörung (ungedämpft)	keine	gering	Rauschpegel	
Dämpfung erforderlich	nein	bei hohem Fluß (häufiges Füllen)	ja	
Typische Förderkurven für Einzylinderpumpen gegen Druck				

Hierfür eignen sich RC-Glieder, im einfachsten Falle ein durchströmtes BOURDON-Rohr (Rohrfeder) mit einem in Reihe geschalteten Strömungswiderstand. Das BOURDON-Rohr ändert sein Volumen durch elastische Querschnittsverformung in Abhängigkeit vom Druck.

7.1.2.   *Langhubkolbenpumpen (Spritzentyp)*

Das Kammervolumen dieses Typs wird durch einen einzigen, gleichmäßigen, länger dauernden Kolbenhub entleert. Der Verdrängerkolben ist durch Druckmanschetten abgedichtet. Auch mit diesem Prinzip können je nach Fabrikat Drücke $\gg 500$ bar erreicht werden. Man unterscheidet Langhubkolbenpumpen mit pneumatischem Antrieb (druckkonstante Pumpen) und Langhubkolbenpumpen mit mechanischem Antrieb (flußkonstante Pumpen).

Zur ersten Art gehören die Druckverstärkerpumpen. Sie besitzen zwei übereinander angebrachte Zylinder, in denen sich ein Doppelkolben mit den stark unterschiedlichen Querschnitten q_1 und q_2 bewegt. Herrscht vor dem ersten Kolben der Gasdruck p_1 (konstanter Primärdruck), so erzeugt der zweite Kolben den Flüssigkeitsdruck $p_2 = p_1 \cdot q_1/q_2$. Für Ein- und Auslaß können Kugelventile verwendet werden.

Der Vorteil der Druckverstärkerpumpen gegenüber den motorgetriebenen Langhubkolbenpumpen liegt in ihrer schnellen Rücklauf- und damit Füllgeschwindigkeit. Deswegen besitzen sie generell ein kleineres Hubvolumen als die motorgetriebenen Konstruktionen, für die das notwendigerweise große Hubvolumen Nachteile hat. Diese Nachteile liegen in der kompakten Bauweise und im ungünstigen Verlauf der Förderkurve.

Die typische Förderkurve mechanisch getriebener Langhubkolbenpumpen erklärt sich aus der Kompressibilität der Flüssigkeiten bei Druckeinwirkung.

Der isotherme kubische Kompressibilitätskoeffizient von Flüssigkeiten χ gilt als Maß für die Verminderung ΔV des Volumens V durch die allseitige Druckerhöhung Δp bei der Temperatur T

$$\chi = -\frac{1}{V}\left(\frac{\Delta V}{\Delta p}\right)_T. \tag{7.1}$$

Die Kompressibilitätskoeffizienten organischer Flüssigkeiten liegen meist bei ca. $1 \cdot 10^{-4}$ bar^{-1}, für Wasser ist $\chi = 0{,}5 \cdot 10^{-4}$ bar^{-1}. χ kann über einige hundert Bar als konstant angesehen werden.

Integriert man Gl. (7.1) zwischen P_0 und P bzw. V_0 und V, ergibt sich

$$V = V_0 \cdot e^{-\varkappa(P-P_0)}. \tag{7.2}$$

Es ist ersichtlich, daß sich das ursprüngliche. Volumen V_0 bei geschlossenem Pumpenventil mit wachsendem Kolbenvorschub (wachsendem Druck) im Sinne einer fallenden Exponentialfunktion ändert. Für $V_0 = 500$ ml und 400 bar Enddruck wird z. B. eine Volumenkompression von $V_0 - V \approx 20$ ml errechnet[1]).

Bei Betreiben der Pumpe mit geöffnetem Ventil und einem Strömungswiderstand (Trennsäule) baut sich ein vom Volumenschub $\dot{V}_K$ („Kolbenflußgeschwindigkeit") und vom Strömungswiderstand abhängiger Säulenvordruck auf. Die Strömungsgeschwindigkeit $\dot{V}$ durch die Säule wird einerseits entsprechend Gl. (2.91) von dem gerade erreichten Druck ΔP, andererseits von dem um den jeweiligen Kompressionsfluß $-\mathrm{d}V/\mathrm{d}t = \chi \cdot V \cdot \mathrm{d}p/\mathrm{d}t$ (Gl. 7.1) verminderten Kolbenvorschub $\dot{V}_K$ bestimmt:

$$\dot{V} = \frac{K \cdot q_m}{\bar{\eta} \cdot L} \Delta P = \dot{V}_K - \chi \cdot V \frac{\mathrm{d}p}{\mathrm{d}t}{}^2). \tag{7.3}$$

$V = V_0 - \dot{V}_K t$ ist das zum Zeitpunkt t im Zylinder vorhandene Flüssigkeitsvolumen (V_0 — nutzbares Gesamtzylindervolumen). Für $\mathrm{d}p/\mathrm{d}t = 0$ erfolgt keine weitere Kompression mehr, und es wird $\dot{V} = \dot{V}_K = $ konst. (Waagerechte der Förderkurve). Die Druck-Zeit-Kurve ergibt sich durch Integration von Gl. (7.3) und zeigt einen zur Förderkurve analogen Verlauf.

Bei mechanisch betriebenen Langhubkolbenpumpen nähern sich P und $\dot{V}$ asymptotisch ihrem Grenzwert. Die Zeit, die verstreicht, bis 95% dieses Wertes erreicht sind, beträgt $3V_0 \cdot \chi \cdot \bar{\eta} \cdot L/(K \cdot q_m)$. Sie kann bei 15 und mehr Minuten liegen. Solche Pumpen eignen sich deshalb z. B. nicht für „stop-flow"-Injektion, es sei denn, man verriegelt den Pumpenzylinder während der Injektion automatisch oder stellt den Gleichgewichtsdruck mit einem Schnellvortrieb in kurzer Zeit wieder her. Der Vorteil mechanisch angetriebener Langhubkolbenpumpen gegenüber den anderen Typen

---

[1]) Der Wert ist etwas zu hoch, weil der Abfall von χ mit wachsendem Druck $\chi \doteq a/(b + P)$ (TAIT-Gleichung) vernachlässigt wurde.

[2]) Es wird mit einer mittleren Viskosität gerechnet. Tatsächlich ändert sich η mit P entsprechend $\eta = \eta_0[1 + \Theta(P - P_0)]$, wobei $\Theta \approx 10^{-3} \times$ bar^{-1} ist.

der Tab. 7.1 besteht in ihrer völligen Pulsationsfreiheit, in der geringen Abhängigkeit des Lösungsmittelflusses (Förderleistung) vom Druck und in der problemlosen Realisierbarkeit kleinster Flüsse.

7.2.   *Der Hochdruck-Flüssigchromatograph*

An dieser Stelle ist keine detaillierte apparativ-technische Beschreibung eines kompletten Gerätes beabsichtigt. Hierzu sei auf einschlägige Firmenschriften verwiesen. Wir beziehen uns auf das Schema der Abb. 2.3 und ergänzen in diesem Abschnitt die wichtigsten, bisher nicht beschriebenen apparativen Hilfsmittel.

Die Elutionsflüssigkeit wird in geeigneten Glasgefäßen bereitgestellt und meist sofort durch eine Hochdruckpumpe komprimiert. Im allgemeinen ist die vorherige Entgasung ratsam, wofür die Gerätehersteller entsprechende Vorrichtungen zum Erhitzen bzw. Evakuieren der Vorratsgefäße liefern[1]).

Die Probeninjektion kann in unterschiedlicher Weise erfolgen. Abbildung 7.1a zeigt einen Injektionsblock mit selbstschließender Septumabdichtung[2]). Als hinreichend flexibel bei relativ guter Lösungsmittelbeständigkeit, insbesondere gegen Kohlenwasserstoffe, hat sich Viton, ein Fluorelastomeres aus Vinylidenfluorid und Hexafluorpropylen, bewährt. Silikongummi ist nur begrenzt, z. B. für Alkohol-Wasser-Gemische, verwendbar. Kalrez, das aus Perfluormethylvinylether und Tetrafluorethylen hergestellt wird (Fa. Du Pont), besitzt die guten mechanischen Eigenschaften von Viton und die außerordentliche Lösungsmittel- und Temperaturbeständigkeit des Teflons.

Der obere Teil des Injektionsblocks läßt sich verschieden gestalten. So kann zwischen Septum und Elutionsmittelzuführung eine Schleuse in Form einer senkrecht zum Injektionskanal verschiebbaren Ventilstange oder in Form eines seitlich einzuführenden dichtenden Teflonstempels verwendet werden. Auf diese Weise ist das Septum auswechselbar, ohne daß die Pumpe ausgeschaltet

---

[1]) Je höher die Polarität des Lösungsmittels, desto geringer ist seine Löslichkeit gegenüber Luft, d. h. Wasser löst den geringsten, unpolare Lösungsmittel (Kohlenwasserstoffe) lösen den höchsten Betrag. Je ähnlicher zwei Lösungsmittel einander sind, um so weniger Gas wird beim Vermischen frei. Gelöste Luft stört die Detektion durch Gasblasenbildung. Der Sauerstoffanteil bildet mit vielen Lösungsmitteln UV-aktive Komplexe und wirkt ferner fluoreszenzlöschend.

[2]) *lat.:* septum — Trennwand

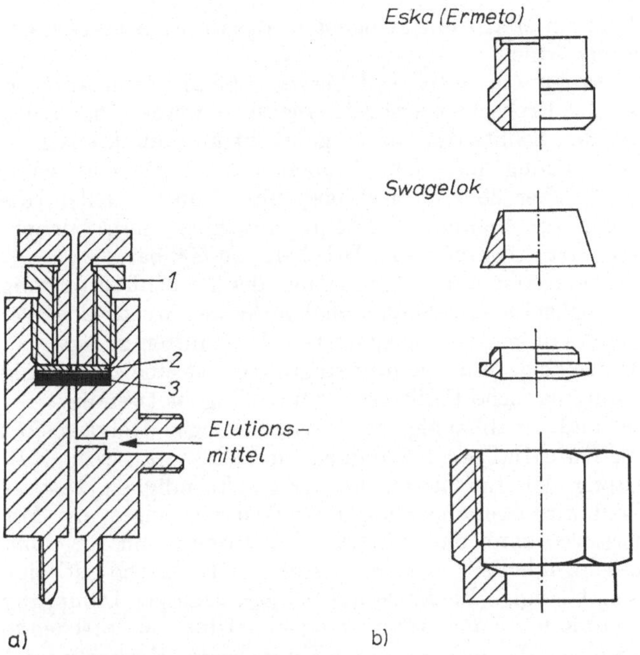

Abb. 7.1. a) Einspritzblock

1 — Druckschraube; *2* — Metallplatte; *3* — Septum

b) Verbindungselemente: Ermetoschneidring, Swagelok Stirn- und
Stützring mit Überwurfmutter

werden muß. Bei Verwendung von Schleusen kann statt des Septums auch ein Teflon-Konus angebracht sein, den man während des Ein- und Ausführens der Spritzenkanüle (ebenso wie das Septum) durch Drehen einer Druckschraube lockert oder zusammenpreßt.

Die manuelle Probeninjektion mittels Dosierspritze hat den Vorteil, daß die Probe direkt auf die Säulenpackung aufgegeben werden kann.

Moderne Geräte besitzen jedoch automatisierte Dosiersysteme, und häufig ist eine manuelle Dosierung nicht vorgesehen.

Bei den Standardausführungen liegen die Dosiervolumina zwischen 1 bis 2000 µl.

Die Spritzendosierung eignet sich gut für automatisch arbeitende Systeme mit Probentellern (Autosampler). In den Injektionsblock ist dann ein Mikroventil eingebaut, das durch Aufsetzen der Spritzenkanüle öffnet.

Für Dosiervolumina unter 1 µl bis ca. 0,05 µl (Submikroliterbereich) können Drehschieberventile eingesetzt werden, bei denen die Probe in den Schlitz des Rotors gebracht und durch anschließende Rotordrehung mit dem Probenstrom weggespült wird. Probenmengen über 25 µl dosiert man mit Probenschleifen, die natürlich auch für Volumina < 25 µl brauchbar sind. Vorrichtungen dieser Art arbeiten bis zu Drücken von 500 bar.

Über die Trennsäule und zu Problemen der Probenüberführung sowie über Rückspül- und Säulenschalttechniken wurde das Wesentliche bereits in den vorangegangenen Abschnitten gesagt.

Für leistungsfähige Flüssigchromatographen ist eine zuverlässig arbeitende automatische Flußmessung unbedingt notwendig.

Drucklos und unabhängig von der Lösungsmittelviskosität läßt sich die Durchflußgeschwindigkeit am Detektorausgang, z. B. durch Messung der Luftblasentransportgeschwindigkeit bestimmen. Die Luft wird über eine Düse in ein Glasrohr eingespeist. Mit Phototransistoren kann die automatische Anzeige und Regelung der Flußgeschwindigkeit erreicht werden. Druckseitig ist eine viskositätsunabhängige Flußmessung bei gleichzeitiger Dämpfung durch hydraulische Kapazitäten möglich. Über entsprechende Sensoren erfolgen die elektronische Flußanzeige, Kontrolle und Regelung.

7.3.   Detektoren

7.3.1.   Klassifizierung und Charakterisierung

Aufgabe des Detektors ist die Ermittlung der Verteilungsfunktion im Eluat gelöster Komponenten nach Verlassen der Trennsäule mit Hilfe eines Meßsignals S. Gemäß Abb. 2.5 gibt es hierfür zunächst zwei prinzipielle Möglichkeiten, nach denen man die Detektoren früher einteilte, in differentiale und in integrale. Schreibt man an die Ordinate statt $f(x)$ die Substanzkonzentration $dQ/dV = c$ bzw. den Massenstrom (Massendurchsatz) $dQ/dt = \dot{Q}$ im Eluat und an die Abszisse für x das Elutionsvolumen V_R bzw. die Retentionszeit t_R, so ergibt sich

$$S_c = f_{rc} \cdot \frac{dQ}{dV} = f_{rc} \cdot c \qquad \begin{array}{l} \text{konzentrationsabhängiger} \\ \text{Differentialdetektor bzw.} \end{array} \qquad (7.4)$$

$$S_Q = f_{rQ} \cdot \frac{dQ}{dt} = f_{rQ} \cdot \dot{Q} \qquad \begin{array}{l} \text{massenstromabhängiger} \\ \text{Differentialdetektor} \end{array} \qquad (7.5)$$

Die zweite Möglichkeit besteht darin, die Summenkurve $F(x)$ der (Verteilungs)dichtefunktion $f(x)$ zu registrieren. In diesem Falle ist das Meßsignal

$$S_I = \int f(x)\,\mathrm{d}x = f_{rI} \int \mathrm{d}Q = f_{rI} \cdot Q \quad \text{Integraldetektor} \tag{7.6}$$

proportional der jeweils registrierten Gesamtsubstanzmenge Q. Die Proportionalitätsfaktoren f_r heißen Wirkungsfaktoren (Responsefaktoren). Sie besitzen z. B. folgende Einheiten: $[f_{rc}] =$ V · ml · g^{-1}; $[f_{rQ}] =$ A · s · g^{-1}; $[f_{rI}] =$ V · g^{-1}. Der erste Detektor der Gaschromatographie war ein Integraldetektor. Der universellste gaschromatographische Detektor, der Flammenionisationsdetektor (FID), ist ein massenstromabhängiger Differentialdetektor. Er kann für die Flüssigchromatographie nur in Verbindung mit dem Transportdetektor [1] verwendet werden.

Allgemein teilt man die Detektoren in zwei Gruppen ein, in Detektoren 1. Art (Gl. (7.4)) oder konzentrationsempfindliche Detektoren und in Detektoren 2. Art (Gl. (7.5)) oder massenstromempfindliche Detektoren. Beide Arten lassen sich sehr einfach unterscheiden: Wird der Elutionsmittelfluß gestoppt, bleibt das Signal bei Detektoren 1. Art entsprechend der gerade in der Meßzelle vorhandenen Konzentration erhalten, bei Detektoren 2. Art sinkt es auf die Grundlinie zurück, da der Meßzelle keine weiteren Substanzmoleküle zugeführt werden.

In der Flüssigchromatographie interessiert diese Systematik nicht so sehr, weil die meisten Detektoren, insbesondere der Ultraviolettdetektor und der Brechungsindexdetektor, konzentrationsempfindliche Detektoren sind. Man unterscheidet vielmehr zwischen Detektoren mit Bulk-Eigenschaften und Detektoren mit selektiven Eigenschaften. Erstere messen die Änderung einer physikalischen Größe des gesamten Elutionsstromes (Bulk), wobei der Beitrag des Elutionsmittels gegenüber dem Beitrag des gelösten Stoffes naturgemäß groß ist (Brechungsindex-detektor). Selektive Detektoren messen allein Eigenschaften des gelösten Stoffes (UV-Detektor, Fluoreszenzdetektor, Transportdetektor, elektrochemische Detektoren).

Zur Beurteilung von Detektoren sind außer für das Zellenvolumen Angaben zum Linearitätsbereich, zum Rauschen, zur Detektorempfindlichkeit, zur Zeitkonstanten sowie zur unteren Nachweisgrenze favorisierter Verbindungen notwendig.

Innerhalb des dynamischen Detektorbereiches werden alle Konzentrationen (oder Massenströme) in unterscheidbare Meß-

10*

signale verwandelt, ohne daß f_r konstant sein muß. Im linearen Detektorbereich liegen dagegen bei Verwendung doppelt logarithmischen Papiers alle Meßwerte auf einer Geraden der Steigung 45°. Oft spricht man auch vom linearen dynamischen Bereich. Es ist wichtig zu wissen, ob sich die Angaben nur auf die Meßzelle oder auf die gesamte Anordnung beziehen und welche Linearitätsabweichung noch zugelassen wurde.

Abbildung 7.2 zeigt eine „verrauschte" Grundlinie. Man unterscheidet drei Rauschanteile. Hochfrequenzrauschen läßt sich relativ einfach mit RC-Gliedern unterdrücken. Das viel störendere Kurzzeitrauschen kann selbst durch starke Dämpfung, mit der man u. U. eine Verzerrung der Ausgangsfunktion einhandelt, nicht ausgeschaltet werden. Daraus ergibt sich die Forderung, daß die Gerätehersteller in der Spezifikation neben der Drift als Störpegel (Rausch) vor allem das Kurzzeitrauschen des oberen Empfindlichkeitsbereiches ihrer Geräte berücksichtigen sollten.

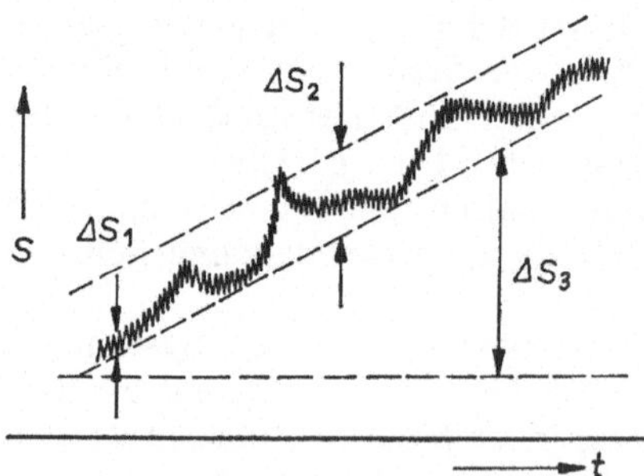

Abb. 7.2. Definition der Rauschanteile

ΔS_1 — Hochfrequenzrauschen; ΔS_2 — Kurzzeitrauschen (Enveloppe über wenigstens 10 min); ΔS_3 — Drift (Abweichung während einer Stunde). Angaben in absoluten Einheiten des Meßsignals

Die Detektorempfindlichkeit (Absolutempfindlichkeit) wird in Detektoreinheiten für Skalenvollausschlag bei $\pm 1\%$ Störpegel angegeben. Als untere Nachweisgrenze L (kleinste erfaßbare Konzentration bzw. kleinster erfaßbarer Massenstrom einer favorisierten Verbindung) in g/ml bzw. g/s errechnet sich $L = 2 \cdot$ (Störpegel)$/f_r$ (f_r vgl. Gln. (7.4) und (7.5)). Zu dieser Angabe interessiert das Verhältnis aus Peakhöhe und Peakbreite.

7.3.2. *Kommerzielle Detektoren*

Tabelle 7.2 enthält Arbeitsparameter der vier wichtigsten kommerziell erhältlichen flüssigchromatographischen Standarddetektoren. Die größte Einsatzbreite, die nicht immer ausgeschöpft wird, besitzen zweifellos die Ultraviolettdetektoren, da insbe-

Tabelle 7.2

Arbeitsparameter kommerzieller Standarddetektoren

	Wellenlängen-bereich (nm)	Zellenvolumen (µl)	Schichtdicke (mm)	Rauschen (EE)	Zeit-konstante (s)	Drift (EE · h^{-1})	Spektrale Bandbreite (nm)
Photometrische Detektoren							
FD	254[1]	5—8	10	10^{-5}	0,2—0,5	10^{-4}	0,1—10
VWD[2]	190—700	8—10	10	$10^{-4}—10^{-5}$	0,2—0,5	$10^{-3}—10^{-4}$	5—10
Fluoreszenz-detektoren	variabel[3]	5—10	5—10	1%	< 0,5	< 10%/h	5—20
Differential-refraktometer	—	8—10	—	$2 \cdot 10^{-8}$ [4]	0,5	10^{-7} [4]	—

FD — Festwellenlängendetektoren; VWD — Detektoren variabler Wellenlänge; EE — Extinktionseinheiten

[1] Auch FD mit wählbaren unterschiedlichen Wellenlängen sind im Handel;

[2] einschließlich der Photodioden-Multikanaldetektoren. Insbesondere für letztere muß die Forderung einer spektralen Bandbreite < 1 nm gestellt werden.

[3] sowohl für Anregung als auch für Emission

[4] BIE (Brechungsindexeinheiten)

sondere im kurzwelligen UV eine sehr große Anzahl von Verbindungen empfindlich detektiert werden kann (Tab. 7.3).

Tabelle 7.3

Ausgewählte Absorptionsmaxima (λ_{max}) und molare (dekadische) Extinktionskoeffizienten ($\varepsilon_{\lambda max}$) UV-aktiver Chromophore. Überwiegend nach [2]

Verbindung	Chromophor	λ_{max}	$\varepsilon_{\lambda max}$	λ_{max}	$\varepsilon_{\lambda max}$
Ether	$-O-$	185	1 000		
Thioether	$-S-$	194	4 600	215	1 600
Thiole	$-SH$	195	1 400		
Disulfide	$-S-S-$	194	5 500	255	400
Amine	$-NH_2$	195	2 800		
Oxime	$-N-OH$	190	5 000		
Ketone	$>C=O$	195	1 000	270—285	18—30
Aldehyde	$-CHO$	180	10 000	280—300	11—18
Sulfoxide	$>S=O$	210	1 500		
Nitroverbindungen	$-NO_2$	201	4 800		
Octen-(1)	$-C=C-$	177	12 600		
Octin-(2)	$-C\equiv C-$	178	10 000	196	2 100
Benzen		202	6 900	255	170
Naphthalen		220	112 000	275	5 600
Nitrile	$-C\equiv N$	160	—		
Ester	$-COOR$	205	50		
Carbonsäuren	$-COOH$	200—210	50—70		
Bromide	$-Br$	208	300		

Man erkennt, daß die meisten Chromophore bei Wellenlängen < 200 nm ε_λ-Werte ≥ 1000 besitzen, was Detektionsgrenzen < 1 µg bis 1 ng erwarten läßt.

Sogar aliphatische Alkohole, die gemeinhin als UV-transparent angesehen werden, sind bei 190 oder besser 184 nm mehr oder weniger gut erkennbar. Monosaccharide z. B. lassen sich außer durch RI-Detektion auch im kurzwelligen UV erfassen (Detektionsgrenzen im µg-Bereich).

Eine gewisse Schwierigkeit bei der UV-Detektion liegt darin, daß sich die Extinktionskoeffizienten zwischen den Stoffklassen um mehrere Größenordnungen unterscheiden können. Verunreinigungen ergeben dadurch u. U. ein wesentlich größeres Signal als die Hauptkomponente, was zu Fehlinterpretationen führen kann. Eine Wellenlängenoptimierung wird in vielen Fällen unumgänglich (vgl. Abschn. 7.3.4.).

Für das Arbeiten mit englumigen Säulen und zur Mikrochromatographie werden UV-Detektoren mit Zellen von 0,5 bis 0,03 µl (Weglängen 10⋯1 mm) angeboten.

Ganz neue Möglichkeiten, insbesondere zur Identifizierung unbekannter Komponenten, eröffnen die Photodioden-Multikanaldetektoren[1]) (vgl. Abschn. 7.3.4.).

Fluoreszenz-Detektoren zeigen sehr hohe Empfindlichkeit und Selektivität für fluoreszierende Stoffe. Nichtfluoreszierende Substanzen kann man in manchen Fällen in fluoreszierende Derivate überführen. Hauptanwendungsgebiete sind biologische Proben, Pharmazeutika, Nahrungsmitteluntersuchungen, fossile Brennstoffe und Proben des Umweltschutzes.

Sehr universell lassen sich Differentialrefraktometer (RI-Detektoren[2])) einsetzen. Auf diese Geräte wird im Abschn. 7.3.5. ausführlich eingegangen.

Zunehmend Anwendung finden elektrochemische, insbesondere amperometrische Detektoren und Leitfähigkeitsdetektoren. Aber auch Reaktionsdetektoren, Laser-Lichtstreudetektoren (Gelpermeationschromatographie) und Infrarot(IR)-Detektoren werden angeboten.

IR-Detektoren mit 10 µl-Zellen besitzen etwa die Empfindlichkeit von RI-Detektoren. Man kann die Geräte sowohl für selektive als auch für allgemeine Detektionsprobleme einsetzen. Mit Makromolekülen liefern sie weitgehend C-Zahl unabhängige Signale.

Die Kombination der sog. FOURIER-Transform-Infrarottechnik mit englumigen PMB-Säulen (Abschn. 4.2.) stellt eine vielversprechende Weiterentwicklung dar, vor allem hinsichtlich der Steigerung der Empfindlichkeit und der Möglichkeit zur Aufnahme von Echtzeit-IR-Spektren.

Der Nachteil aller IR-Detektoren besteht darin, daß nur eine begrenzte Anzahl organischer Lösungsmittel mit IR-durchlässigen Frequenzfenstern als Elutionsmittel geeignet sind und insbesondere kein Wasser anwesend sein darf.

Große Fortschritte wurden in letzter Zeit bei der Kopplung der Flüssigchromatographie (LC) mit der Massenspektrometrie (MS) erreicht. Da die Probe (wie bei allen Detektoren) am besten unverändert mit dem Elutionsmittel in das Detektionssystem (Ionenquelle des Spektrometers) eingeführt wird, wendet man bevorzugt die Technik der sog. chemischen Ionisation (CI) an. Dabei

---

[1]) photodiode array detectors; *engl.:* array — Reihe, Anordnung
[2]) RI ist die Abkürzung für refractive index (engl. Brechungsindex.

reagiert die zu untersuchende Verbindung M mit den ionisierbaren Bestandteilen des Elutionsmittels, z. B. unter Bildung von Addukten des Typs MH^+ oder $MHCH_3CN^+$ (CH_3CN als Lösungsmittel), den sog. Quasimolekülionen.

Die Anzahl der Fragmentionen bei chemischer Ionisation ist gegenüber der Elektronenstoßionisation relativ klein, so daß die meisten CI-Massenspektren sehr übersichtlich ausfallen. Zahlreiche Verbindungen, in deren Elektronenstoßmassenspektren keine Molekülionenpeaks auftreten, ergeben durch chemische Ionisation Quasimolekülpeaks hoher Intensität.

Eine positive chemische Ionisation erfordert verhältnismäßig hohe Drücke in der Ionenquelle ($130\cdots13$ Pa[1])), die negative chemische Ionisation Drücke zwischen $1,3\cdots0,13$ Pa[2]). In beiden Fällen stört Wasser nicht. Das ist wichtig, weil dadurch im Gegensatz zur IR-Detektion auch die wäßrige RP-Chromatographie Anwendung finden kann.

Besonders vorteilhaft erscheint das von VESTAL [3] eingeführte Thermospray-Interface. Hierbei tritt die Probe mit dem gesamten Elutionsmittel (bis 2 ml/min ohne Split) aus einer erhitzten Kapillare unter Nebelbildung (Spray) in die Ionenquelle. Die sich bildenden Ionen gelangen anschließend zum Quadrupol-Massenfilter[3]).

Im Falle wäßriger Elutionsmittel wird meist unter Zusatz von Ammoniumacetat (Bildung von NH_4^+-Addukten) sowie ohne die vorhandene Elektronenquelle gearbeitet. Bei weniger polaren Elutionsmitteln (Normalphasenchromatographie) oder zwecks erweiterter Strukturinformation benutzt man die Elektronenquelle.

Mit Hilfe der LC-MS-Kopplung ergeben sich aus den Einzelpeaks zu jedem Zeitpunkt sehr informative Massenspektren, die mit Hilfe abgespeicherter Bibliotheken von Referenzspektren automatisch zugeordnet werden können. Die LC-MS-Kopplung liefert gleichzeitig einen universellen flüssigchromatographischen Detektor, der das Chromatogramm durch Messung des Totalionenstroms mit Nanogramm (10^{-9} g)-Empfindlichkeit und bei Verwendung der SIM-Technik[4]) (Massenfragmentographie) mit Picogramm (10^{-12} g)-Empfindlichkeit reproduziert. Gradientenelution ist anwendbar.

---

[1]) $1 - 10^{-1}$ Torr
[2]) $10^{-2} - 10^{-3}$ Torr
[3]) Hersteller z. B. FINNIGAN MAT, HEWLETT PACKARD (USA)
[4]) *engl.:* Selected Ion Monitoring (SIM)

7.3.3. Konventionelle UV-Detektoren

Über 70% aller Detektoren in der Flüssigchromatographie sind Ultraviolettdetektoren. Sie erwiesen sich als relativ unempfindlich gegen Fluß- und Temperaturschwankungen und sind sehr gut zur Gradientenelution geeignet. Ferner besitzt dieser Detektor einen weiten Linearitätsbereich ($5 \cdot 10^4$) sowie eine hohe, allerdings spezifische Empfindlichkeit.

UV-Photometer mit einer Empfindlichkeit von 0,005 Extinktionseinheiten (Skalenvollausschlag) sind kommerziell oder auch im Eigenbau als Einstrahlgeräte mit wenig Aufwand herstellbar. Durch die hohe erreichbare Empfindlichkeit können noch Verbindungen mit relativ niedrigem molarem Extinktionskoeffizienten detektiert werden, und selbst für mittelmäßig UV-absorbierende Verbindungen sind Nanogrammengen erfaßbar (vgl. Abschn. 7.3.2.). Zudem läßt sich die Absorption einer Vielzahl von organischen Verbindungen durch Derivatisierung in den UV-Bereich verschieben.

Man unterscheidet einerseits zwischen Ein- und Zweistrahlgeräten, zum anderen zwischen Photometern mit fixen Wellenlängen und Spektralphotometern mit variabler (durchstimmbarer) Wellenlänge (Tab. 7.2).

Festwellenlängenphotometer haben den Vorteil hoher Lichtstärke und damit großer Empfindlichkeit bei niedrigem Störpegel. Die Wellenlänge von 254 nm der sehr intensiven Resonanzlinie der Quecksilber-Niederdrucklampen ist für viele Probleme völlig ausreichend. Mitteldruckquecksilberlampen mit Filtern gestatten das Arbeiten bei mehreren diskreten Wellenlängen, wobei der Rauschpegel steigt.

Unter Verwendung einer Deuteriumlampe (200···400 nm) und einer Wolframlampe (350···630 nm) kann der UV-VIS-Bereich kontinuierlich überstrichen werden. Zur Gewinnung monochromatischer Strahlung verwendet man Quarzprismen oder hochwirksame Gittermonochromatoren. Solche Spektrophotometer sind etwas weniger empfindlich als Festwellenlängenphotometer (0,01 Extinktionseinheiten bei Skalenvollausschlag mit 2···3% Rauschpegel); jedoch erleichtern sie die Peakidentifizierung durch die Möglichkeit zur Spektrenaufnahme.

Besonderes Augenmerk muß, wie bei jedem Detektor, auf die Zellenkonstruktion gelegt werden. Je nach Flußführung unterscheidet man U-Zellen, Z-Zellen und H-Zellen. Letztere sind

Spaltstromzellen, die den Zweck haben, Rauschen und Drift bei Strömungsänderungen durch entgegengesetzten Elutionsmittelfluß zu minimieren. Das ist vor allem für die Strömungsprogrammierung vorteilhaft. Abbildung 7.3 zeigt eine Z-Zelle. Der Grundkörper (*g*) besteht aus Teflon, wodurch eine Abdichtung der Quarzfenster (*f*) ohne Hilfsmittel möglich ist.

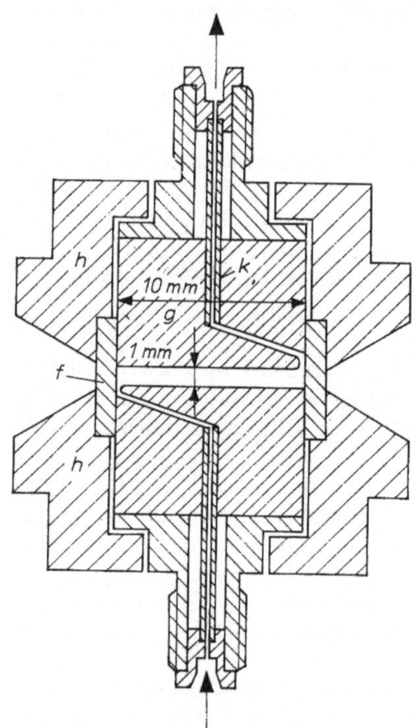

Abb. 7.3. Konstruktion einer *Z*-Zelle (UV-Detektor)

g — Teflon; *f* — Quarzfenster; *h* — Stahlkörper; *k* — Kapillarrohr (Eigenbau)

Für photometrische Detektoren gilt das LAMBERT-BEERsche Gesetz

$$I_A/I_E = \exp\left(-\varepsilon_\lambda \cdot c \cdot d\right), \tag{7.7}$$

wobei I_A/I_E das Verhältnis zwischen austretender und eintretender Lichtintensität (= Lichtleistung pro Flächeneinheit, z. B. in Watt/cm²) bei der Wellenlänge λ, d die Schichtdicke (Lichtweglänge in der Zelle) und c die Substanzkonzentration ist. Wird c

in mol/l angegeben und verwendet man dekadische Logarithmen, so heißt ε_λ (mol$^{-1} \cdot 1 \cdot$ cm^{-1}) molarer dekadischer Extinktionskoeffizient und $E_\lambda = \lg (I_E/I_A) = \varepsilon_\lambda \cdot c \cdot d$ dekadische Extinktion. Da das Meßsignal S der auf dem Empfänger (z. B. Photoelektronenvervielfacher, Photodiode) auftreffenden Lichtintensität I_A und damit der Lichtdurchlässigkeit $(I_A/I_E) \cdot 100$ der Probe proportional ist, aber Proportionalität zwischen S und c gewünscht wird, müssen logarithmische Verstärker zur Anwendung kommen.

7.3.4. Der Photodioden-Multikanaldetektor

Bei konventionellen registrierenden UV-Spektrophotometern fällt das weiße Licht zuerst auf das Dispersionselement (Gitter). Es bildet zusammen mit einem Austrittsspalt den eigentlichen Monochromator. Durch mechanisches Drehen des Dispersionselementes wandert das erzeugte Spektrum sequentiell am Austrittsspalt vorbei, so daß die dahinter in einer Küvette befindliche Probe stets von monochromatischem Licht durchstrahlt wird. Zur Signalaufnahme dient ein einziger Detektionskanal.

Für die Aufnahme eines Spektrums sind Sekunden oder Minuten nötig. Man kommt also bei schnellen Peaks ohne stop-flow-Technik („Anhalten des Peaks") nicht aus.

Der Photodioden-Multikanaldetektor mit einigen Hundert Photodioden in linearer Anordnung (siehe Fußnote 1, S. 151) arbeitet auf der Basis einer umgekehrten Optik. Das weiße Licht passiert zuerst die Probenküvette, um anschließend am Gitter dispergiert zu werden. Der Austrittsspalt entfällt, und die polychromatische Strahlung erregt alle Kanäle (Dioden) gleichzeitig.

Moderne Geräte bieten die Möglichkeit, zu jedem Zeitpunkt des Chromatogramms ein vollständiges Spektrum von 190 bis 600(900) nm in Millisekunden abzuspeichern. Ihre Ausstattung mit leistungsfähigen Rechnern erlaubt darüber hinaus eine extensive Spektren- und Datenmanipulation, d. h. die Anwendung aufwendiger chemometrischer Methoden.

Sehr nützlich ist es, das Chromatogramm durch Selektion der Werte einzelner Photodioden simultan bei mehreren Wellenlängen aufzuzeichnen. Auf diese Weise lassen sich für die Registrierung jedes Peaks optimale Wellenlängen wählen. Bei der späteren Analyse schaltet das Gerät automatisch auf diese Wellenlängen um.

Ferner wird man die an verschiedenen Stellen jedes Peaks aufgenommenen UV-Spektren auswerten. Identität der Spektren beweist, daß eine einheitliche Substanz vorliegt, deren Identi-

fizierung durch Spektrenvergleich erfolgen kann. Der Informationsgewinn läßt sich dadurch noch steigern, daß dem Eluat vor dem
Detektor Shift-Reagenzien zugesetzt werden, die die Spektren
(z. B. durch bathochrome Verschiebung) in definierter Weise
verändern.

Mit Hilfe der sog. spektralen Unterdrückung, d. h. durch Auswahl einer geeigneten Wellenlänge, bei der nur erwünschte Substanzen absorbieren, ist es möglich, unerwünschte Peaks zu tilgen.

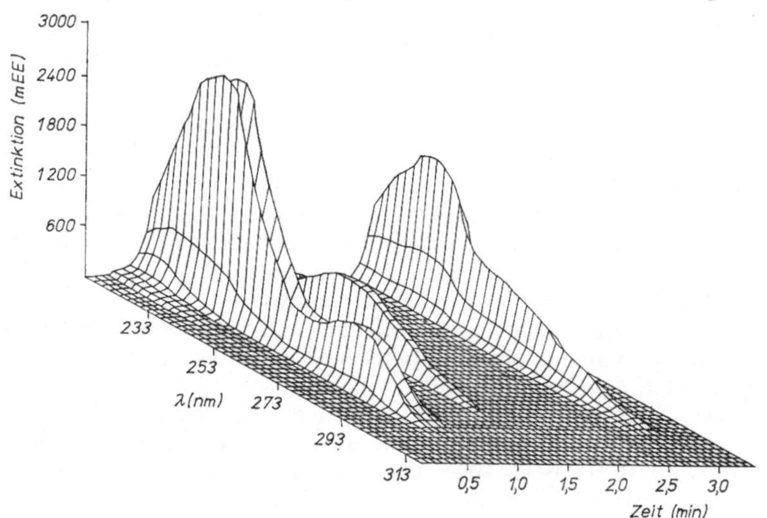

Abb. 7.4. Isometrische Aufzeichnung eines Spektrochromatogramms von
4 Peaks
(HP 1040A 3D-Plot, Fa. HEWLETT PACKARD)

Die Rechentechnik gestattet ferner, Datenpunkte über die
Wellenlängen (Öffnen der Bandbreite) oder über die Zeit (weniger
Plotpunkte) zu akkumulieren, womit sich die Detektionsempfindlichkeit über eine Verbesserung des Signal-Rausch-Verhältnisses
steigern läßt. Die erste Methode entspricht quasi der Anwendung
des Total-Ionenstromchromatogramms bei der LC-MS-Kopplung.

Durch die gekoppelte Datenverarbeitung lassen sich auch leicht
Derivativspektren (erste und höhere Ableitungen) erhalten,
wodurch spektrale Details besser sichtbar werden.

Schließlich kann man das gesamte Chromatogramm über alle
Wellenlängen aufschreiben (plotten) (Abb. 7.4). Ein solches

dreidimensionales Chromatogramm ist ganz besonders aussagefähig, weil die relevante Datenmatrix auf einen Blick erfaßbar wird. Die Hersteller bieten überdies Software zur Drehung des Bildes an, damit kleine Peaks nicht hinter großen verschwinden.

Letzteren Nachteil vermeidet die Konturendarstellung (Höhenlinienkarte, Abb. 7.5). Die Höhenlinien (in Farbgrafik) entsprechen jeweils gleichen UV-Intensitäten (Isoextinktionslinien).

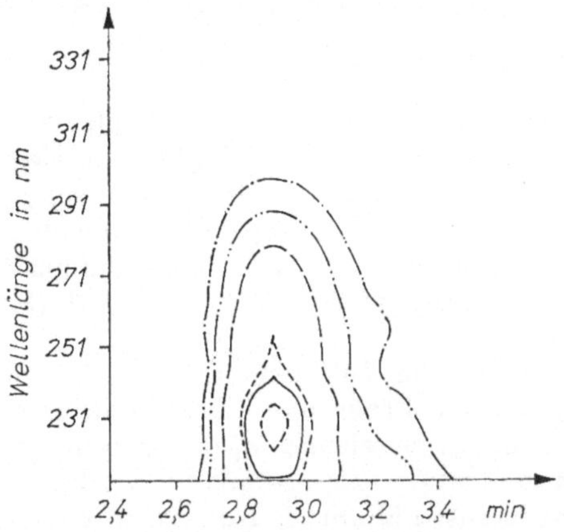

Abb. 7.5. Isoabsorptions-(Isoextinktions-)linien eines in 3D-Darstellung aufgenommenen Peaks
(HP 1040A, Fa. HEWLETT PACKARD)
Werte (von außen nach innen): 10, 50, 200, 800, 1000, 1600 mEE; Peakmaximum: 2877 mEE

Dem Spektroskopiker ist die Multikomponentenanalyse von Gemischen schon lange geläufig. In Verbindung mit dem Photodioden-Multikanaldetektor wird die Technik bei nicht aufgetrennten Peaks auch für den Chromatographer interessant.

Die Spektren, die dann durch den Photodiodendetektor erhalten werden, sind Linearkombinationen der Komponentenspektren des Gemisches. Wenn alle Einzelkomponenten und ihre Spektren bekannt sind, kann der Beitrag jeder Komponente zum Gesamtspektrum durch Lösen eines überbestimmten Systems linearer Gleichungen mit der Methode der kleinsten Quadrate berechnet werden. Auf diese Weise erhält man das Konzentrationsprofil jeder Einzelkomponente des Gemisches.

Sind die Einzelspektren und die Zahl der Komponenten nicht

bekannt und kann eine gewisse Auflösung vorausgesetzt werden,
ist das Verfahren der Faktoranalyse anwendbar. Es ermittelt die
Zahl der nicht aufgelösten Komponenten sowie die reinen Spektren und Elutionsprofile, wenn weniger als 4 Komponenten vorliegen [4].

Die Anwendung moderner chemometrischer Verfahren erlaubt
also in manchen Fällen den Verzicht auf eine vollständige Chro-
matogrammoptimierung.

7.3.5.   Differentialrefraktometer

Differentialrefraktometer sind unspezifische und deshalb sehr
allgemein anwendbare Detektoren. Ihre Empfindlichkeit liegt
etwa bei 10^{-6} Indexeinheiten (Skalenvollausschlag). Sie eignen
sich aber nicht für das Arbeiten mit Elutionsmittelgradienten.
Die gegenüber dem UV-Detektor um etwa drei Zehnerpotenzen
schlechtere untere Nachweisgrenze beträgt $\leq 5 \cdot 10^{-7}\,\mathrm{g/ml}$ (fa-
vorisierte Probe).

Grundlage des Meßsignals ist die Differenz der Brechungs-
indizes zwischen dem Gemisch aus Probe und Elutionsmittel n_G
und dem reinen Elutionsmittel n_L. Bezeichnet n_i den Brechungsindex der Probe, c ihre Konzentration (g/g), so gilt für verdünnte
Lösungen chemisch und physikalisch ähnlicher Komponenten

$$\Delta n = n_G - n_L \approx (n_i - n_L) \cdot c. \tag{7.8}$$

Für refraktometrische Messungen ist es also günstig, wenn sich
n_i und n_L stark unterscheiden. $\Delta n_L/°\mathrm{C}$ beträgt im Falle herkömm-
licher organischer Flüssigkeiten 3,5 bis $5{,}5 \cdot 10^{-4}$, für Wasser
$1{,}1 \cdot 10^{-4}$. $\Delta n_L/\mathrm{bar}$ liegt bei 10^{-5}.

Die gebräuchlichen Differentialrefraktometer arbeiten ent-
weder nach dem Reflexions- oder nach dem Deflexions-(Ablenk)-
Prinzip[1]). Zum Verständnis der beiden Prinzipien seien einige
Grundkenntnisse anhand von Abb. 7.6 rekapituliert.

Ein senkrecht mit dem Lot E einfallender Lichtstrahl durchdringt
die Grenzfläche Glasplatte/Flüssigkeit ungehindert, wobei etwa
0,5% der einfallenden Lichtintensität in sich zurückgeworfen
werden (bei Luft als Zweitmedium wären es 4%). Für $\alpha_1 > 0$
wird der Strahl entsprechend dem Brechungsgesetz von SNELLIUS
um $\alpha_2 = \varphi' + \alpha_1$ vom Einfallslot weggebrochen und gleichzeitig

---

[1]) *lat.:* deflectĕre — ablenken

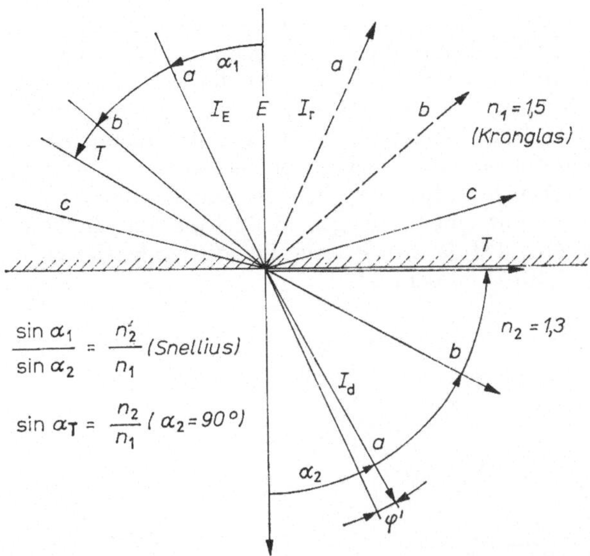

Abb. 7.6. Verhalten eines Lichtstrahls an der Grenzfläche
Glas — Flüssigkeit

ein mit dem Einfallswinkel wachsender Lichtanteil reflektiert
(unterbrochene Strahlen). Am kritischen Winkel α_T, dem Grenzwinkel der Totalreflexion, beträgt der Ausfallswinkel $\alpha_2 = 90°$. Mit
$\alpha_1 > \alpha_T$ wird das gesamte einfallende Licht an der Grenzfläche Glas/
Flüssigkeit reflektiert. Die Anteile der einzelnen Lichtintensitäten
(I_d/I_E — deflektierter Anteil, I_r/I_E — reflektierter Anteil) sind
mit Hilfe der FRESNELschen Gleichungen berechenbar. Die Gleichungen stellen Funktionen von α_1 und α_2 dar. Durch Anwendung
des Brechungsgesetzes kann α_2 eliminiert werden, so daß sich
I_d/I_E bzw. $I_r/I_E = f(\alpha_1, n_{\text{Glas}}/n_{\text{Probe}})$ ergibt.

7.3.5.1. *Reflexionsprinzip*

Vom Phänomen her ist es gleichgültig, ob die Intensitätsänderun-
gen des reflektierten oder des deflektierten Strahles in Abhängigkeit
von Brechungsindexänderungen der flüssigen Phase (Δn_2) gemessen werden. Mit Hilfe der FRESNELschen Gleichungen läßt
sich zeigen, daß der Einfallswinkel des zur Messung benötigten
Lichtstrahles nur wenig unter dem kritischen Winkel α_T liegen soll,
weil dann die zu Δn_2 gehörende Intensitätsänderung (Empfind-

lichkeit) am größten ist und eine gute Linearität erreicht wird. Hierzu ist eine entsprechende Justierung des Strahlenganges erforderlich. Trotz optimalen Winkels α_1 sinkt die Empfindlichkeit jedoch mit wachsenden Werten von $n_{\text{Glas}}/n_{\text{Probe}}$, also bei Erweiterung des Meßbereiches. Außerdem wird dann der Justierwinkel der Projektionseinrichtung für I_E sehr groß. Deswegen kommt man bei Elutionsmittelwechsel für den Bereich der herkömmlichen Flüssigkeiten nicht mit einem einzigen Meßprisma aus. In kommerziellen Geräten wird je ein Prisma für die Index-Bereiche 1,31···1,44 bzw. 1,40···1,55 benutzt.

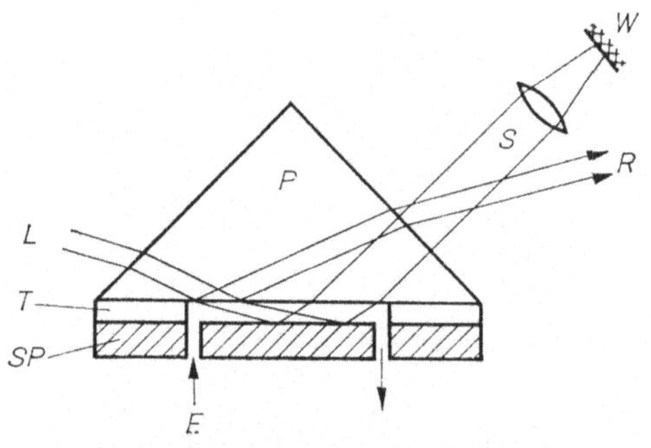

Abb. 7.7. Differentialrefraktometer, Prinzip des Reflexionstyps

P — Glasprisma; L — Lichtstrahl; S — Streulicht; R — reflektierter Strahl; T — Teflonmaske; SP — Stahlplatte; E — Elutionsmittel; W — Photowiderstand

Abbildung 7.7 zeigt die Wirkungsweise eines nach dem Reflexionsprinzip arbeitenden Refraktometers. Es wurde nur eine Seite (Haupt- bzw. Vergleichsseite) gezeichnet. Der vom Beleuchtungssystem kommende Lichtstrahl L wird an der Grenzfläche zwischen Prisma P und Elutionsmittel E zum Teil reflektiert, zum Teil tritt er in das Elutionsmittel, um von der Stahlplatte SP zurückgestreut zu werden. Es ist zweckmäßig, mit dem Photowiderstand W nicht den reflektierten Anteil R, sondern den gestreuten Anteil S zu messen. Bei Elutionsmittelwechsel braucht man lediglich das Beleuchtungssystem neu einzustellen.

Haupt- und Vergleichszelle des Refraktometers werden von einer zwischen Prisma und Stahlplatte gepreßten, sehr dünnen Teflonmaske T gebildet. Sie wurde in Abb. 7.7 zwecks übersichtlicher Strahlendarstellung viel zu dick eingezeichnet. Mit Hilfe dieser Konstruktion lassen sich sehr kleine Zellenvolumina von

3···5 µl oder weniger realisieren. Die Stahlplatte gewährleistet außerdem einen schnellen Temperaturausgleich zwischen den beiden parallel angeordneten Zellen der Haupt- und Vergleichsseite, so daß Störungen der Grundlinie durch Temperatur- und Durchflußschwankungen i. allg. geringer sind als beim Deflexionstyp (s. u.). Die Empfindlichkeit beider Refraktometertypen ist aber prinzipiell gleich.

7.3.5.2. Deflexionsprinzip

Das Prinzip dieses Differentialrefraktometers ergibt sich unmittelbar aus dem SNELLIUSschen Brechungsgesetz: Ein Lichtstrahl a (Abb. 7.6), der gleichzeitig durch Eluat ($n_G = n_1$) und reines Elutionsmittel ($n_L = n_2$) geht, wird an der Phasengrenze um den Winkel φ' von seinem Weg abgelenkt. Abbildung 7.8 zeigt den Aufbau eines auf dieser Grundlage arbeitenden Differentialrefraktometers. Die im Handel befindlichen Geräte besitzen unterschiedliche Konstruktion. Alle sind jedoch mit einer Differentialküvette der abgebildeten Form ausgestattet (Position 4, stark vergrößert gezeichnet, Flüssigkeitszuführung senkrecht zur Papierebene). Die Haupt- und Vergleichsseite dieser Küvette wird von zwei aufeinanderliegenden Hohlprismen mit dem Zellenwinkel ε

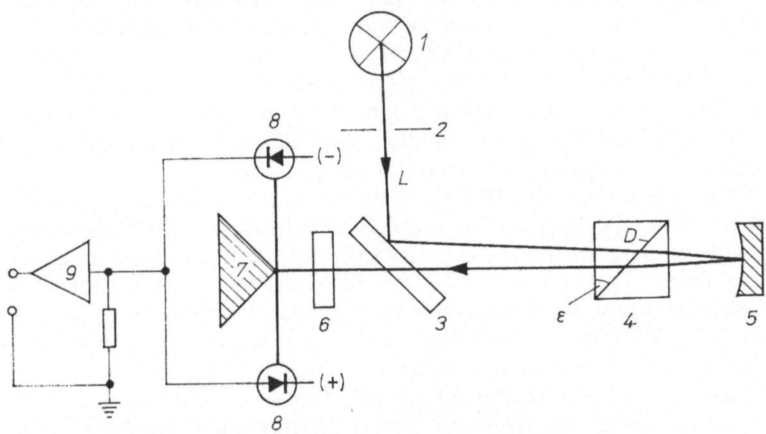

Abb. 7.8. Differentialrefraktometer, Prinzip des Deflexionstyps

1 — Lichtwurflampe; *2* — Blende; *3* — halbdurchlässiger Spiegel; *4* — Differentialküvette; *5* — Hohlspiegel; *6* — Nullglas zum Intensitätsabgleich; *7* — Strahlenteiler (verspiegeltes 90°-Prisma); *8* — Photodioden; *9* — Verstärker; *L* — Lichtstrahl; ε — Winkel der brechenden Kante; *D* — Diagonaltrennwand

gebildet. Der Lichtstrahl passiert die Küvette zweimal, wodurch
sich φ' verdoppelt, und wird dann mit Hilfe eines Strahlenteilers
in zwei Lichtbündel zerlegt, deren Intensitätsverhältnis vom
Ablenkungswinkel abhängt. Für kleine Winkel und senkrechten
Lichteinfall gilt

$$\varphi \sim \Delta n \cdot \tan \varepsilon . \tag{7.9}$$

φ ist der φ' proportionale Ablenkungswinkel hinter der Zelle. Je
größer ε ist, um so empfindlicher arbeitet das Meßgerät. Für analytische Zwecke verwendet man Zellenwinkel von 45°, für präparative Zwecke Zellenwinkel $< 10°$.

Das optische Signal wird durch Photodioden oder Cadmium-
sulfid-Photowiderstände in ein elektrisches Signal verwandelt.
Zur Weiterverarbeitung benutzt man Differenzverstärker oder
einfache Verstärker bzw. entnimmt die der Lichtintensitäts-
differenz proportionale Spannung einer WHEATSTONEschen Brük-
kenschaltung.

Um die für Differentialrefraktometer oben angegebene Empfindlichkeit ausnutzen zu können, sollten Temperaturschwankungen der Zelle keine über 10^{-8} BIE ($=1\%$ Vollausschlag) liegenden
Abweichungen hervorrufen. Das bedeutet bei den gegebenen
Temperaturkoeffizienten die extreme Stabilität von 10^{-4} °C.
Durch Temperaturausgleich zwischen Haupt- und Vergleichszelle
wird dieser Wert um den Faktor 10 bis 100 günstiger. Trotzdem
ist die erforderliche Thermostatisierung der Detektorzelle von
0,01 bis 0,001 °C unter chromatographischen Bedingungen schwierig, so daß die von den Herstellern angegebenen oberen Empfindlichkeiten i. allg. nicht ausgenutzt werden können.

Ein unzureichender Temperaturausgleich zwischen Haupt- und
Vergleichszelle hat nicht nur eine unbequeme Nulliniendrift,
sondern auch starke Strömungsempfindlichkeit des RI-Detektors
zur Folge. Von der Konstruktion her bestehen für den schnellen
Temperaturausgleich zwischen Haupt- und Vergleichszelle besonders beim Deflexionstyp ungünstige Voraussetzungen. Auch vor-
geschaltete Wärmetauscher ändern diesen Sachverhalt nicht,
wogegen sie das Totvolumen bis zum Detektor vergrößern.

Elektronisch kontrollierte Metallthermostaten hingegen verbessern das Stabilitätsverhalten und führen zu einem sehr geringen Rauschpegel von $3 \cdot 10^{-9}$ BIE.

Ein Nachteil des Deflexionstyps besteht darin, daß sich Zellenvolumina unter 8 μl nur schwer realisieren lassen.

8.   Programmierte Elution

8.1.   *Programmiermethoden*

Die k_i-Werte einzelner Komponenten des Chromatogramms können je nach Zusammensetzung der Probe weit auseinander liegen. In solchen Fällen läßt sich ohne programmierte Änderung der chromatographischen Bedingungen kein in allen Teilen gleichwertiges Chromatogramm erhalten. Wählt man konstante Bedingungen so, daß die am langsamsten wandernden Komponenten nach ausreichend kurzer Zeit registriert werden, ergibt sich eine schlechte Auflösung schnell eluierender Gemischpartner. Gute Auflösung der schnellen Komponenten hat andererseits lange Analysenzeiten und schlechte untere Nachweisgrenzen für die späten, entsprechend breiten Peaks zur Folge.

Zwecks Optimierung der Elutionsbedingungen für das gesamte Chromatogramm können prinzipiell alle Parameter y, die Einfluß auf die Elutionsgeschwindigkeit haben, in Abhängigkeit von der Zeit t verändert werden. Das sind Fluß, Temperatur, Elutionsmittelzusammensetzung und pH-Wert[1]).

Man unterscheidet lineare $(y \sim t)$, konkave $(y \sim \sqrt{t})$, konvexe $(y \sim t^n)$, stufenförmige oder multiple Parameter-Zeitfunktionen.

Da die Retentionszeit dem Druckabfall der Trennsäule in guter Näherung umgekehrt proportional ist, entspricht eine lineare Druckerhöhung einer linearen Retentionszeitverkürzung. Für Homologe mit ihren exponentiell wachsenden Retentionszeiten ergeben exponentielle Druckprogramme gleiche Peakabstände.

Auch Temperaturprogrammierung läßt sich in der Flüssigchromatographie erfolgreich einsetzen. Bei Verwendung von Trägern mit chemisch fixierten Phasen ergeben sich dabei wenig Probleme. Anders ist es in der Adsorptionschromatographie. Hier kann die Temperaturerhöhung statt kürzerer sogar längere Retentionszeiten zur Folge haben, wenn gleichzeitig eine Trägeraktivierung durch Wasserabgabe eintritt.

Die vielseitigsten Möglichkeiten aller Programmiermethoden besitzt die Programmierung der Lösungsmittelzusammensetzung (Lösungsmittelprogrammierung).

---

[1]) Bei amphoteren Elektrolyten (Proteinen) erfolgt die Trennung entsprechend ihren isoelektrischen Punkten (Chromatofokussierung).

11*

8.2. Lösungsmittelprogrammierung

8.2.1. Allgemeines

Mit dieser Methode ist man meist in der Lage, auch sehr komplexe Gemische unpolarer und stark polarer Komponenten während einer einzigen Trennung aufzulösen. Die Lösungsmittelauswahl wird allerdings durch die Detektionsmöglichkeiten eingeschränkt. Detektoren mit Bulkeigenschaften (Differentialrefraktometer) eignen sich nicht zur Lösungsmittelprogrammierung. Jedoch auch mit UV-Detektoren können Schwierigkeiten auftreten, sobald die Lösungsmittel UV-aktive Verunreinigungen enthalten.

Bei der Anwendung der Lösungsmittelprogrammierung in der Adsorptionschromatographie nimmt das Regenerieren der Trennsäule oft viel Zeit in Anspruch. Generell ist günstig, wenn das Programm bei der Regeneration in umgekehrter Richtung durchlaufen wird. Um Fehlinterpretationen des Chromatogramms durch sog. "Memory"-(„Geister"-)Peaks zu vermeiden, empfiehlt sich zwecks Prüfung von Restardsorption und Lösungsmittelreinheit ein Blindprogramm.

Sehr effektiv sind Lösungsmittelprogramme in der Fixphasenchromatographie. Infolge schneller Trennsäulenregeneration ist meist der sofortige Start des neuen Programms möglich.

Die benötigten Lösungsmittel können prinzipiell bei Atmosphärendruck oder unter erhöhtem Druck, also vor oder hinter der Druckpumpe vermischt werden. Dementsprechend unterscheidet man zwischen Niederdruck- und Hochdruckprogrammierung. Beide Prinzipien zeigt Abb. 8.1.

Niederdruckprogramme sind relativ einfach zu realisieren. In Abb. 8.1a ist eine Vorrichtung zur Durchführung von Niederdruckstufenprogrammen gezeichnet. Denkt man sich anstelle der Lösungsmittelbehälter L automatische Dosiereinheiten und MV als Mischkammer, können beliebige Niederdruckprogramme (im Beispiel mit bis zu vier Lösungsmitteln) erzeugt werden.

Hochdruckprogramme erfordern etwas mehr technischen Aufwand, da jedes Lösungsmittel eine Druckpumpe benötigt. Allerdings gestatten bereits zwei Pumpen die Anwendung sämtlicher im Abschn. 8.1. genannten Parameter-Zeitfunktionen an binären Mischungen. Nur bei sehr anspruchsvollen Trennungen wird man Programme mit drei oder vier Lösungsmitteln einsetzen.

An modernen Geräten steuern und kontrollieren elektronische Einheiten (Module) sämtliche Pumpen oder Dosiereinheiten gleichzeitig. Die am Gerät umgesetzten Programmfunktionen (wie auch das Chromatogramm) lassen sich auf einem Bildschirm verfolgen.

Man beachte, daß während des Programms für in der Polaritätsskala weit auseinander liegende Lösungsmittel die Gefahr der Entmischung besteht.

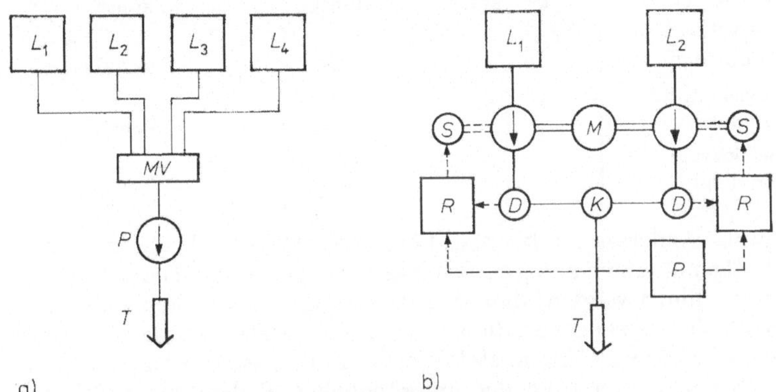

Abb. 8.1. Erzeugung von Lösungsmittelgradienten

a) Einfache Vorrichtung für Niederdruckstufenprogramme

$L_1...L_n$ — Lösungsmittelbehälter; MV — Mehrwegeventil; P — Druckpumpe; T — Trennsäule

b) Vorrichtung für Hochdruckprogramme mit binären Gemischen

M — Pumpenantriebsmotor; S — Hubverstellung; R — Regeleinheit; D — Druckwandler; K — Mischkammer; P — Programmiereinheit

8.2.2. Klassifizierung

Mit der Variierung der Elutionsmittelzusammensetzung durch Vermischen mehrerer Lösungsmittel ändern sich zwei wichtige Parameter: die Elutionsmittelstärke und die Elutionsmittelselektivität (siehe Abschn. 5.). Dadurch hat man zwischen vier grundsätzlichen Möglichkeiten der Lösungsmittelprogrammierung zu unterscheiden (Tab. 8.1).

Die klassische isokratische Arbeitsweise liegt vor, sofern die Gemischzusammensetzung während des Chromatogramms unverändert bleibt[1]). Elutionsmittelstärke und -selektivität sind kon-

---

[1]) *griech.: ἰσό-κρατος* — gleichgemischt

Tabelle 8.1

Klassifizierung der Möglichkeiten zur Lösungsmittelprogrammierung von Lösungsmittelgemischen [1]

Lösungsmittel-programm	Zusammen-setzung	Elutionsmittel-stärke	Selektivität
Einfach-isokratisch	$c = $ konst.	konst.	konst.
Selektiv-isokratisch		konst.	variabel
Isoselektiver Gradient	$c = f(t)$	variabel (steigend)	konst.
Selektiver Gradient		variabel (steigend)	variabel

stant. Andererseits können Lösungsmittel verschiedener Selektivität mit einem anderen Lösungsmittel geringerer Elutionsstärke so verdünnt werden, daß sich gleiche Elutionsstärken einstellen. Beim Zusammengeben dieser Gemische ändern sich dann nur die Selektivitäten, während stets gleiche Elutionsstärke herrscht[1]).

In der Erweiterung der ursprünglichen Bedeutung wollen wir deshalb immer dann von isokratischer Elution sprechen, wenn die Elutionsmittelstärke während des Programms unverändert bleibt.

Wird ein Lösungsmittel oder Lösungsmittelgemisch mit einem Lösungsmittel verdünnt, das auf das Selektivitätsverhalten keinen Einfluß hat, so ändert sich nur dessen Elutionsstärke. Andererseits kann man natürlich auch Partner wählen, bei denen sich sowohl die Elutionsstärke als auch die Selektivität ändern.

Beide Fälle werden als Gradientenelution definiert, die somit unabhängig vom Selektivitätsverhalten eine Veränderung der Elutionsmittelstärke voraussetzt und das Pendant zur isokratischen Arbeitsweise darstellt (vgl. Tab. 8.1)[2]).

Wir veranschaulichen uns die Verhältnisse am besten mit Hilfe des „Selektivitätsprismas" (Abb. 8.2a). Die Prismenseitenkanten sind die Achsen für die Lösungsmittelstärken. Als Lösungsmittel wurden Methanol (MeOH), Acetonitril (ACN) und Tetrahydrofuran (THF) gewählt, und zwar für den Fall der wäßrigen RP-

---

[1]) *griech.*: $\varkappa\varrho\alpha\tau\varepsilon\tilde{\iota}\nu$ — herrschen
[2]) Bislang wurden alle Programme mit Konzentrationsänderungen in den Lösungsmittelmischungen als Gradientenelution bezeichnet, d. h. auch selektiv-isokratische Programme.

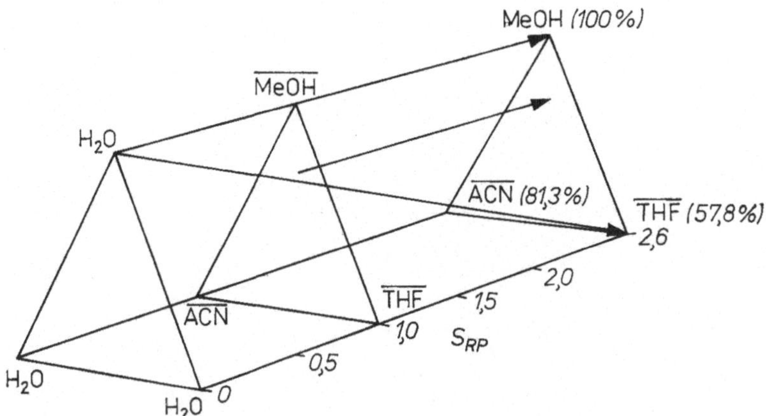

Abb. 8.2a. Selektivitätsprisma [1]

% steht für Vol.-%; MeOH = Methanol, ACN = Acetonitril, THF = Tetrahydrofuran. Erläuterung siehe Text.

Chromatographie. Die Lösungsmittelstärken betragen dann gemäß Tab. 5.1 $S_{MeOH} = 2{,}6$, $S_{ACN} = 3{,}2$, $S_{THF} = 4{,}5$ und für das zum Verdünnen notwendige Wasser $S_{H_2O} = 0$.

Offensichtlich müssen alle Achsen verschieden lang sein, d. h. das gezeichnete reguläre Prisma wäre um den entsprechenden nicht gezeichneten Teil zu verlängern.

Das Ende der Methanolachse ist mit 100 Vol.-% MeOH identisch, der zugehörige Punkt auf der ACN-Achse im gleichen Querschnitt mit $(2{,}6/3{,}2) \cdot 100 = 81{,}3$ Vol.-% $\overline{ACN}$ und auf der THF-Achse mit $(2{,}6/4{,}5) \cdot 100 = 57{,}8$ Vol.-% $\overline{THF}$. Die Striche über den Abkürzungen symbolisieren, daß es sich um Gemische mit dem Grundlösungsmittel (Wasser) handelt.

Auf der Fläche des gleichseitigen Dreiecks herrscht überall die Lösungsmittelstärke 2,6, jedoch haben alle Flächenpunkte unterschiedliche Selektivitäten. Sie lassen sich durch die Konzentrations-Koordinaten in der GIBBS-ROOZEBOOMschen Darstellung charakterisieren (Abb. 8.2b). Der Selektivität eines Gemisches aus 0,8 Volumenteilen (VT) MeOH, 0,1 VT ACN und 0,1 VT THF kommen z. B. die Koordinaten 811 zu.

Nach Tab. 8.1 sind alle Parallelschnitte zur Prismengrundfläche Isokratenflächen. Jeder Punkt eines solchen Dreiecks entspricht der einfachen isokratischen Arbeitsweise (Selektivität und Elutionsmittelstärke bleiben konstant). Innerhalb der Dreiecksflächen kann man sich während der Zeit t auf geraden (lineares selektiv-

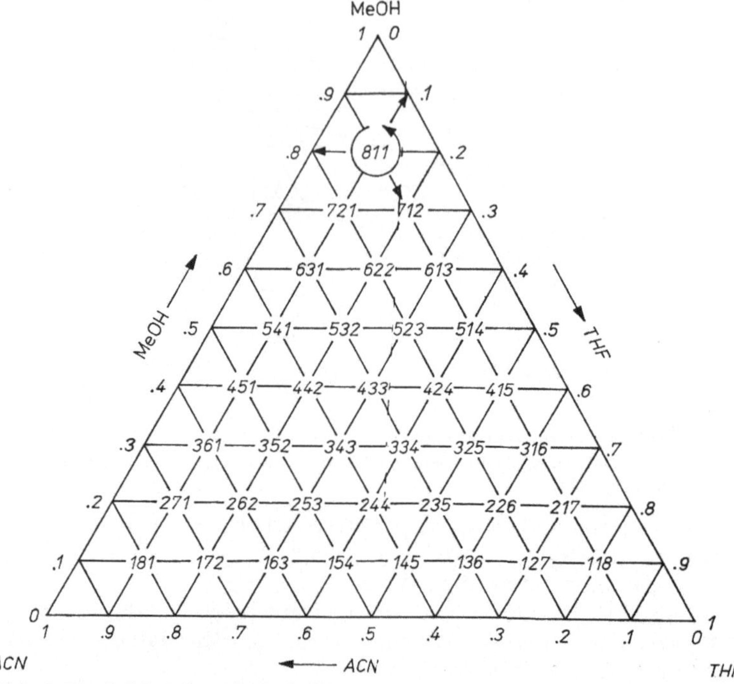

Abb. 8.2 b. Selektivitätsdreieck [2]

Die Konzentrationskoordinaten innerhalb des Dreiecks charakterisieren gleichzeitig die Gemischselektivitäten, die gestreckten Pfeile verweisen auf die zugehörigen Volumenanteile an den Achsen, der gebogene Pfeil verdeutlicht die Reihenfolge der Lösungsmittel nach ihrer Elutionsstärke.

isokratisches Lösungsmittelprogramm) oder krummen Linien (nicht lineares selektiv-isokratisches Lösungsmittelprogramm) bewegen.

Die zugehörigen Konzentrationen lassen sich über die Konzentrationskoordinaten leicht berechnen. Sie betragen z. B. für den Punkt 811 innerhalb des schon betrachteten Selektivitätsdreiecks $c_{\mathrm{MeOH}} = 0,8 \cdot 100 = 80$, $c_{\mathrm{ACN}} = 0,1 \cdot 81,3 = 8,1$ und $c_{\mathrm{THF}} = 0,1 \cdot 57,8 = 5,8$ Vol.-%

Im Prisma wurden auch einige räumliche Gradienten durch Pfeile angedeutet: Der Pfeil an der Oberkante käme dem Verlauf eines isoselektiven (binären) Gradienten von 0 bis 100% Methanol, der Pfeil parallel darunter dem Verlauf eines linearen isoselektiven (quaternären) Gradienten zu. Schließlich entspricht der Pfeil zwischen der linken oberen und rechten unteren Prismenecke einem linearen selektiven Lösungsmittelgradienten.

9. Analytische Chromatographie

9.1. Vorbereitung zur Analyse

In der Chromatographie ist jedes Analysenproblem in erster Linie ein Trennproblem. Bei Kenntnis des Stoffgemisches lassen sich Kompakt- und Fluidphase nach allgemeinen Gesichtspunkten oder Literaturbeispielen auswählen. Ist die Probenzusammensetzung unbekannt, sind Vorversuche zweckmäßig, wobei Dünnschichtchromatographie und IR-Spektroskopie gute Dienste leisten.

Vor der Injektion ist die Probe in einem geeigneten Lösungsmittel(gemisch) vollständig zu lösen. Man dosiert i. allg. Volumina zwischen 0,5 und 5 µl. Die Konzentration der Lösung richtet sich nach Analysenart und Detektorempfindlichkeit. Lösungsmittel der Wahl ist stets das Elutionsmittel. Nur wenn die Analysensubstanz darin ungenügend löslich ist, wird ein anderes Lösungsmittel gesucht.

Erhöhte Einspritzmengen verschlechtern die Trennstufenzahlen und damit die prinzipiell erreichbare Auflösung. Nach HUBER [1] besteht zwischen der Peakvarianz σ_V^2 am Säulenausgang und dem Quadrat des Injektionsvolumens lineare Abhängigkeit.

Zur Analysenvorbereitung gehört gegebenenfalls die Derivatisierung von Probenkomponenten. Manchmal erreicht man dadurch leichtere Trennbarkeit oder Detektierbarkeit im UV-Gebiet. Beispiele sind die Umsetzung von Aminosäuren, Catecholaminen oder Alkaloiden mit 5-Dimethylamino-1-naphthalinsulfonsäurechlorid zu „Dansyl"-Derivaten, von Aminen mit 2,4-Dinitrofluorbenzen oder die Umsetzung von Dicarbonsäuren bzw. Fettsäuren mit Bromacetophenon zu Phenacylderivaten.

9.2. Optimierung der Trennung

Zunächst wird das Trennproblem entsprechend Abb. 2.1b (S. 14) zugeordnet und die geeignete Kompaktphase bzw. Trennsäule ausgesucht. Ferner sind Parameter wie Fluß, Arbeitstemperatur und das Detektionsprinzip festzulegen.

Gegenstand der Optimierung im engeren Sinne ist die Ermittlung der geeignetsten Fluidphasenzusammensetzung, zweckmäßig unter Anwendung rechnergestützter Verfahren. Einen Überblick zu modernen Optimierungsstrategien gibt [2].

Wir behandeln nachfolgend zwei Suchalgorithmen zur Ermittlung der optimalen Fluidphasenzusammensetzung, das Window-Verfahren[1]) und das ORM-Verfahren[2]).

Beim Window-Verfahren [3] verwendet man als Zielgröße für die Optimierung den Selektivitätskoeffizienten α (Abschn. 2.5.). Im einfachsten Falle werden die α-Werte aller Peakpaare in Abhängigkeit von einer relevanten Einflußgröße aufgetragen (Einzelfaktor-Window-Diagramm).

Der pH-Wert beispielsweise ist eine solche Einflußgröße (Abb. 6.6). Die zur Anfertigung eines Window-Diagramms notwendigen α-Werte sind aus dem Verhältnis der Nettoretentionszeiten zweier übereinanderliegender Kurvenpunkte zugänglich. Für alle Kurvenschnittpunkte gilt $\alpha = 1$ (keine Trennung). Diese Punkte legen die Fensterbreiten im Window-Diagramm fest. Die Fensterhöhen entsprechen den maximal erreichbaren α-Werten der am schlechtesten zu trennenden Peakpaare.

Meist liegen mehrere Einflußgrößen vor, z. B. außer dem pH-Wert die Elutionsmittelzusammensetzung. Dann benötigt man zweidimensionale Window-Diagramme, die mit Hilfe eines Computers berechnet werden müssen. Das Verfahren eignet sich auch für höherdimensionale Faktorräume.

Typisch für die beschriebene Vorgehensweise ist das Auftreten einer ganzen Reihe lokaler Optima auf Grund von Änderungen der Retentionsreihenfolge. Ihre Anzahl kann bei mehrdimensionalen Berechnungen relativ groß sein und erschwert das Auffinden eines Globaloptimums. Ein weiterer Nachteil des Window-Verfahrens besteht darin, daß α nichts über die tatsächlich erreichte Trennung aussagt.

Diese Nachteile vermeidet das ORM-Verfahren [4][3]). Zielgröße für die Optimierung ist hier R_S. Als Ergebnis wird mittels einer Konturenkarte dasjenige Gebiet des Selektivitätsdreiecks (Abb. 8.2b) dargestellt, für das eine vorgegebene Auflösung R_S mit allen Peakpaaren erreicht oder überschritten wird.

Zunächst ermittelt man experimentell[4]) eine geeignete Schnitt-

---

[1]) *engl.:* window — Fenster

[2]) *engl.:* Overlapping Resolution Mapping — überlappende Auflösungskartierung

[3]) Programme sind kommerziell erhältlich.

[4]) Zur Erläuterung wählen wir wiederum das Standardsystem der RP-Chromatographie. Im Falle der Normalphasenchromatographie wird ganz analog, z. B. mit den Lösungsmitteln Methyl-tert.-butyl-ether, Chloroform und Methylenchlorid, verfahren.

fläche am Selektivitätsprisma ($S = 1{,}0$, Abb. 8.2a). Die Fläche repräsentiert diejenige Elutionsmittelstärke, die für das betreffende Trennproblem einen vernünftigen Bereich der k_i-Werte ergibt. Für die Versuche genügt eines der drei Lösungsmittel (z. B. MeOH) zusammen mit dem Grundlösungsmittel (H_2O). Die übrigen Gemische ($\overline{ACN}$, $\overline{THF}$) werden daraus in der bereits beschriebenen Weise errechnet.

Ein statistischer Plan zur Ermittlung des Datenmaterials sieht insgesamt 7 verschiedene Elutionsmittel mit den Volumenanteilen 1/0/0; 0/1/0; /0/0/1; 0,5/0,5/0; 0/0,5/0,5; 0,5/0/0,5 und 0,33/0,33/0,33 (jeweils in der Reihenfolge MeOH/ACN/THF, vgl. Abb. 8.2b) vor.

Zur visuellen Beurteilung der Ergebnisse schematisiert man die Chromatogramme, indem jeder Peak durch einen Punkt oder Strich auf einer Geraden dargestellt wird. Nach Verbinden aller Punkte gleicher Peaks auf den untereinander angeordneten Geraden können die vermutlich günstigsten Trennungen erkannt bzw. interpoliert werden.

Besser ist allerdings, mit Hilfe eines Computerprogramms aus den k_i-Werten und den zugehörigen Konzentrationen des Elutionsmittels für jedes Peakpaar die Auflösungsfläche im Selektivitätsdreieck zu berechnen. Zur Modellierung des Retentionsverhaltens lassen sich Polynome zweiten Grades verwenden. Aus den einander überlappenden Auflösungsflächen der einzelnen Peakpaare erhält man die schon erwähnte Konturenkarte.

Solche Optimierungen sind auch bei Anwendung der Gradientenelution [5] und unter Einbeziehung unterschiedlicher Kompaktphasen [6] möglich.

Entsprechend den Gln. (2.77) bis (2.79) läßt sich die Trennung nicht nur über k_i und α, sondern auch durch Vergrößern von N optimieren. Sehr hohe Trennstufenzahlen führen schon ohne große Ansprüche an die Selektivität zu ausreichenden Trennungen. Gerade darin liegt die Stärke der Kapillarchromatographie. Allerdings steigt die Auflösung nur porportional zur Wurzel aus der Trennstufenzahl. Für zwei Trennsäulen (Index 1 und 2) unterschiedlicher Länge mit konstanten, von L unabhängigen k_i- und α-Werten gilt somit $R_1/R_2 = \sqrt{N_1/N_2}$.

Aus Gl. (2.91) folgt unmittelbar

$$\frac{L_1}{L_2} = \frac{P_1 \cdot u_2}{P_2 \cdot u_1} = \frac{P_1 \cdot L_2 \cdot t_{A1}}{P_2 \cdot L_1 \cdot t_{A2}}. \tag{9.1}$$

Für $u =$ konst. ergibt sich daraus $L_1/L_2 = P_1/P_2 = N_1/N_2$. Im Falle $P =$ konst. resultiert Gl. (9.2a)

$$\frac{t_{A1}}{t_{A2}} = \frac{L_1{}^2}{L_2{}^2} \tag{9.2a}$$

und für $t_A =$ konst. Gl. (9.2b)

$$\frac{P_1}{P_2} = \frac{L_1{}^2}{L_2{}^2}. \tag{9.2b}$$

Bei Konstanthalten des Vordrucks wächst der Zeitbedarf t_A für die Analyse quadratisch mit der Säulenlänge (Gl. (9.2a)). Will man andererseits die Analyse trotz längerer Säulen in der gleichen Zeit beenden, sind quadratisch steigende Vordrücke die Folge (Gl. (9.2b)).

Je nach Verlauf der $H_T(u)$-Funktion ändert sich mit u in beiden Fällen auch die Trennstufenhöhe.

Für $P_1 = P_2$ verhält sich u umgekehrt wie die Säulenlänge (Gl. (9.1)), d. h. wenn L steigt, verkleinert sich u und konform H_T. N fällt also größer aus, als dem Zuwachs der Säulenlänge entspricht. $t_{A1} = t_{A2}$ bedeutet nach Gl. (9.1) $u_2/u_1 = L_2/L_1$. u wächst jetzt im gleichen Verhältnis wie L und konform H_T. Damit wird die L entsprechende Trennstufenzahl nicht erreicht.

9.3. Qualitative Auswertung

9.3.1. Peakcharakterisierung

Die Charakterisierung chromatographisch getrennter Substanzen erfolgt durch ihre Retentionsgrößen. Retentionszeit und -volumen beziehen sich stets auf ein bestimmtes Phasensystem. Für Retentionsgrößen lassen sich mit leistungsfähigen Chromatographen ohne weiteres Standardabweichungen von $\sigma_{\mathrm{rel}} < 1\%$ erhalten. Das erlaubt die Anwendung der elektronischen Datenverarbeitung.

Absolute Retentionsgrößen können in verschiedener Weise beeinflußt werden. Ihre Relativierung mit Hilfe von Bezugsgrößen (Bezugssubstanzen) ist auf jeden Fall zweckmäßig. In der Schnellen Chromatographie wird hierfür neben der relativen Retention α vor allem der Kapazitätsfaktor k_i verwendet (Abschn. 2.5.). α stellt ein Vielfaches der Nettoretentionsgröße der Bezugssubstanz, k_i ein Vielfaches der Retentionsgröße der „Inertsubstanz" dar. Retentionsindizes [7] haben in der Flüssigchromatographie bisher immer noch eine relativ geringe Bedeutung.

Die Bestimmung von t_M ($k_i = 0$) erwies sich in der Flüssigchromatographie wesentlich problematischer als in der Gaschromatographie. Hier muß jeweils ein der mobilen Phase im Elutionsverhalten adäquater Stoff gefunden werden[1]). Im UV ermöglicht auch eine Basislinienstörung infolge von Brechungsindexdifferenzen die Inertpeakerkennung.

9.3.2. Peakidentifizierung

Bei Kenntnis der Stoffklasse ist die Zuordnung von Einzelpeaks durch Vergleichschromatogramme oder durch Testsubstanzzusatz möglich. Um eine ausreichende Nachweissicherheit zu erreichen, müssen mehrere Phasensysteme zur Anwendung kommen. Die Zuverlässigkeit solcher Identifizierungen setzt einen entsprechenden Aufwand und bekannte Selektivitätsverhältnisse für die in Frage kommenden funktionellen Gruppen, Homologen, Stellungs- und Stereoisomeren voraus.

Der Nachweis funktioneller Gruppen einzelner Komponenten kann in klassischer Weise nach Derivatisierung der Probe durch ein Vergleichschromatogramm oder durch spezifische Farbreaktionen im Eluat erfolgen.

Universeller als die genannten Methoden sind instrumentelle Techniken. Das angestrebte Ideal ist die heute weitgehend angewendete on-line-Kopplung, d. h. die ununterbrochene Verbindung zwischen Chromatographen und selektivem instrumentellem Detektor. Die zur Identifizierung wichtigsten Techniken (LC-UV und LC-MS) wurden im Abschn. 7.3. ausführlich behandelt.

9.4. Quantitative Auswertung

9.4.1. Automatisierte Methoden

Für die quantitative Auswertung setzen wir voraus, daß relevante Signaländerungen S des Detektors streng proportional mit Konzentrationsänderungen der getrennten Substanzen im Eluat zusammenhängen. Dann repräsentiert die Peakfläche $A_i = \int S_i \, dt$ die Menge der injizierten Komponente i.

Die Signalverarbeitung in der Chromatographie ist heute dank

---

[1]) Zum Beispiel D_2O bei Verwendung von H_2O als Elutionsmittel

der schnellen Entwicklung der Mikroelektronik auf einem hohen Automatisierungsstand. Elektronische Integratoren und on-line betriebene Kleinrechner haben die aufwendige manuelle Auswertung verdrängt.

Bei der elektronischen Integration wird das Signal der Meßzelle laufend mittels eines Spannungs-Frequenz-Konverters in eine proportionale, einem Zähler zugeführte Impulsrate umgewandelt (Fläche A_i). Vom Signalverlauf steht der Differentialquotient dS_i/dt zur Verfügung. Beim Erreichen eines für Peakanfang und -ende voneinander unabhängig einstellbaren Wertes (slope sensitivity) beginnt bzw. endet die Flächenmessung. Störimpulse lassen sich unterdrücken, nicht aufgelöste Peakgruppen sind von Minimum zu Minimum integrierbar. Moderne Integratoren besitzen automatische Basisliniendriftkorrektur. Jeder Vorgang weist sich im Chromatogramm durch eine Kontrollmarkierung aus. Für die Peakmaxima werden Retentionszeiten ermittelt und zusammen mit den Flächenwerten ausgedruckt. Elektronische Integratoren arbeiten mit höchster Genauigkeit (Fehler $< 0,1\%$). Ihr linearer dynamischer Bereich beträgt $10^6:1$.

Die Produzenten von Rechnern haben in den letzten Jahren preisgünstige miniaturisierte Digitalrechner mit Mikroprozessoren entwickelt[1]). Sie besitzen vom Hersteller festgelegte Programme (firmware) und lassen sich direkt in entsprechende Geräte einbauen, deren Leistungsfähigkeit und Komfort dadurch erheblich steigen.

Auf diese Weise erhält man rechnende Integratoren und rechnergesteuerte Chromatographen. Solche Geräte haben ein Ausdruck-Schreibsystem, mit dem das kombiniert analog-digitale Ergebnis nach modernen Verfahren ausgegeben wird. Im Echtzeitverfahren entsteht ein vollständig geschriebenes Chromatogramm mit aufgedruckten Retentionszeiten. Anschließend können wahlweise Flächenprozente, korrigierte Flächenprozente (Flächennormalisierung mit Eichfaktoren) oder die mit externen bzw. internen Standards ausgewerteten Ergebnisse abgefordert werden, sofern Analysen geeigneter Eichproben vorlagen.

---

[1]) Mikroprozessoren sind ab 1971 auf dem Markt befindliche hochintegrierte 1-Chip-Schaltkreise, die alle logischen und arithmetischen Datenmanipulationen (ähnlich wie die Zentraleinheit eines konventionellen Rechners) nach einem vom Programm-Speicher gegebenen Befehlsablauf durchführen. Ihr Einsatz in der Rechner- und Automatisierungstechnik eröffnet völlig neue Möglichkeiten.

Für den Rechner ist es kein Problem, die Empfindlichkeit durch Rauschpegelanalyse zu optimieren und Aufsetzer mit Hilfe der Tangentenmethode zu berechnen. Nicht aufgelöste Peakgruppen werden durch Fällen eines Lotes ausgewertet (Abb. 9.1).

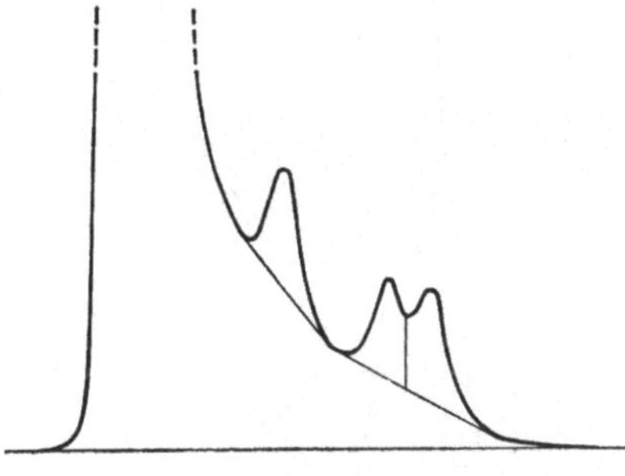

Abb. 9.1. Integration mittels Tangentenmethode und Lotfällen bei Aufsetzern

Bei den rechnergesteuerten Geräten übernimmt der Rechner außer der Ergebnisberechnung die vollständige Kontrolle und Steuerung des Analysenablaufes einschließlich der Gradienten- oder (und) der Flußprogrammierung.

Gerätekompatible frei programmierbare Rechner entsprechender Speicherkapazität erlauben die automatische Spektrenidentifizierung, die Ausführung komplizierter Rechnungen und 3 D-Plot (vgl. Abschn. 7.3.).

9.4.2.   *Manuelle Peakflächenermittlung*

Trotz weitestgehenden Computereinsatzes sollte auch die klassische Peakflächenermittlung zum Rüstzeug des Chromatographers gehören.

Die Peakfläche kann z. B. mit Hilfe eines Polarplanimeters bestimmt werden. Es gilt $A_i \sim l_p n_p$, wenn l_p die Meßarmlänge und n_p die Umdrehungszahl des Planimetermeßrades ist. Für kleine Peakflächen eignet sich die Planimetermethode nicht.

Eine sehr einfache Flächenbestimmungsmethode, die zudem wesentlich genauer als die planimetrische ist, besteht in der Dreiecksapproximation. Hierzu legt man zeichnerisch ein gleichschenkliges Dreieck über die Peakfläche. Das geschieht entweder durch Einzeichnen der Wendetangenten (Abb. 9.2a) oder durch Einzeichnen der Peakhöhe und der Höhenhalbierenden (Abb. 9.2b). Die Dreiecksfläche beträgt $A = (g/2) \cdot h = (2\sigma) \cdot h$ bzw.

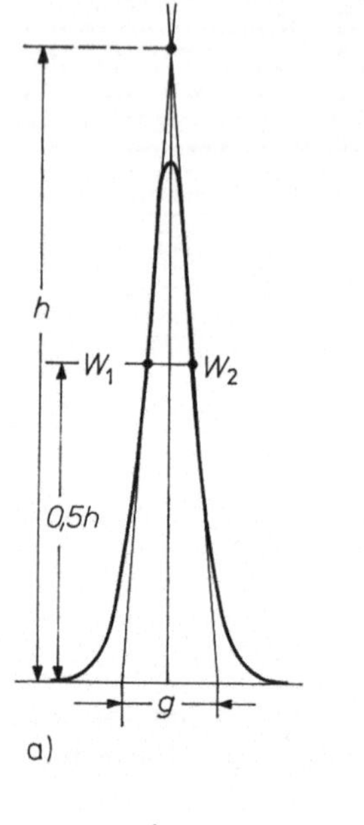

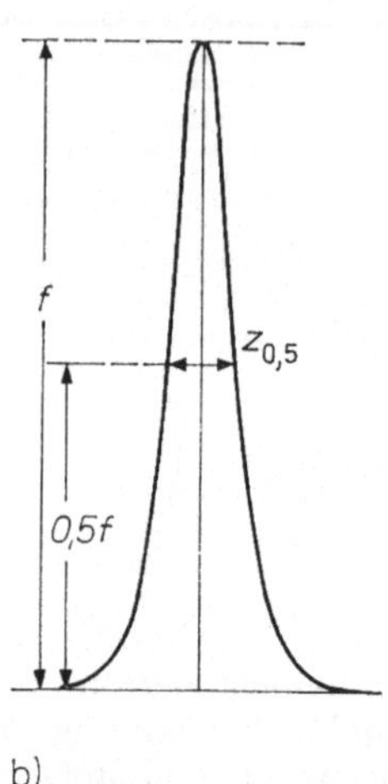

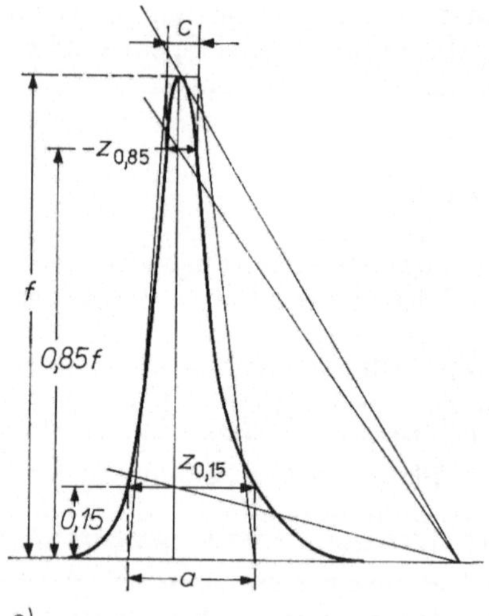

Abb. 9.2. Manuelle Methoden zur Peakflächenberechnung
a) und b) Dreiecksapproximation,
c) Trapezapproximation

$(z_{0,5}) \cdot f$ (g — Dreiecksgrundlinie, h — Dreieckshöhe, $2\sigma = \overline{W_1 W_2}$ — Wendepunktabstand).

Durch Methode a) wird die Peakfläche (mit nur 3% Defizit) besser approximiert als durch Methode b) (vgl. Abschn. 2.3.). Dieser Umstand spielt jedoch bei der relativierten Chromatogrammauswertung (Prozentbildung) eine untergeordnete Rolle. Deshalb kann man die Dreiecksmethode auch für tailingbehaftete Peaks anwenden, sofern das Tailing nicht zu stark und bei allen Peaks etwa gleichmäßig vorhanden ist.

Das Einzeichnen der Wendetangenten, vor allem des Tangentenschnittpunktes, ist mit Unsicherheiten behaftet. Methode b) ergibt demzufolge besser reproduzierbare Flächenwerte als a). Sie hat sich allgemein durchgesetzt.

Das beste Näherungsverfahren ist jedoch die Trapezapproximation gemäß $A = 1/2(a + c) \cdot f = 1/2(z_{0,15} + z_{0,85}) \cdot f$ (Abb. 9.2c), wobei die Trapezfläche (im Gegensatz zur Fläche des gleichschenkligen Dreiecks) die Peakfläche sowohl bei GAUSS-Profil als auch bei starkem Tailing des Peaks ausgezeichnet wiedergibt. Um die etwas umständliche Höhenteilung zu erleichtern, kann man eine durchsichtige, entsprechend der Linienführung in Abb. 9.2c ausgeschnittene Schablone benutzen.

9.4.3. Berechnungs- und Eichmethoden

Die Kenntnis der Peakfläche erlaubt noch keine quantitative Analyse. Man benötigt außerdem Korrekturfaktoren, die stoffspezifische sowie gegebenenfalls apparative Einflüsse auf die Detektorsignale eliminieren. Um solche Faktoren ermitteln zu können, muß die qualitative Zusammensetzung des Chromatogramms bekannt sein.

Häufigste Auswertemethoden sind die Flächennormalisierung, die äußere Eichung und die innere Eichung. Für die Normalisierung mit stoffspezifischen Korrekturfaktoren f_r gilt

$$(\text{Masse-}\%)_i = \frac{A_i \cdot f_{ri} \cdot 100}{A_a f_{ra} + A_b f_{rb} + \cdots + A_z f_{rz}}. \tag{9.3}$$

Hierbei kennzeichnet i jede beliebige Komponente des Chromatogramms, dessen Peakflächen mit den Indices a bis z gekennzeichnet wurden. Zur Anwendung von Gl. (9.3) muß ein vollständig eluiertes Chromatogramm vorliegen. Im Falle $f_{ra} = f_{rb} = \cdots = f_{rz} = 1$ sprechen wir von einfacher Normalisierung. Die Voraussetzungen hierfür sind meist nicht gegeben.

Korrekturfaktoren (Responsefaktoren) müssen im interessierenden Konzentrationsbereich unter Verwendung von Testgemischen bekannter Zusammensetzung ermittelt werden. Man benutzt geeignete Bezugssubstanzen (Index r), deren Faktor f_{rr} willkürlich gleich eins gesetzt wird (m — eingewogene Substanzmenge):

$$f_{ri} = \frac{A_r}{A_i} \cdot \frac{m_i}{m_r} \cdot f_{rr}. \tag{9.4}$$

Sind nicht alle substanzspezifischen Korrekturfaktoren bekannt, sollen nur einzelne Komponenten (z. B. Spurenverunreinigungen) bestimmt werden bzw. läßt sich die Probe nicht vollständig eluieren, arbeitet man mit äußerer oder innerer Eichung.

Für die äußere Eichung werden sehr konstante apparative Bedingungen und reproduzierbare Dosiervolumina vorausgesetzt. Man injiziert unterschiedlich konzentrierte Lösungen der interessierenden Komponente i und stellt die Peakhöhe oder Peakfläche als Funktion der zugehörigen Menge m_i dar (Eichkurve).

Zwecks Bestimmung einer Substanz i durch innere Eichung wird der Probe (Einwaage E in Gramm) eine geeignete Substanz (Menge m_r in Gramm) zugewogen. Man unterscheidet die innere Eichung mit Fremdsubstanz und mit analyseneigener Substanz. Bei Verwendung einer Fremdkomponente soll deren Retentionszeit in der Nähe der Retentionszeit der zu bestimmenden Komponente liegen. Die Berechnung erfolgt nach

$$(\text{Masse-}\%)_i = \frac{A_i \cdot f_{ri} \cdot m_r}{A_r \cdot f_{rr} \cdot E} \cdot 100. \tag{9.5}$$

Ist im Chromatogramm für eine zusätzliche Komponente kein Platz, wägt man der Probe für die jeweils zu bestimmende Komponente i noch die Menge m_{iz} (in Gramm) zu. Das Chromatogramm dieses Gemisches (Index 2) ergibt die Fläche A_{i2}. Zur Ergebnisberechnung benötigt man außerdem das Chromatogramm der Originalprobe (Index 1) und die beliebige Bezugsfläche A_z eines Peaks x in beiden Chromatogrammen. Für die innere Eichung mit analyseneigener Substanz gilt dann:

$$(\text{Masse-}\%)_i = \frac{m_{iz} \cdot 100}{\left(\dfrac{A_{x1}}{A_{x2}} \cdot \dfrac{A_{i2}}{A_{i1}} - 1 \right) \cdot E}. \tag{9.6}$$

Korrekturfaktoren sind für diese Methode nicht erforderlich, und an die Reproduzierbarkeit der Probendosierung werden keine besonderen Anforderungen gestellt. Jedoch ergeben nur sehr genaue Peakflächen befriedigende Ergebnisse.

Bei quantitativer Bestimmung aller Peaks durch innere Eichung mit einer Fremdsubstanz errechnet sich der eluierbare Probenanteil (Wiederfindungsrate) R_{Pr} entsprechend Gl. (9.5) zu

$$R_{Pr}(\%) = \frac{m_r \cdot \sum\limits_{i=a}^{z} A_i f_{ri} \cdot 100}{A_r \cdot E} . \tag{9.7}$$

9.4.4. Analysenfehler

In der Kette Probe — Trennung — Signal — Signalwandlung — Signalverwertung auftretende, oft ungenügend bekannte Störgrößen führen zu Analysenfehlern. Man unterscheidet systematische und zufällige Fehler. Erstere charakterisieren die Richtigkeit, letztere die Reproduzierbarkeit ermittelter Ergebnisse. Systematische Fehler lassen sich über Standardproben mit bekanntem Gehalt und über Vergleichsanalysen zwischen mehreren Laboratorien nachweisen.

Zufällige Fehler rühren von statistischen Meßwertschwankungen her. Bei hinreichend großer Meßwertezahl gehorchen sie der im Abschn. 2.3. behandelten Wahrscheinlichkeitsverteilung.

In der quantitativen chromatographischen Analyse wächst der systematische Fehler, wenn die Auflösung schlechter wird. Der zufällige Fehler wächst mit abfallender Peakhöhe. Beide Fehler vergrößern sich zunehmend mit sinkenden Konzentrationen. Für moderne Geräte und optimale Arbeitsweise sei als Anhaltswert für den Zufallsfehler $\sigma_{rel} \approx 0,5\%$ angegeben.

Die Schnelligkeit der modernen Flüssigchromatographie erlaubt meist die mehrmalige Wiederholung der Analyse. Man sollte deshalb ihren Zufallsfehler ermitteln und die Zuverlässigkeit der Angaben beurteilen. Nachstehend sei nur das Wichtigste mitgeteilt, zur ausführlichen Information kann z. B. die Literatur [8] und [9] dienen.

Die Einzelwerte jedes Peaks werden zunächst geordnet und auf Ausreißer geprüft. Es mögen $n = 5$ Analysenwerte $x_1 < x_2 < x_3 < x_4 < x_5$ vorliegen. Man berechnet die Größe Q (Testquotient) nach DIXON gemäß

$$Q = \frac{x_2 - x_1}{x_{max} - x_{min}}. \tag{9.8}$$

x_1 sei ausreißerverdächtig, x_2 der benachbarte Wert. Die Differenz im Nenner heißt Spannweite (Variationsbreite). Den nach Gl. (9.8) erhaltenen Wert stellt man Q_{Tab} ($P = 95\%$) gegenüber (Tab. 9.1). Sofern $Q > Q_{Tab}$ ist, liegt ein Ausreißer vor.

Tabelle 9.1

Die entsprechenden Werte gelten für $P = 95\%$. (Erläuterung Abschn. 9.4.4.)

n	=	2	3	4	5	10
Q_{Tab}	=	—	0,94	0,77	0,64	0,41
$t/\sqrt{n}$	=	9,0	2,48	1,59	1,24	0,72
k_s	=	0,886	0,591	0,486	0,430	0,325
k_q	=	6,4	1,3	0,72	0,51	0,23

Von den „unverdächtigen" Werten wird das arithmetische Mittel $\bar{x}$ gebildet. Die Unsicherheit eines aus einer kleinen Anzahl von Werten gebildeten Mittels drückt sein Vertrauensbereich (Konfidenzbereich) $\pm q$ aus. Innerhalb dieses Intervalls liegt der wahre Mittelwert mit der Wahrscheinlichkeit P. Es gelten folgende Gleichungen:

$$q = \pm \frac{1,96\sigma}{\sqrt{n}} \quad \text{bzw.} \quad \pm \frac{t \cdot s}{\sqrt{n}} \quad (P = 95\%)$$

$$s = \sqrt{\frac{\sum\limits_{i=1}^{n} (x_i - \bar{x})^2}{n-1}} = \sqrt{\frac{\sum\limits_{i=1}^{n} x_i^2 - n\bar{x}^2}{n-1}} \; {}^{1)} \tag{9.9}$$

Die Standardabweichung σ bezieht sich auf eine sehr große Wertezahl, so daß man meist die Standardabweichung s für eine begrenzte Anzahl n von Einzelwerten x_i ermittelt. Der Faktor t (STUDENT-Faktor) trägt dem dann notwendigerweise größeren Vertrauensbereich Rechnung (Tab. 9.1).

---

[1]) zum Arbeiten mit Rechnern besonders geeignet

Zwei unabhängig voneinander erhaltene Einzelwerte x_i unterscheiden sich bei einer statistischen Sicherheit von $P = 95\%$ um weniger als $W = \sqrt{2} \cdot 1{,}96\sigma = 2{,}77\sigma$. W heißt Wiederholbarkeit.

In der älteren wissenschaftlichen Literatur wird s als mittlerer Fehler bezeichnet. Die Bezeichnungen mittlerer quadratischer Fehler und Streuung werden nicht einheitlich gebraucht. Die relative (prozentuale) Standardabweichung heißt Variationskoeffizient v. Ob s oder v Verwendung findet, hängt davon ab, welche Größe im konkreten Fall weniger gehaltsabhängig ist.

Eine schnelle Errechnung von s und q ist durch Multiplikation der Spannweite mit den Faktoren k_s bzw. k_q möglich (Tab. 9.1).

10. Die Dünnschichtchromatographie als Pilottechnik der Säulenchromatographie

Dank ihrer großen Einfachheit, ihrer relativ kurzen Trennzeiten sowie der Möglichkeit zur gleichzeitigen Untersuchung mehrerer Proben erfreute sich die Dünnschichtchromatographie [1] geraume Zeit wesentlich breiterer Anwendung als die zunächst vergleichsweise zeit- und substanzaufwendige Säulen-Flüssigchromatographie.

Mit der Entwicklung der modernen Säulen-Flüssigchromatographie, also etwa ab 1970, änderte sich das Bild. Jedoch ließ die Anwendung der kleinen, eng fraktionierten Partikel auch für die Schicht nicht lange auf sich warten: 1975 wurde die HPTLC[1]) vorgestellt [2] und brachte eine Verminderung der Trennzeiten um etwa eine Zehnerpotenz, d. h. auf 3···20 Minuten, bei erheblich verbesserter Auflösung und Trennwirksamkeit der Schichten.

Heute sind Planar- und Säulenchromatographie in ihrer Ausführung als Hochleistungsmethoden (HPTLC bzw. HPLC) gleichermaßen attraktiv. Die Hochleistungs-Flüssigchromatographie hat u. a. den Vorteil höherer Trennstufenzahlen, quantitativ genauerer Ergebnisse und leichter Automatisierbarkeit. Andererseits ist die Dünnschichtchromatographie nach wie vor bestechend einfach, von ihrer neuesten Variante, der Überdruck-Dünnschichtchromatographie (OPTLC)[2]) [3] einmal abgesehen. Diese Tatsache und die neuerdings verwendeten weitgehend ähnlichen Phasen-

---

[1]) High Performance Thin-Layer Chromatography
[2]) Overpressure Thin-Layer Chromatography

systeme beider Methoden[1]) prädestinieren die Dünnschichtchromatographie neben ihren eigenständigen Aufgabenstellungen in zunehmendem Maße als risikolose, zeitsparende Pilottechnik für die Flüssigchromatographie. Es sei angemerkt, daß sie als solche ursprünglich von ISMAILOW und SCHRAJBER gedacht war [4].

Zur einfachen Elutionsmittelauswahl für das gegebene Trennproblem erwies sich eine von STAHL beschriebene Arbeitsweise [5] als nützlich. Hierzu wird die Substanz mehrmals punktförmig auf eine kleine Platte mit dem betreffenden Träger aufgetragen. Nach der Trocknung entwickelt man die Flecken mit Lösungsmitteln steigender Elutionsstärke aus einer Mikropipette (Abb. 10.1a).

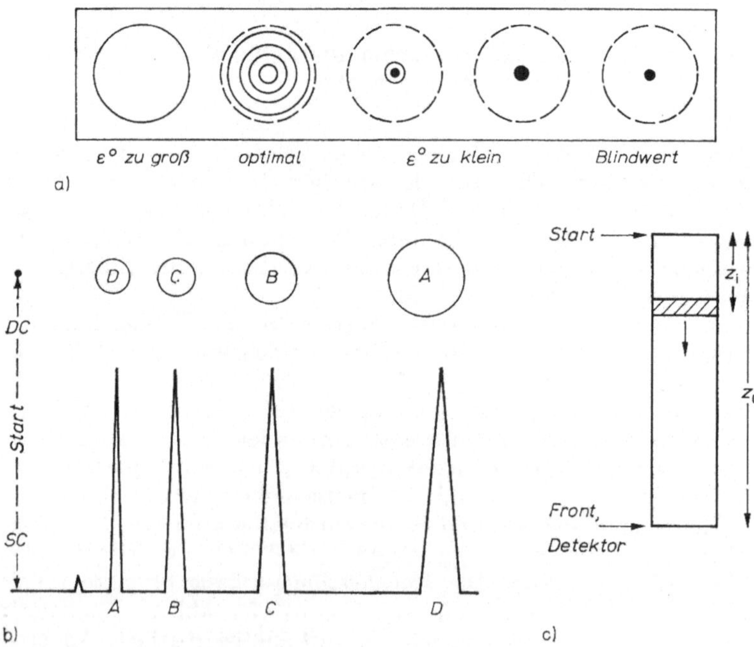

Abb. 10.1: Übertragung dünnschichtchromatographischer Ergebnisse auf die Säule
a) Elutionsmittelschnelltest,
b), c) zum Vergleich zwischen Schicht- und Säulenchromatographie

---

[1]) Beispielsweise sind alle Fixphasenträger der HPLC in der Dünnschichtchromatographie anwendbar.

Die Korngröße des Trägermaterials spielt für die Übertragung eine untergeordnete Rolle. Zu beachten ist aber neben dem Aktivitätsgrad der Adsorbenzien, daß dünnschichtchromatographische Träger anorganische sowie organische Bindemittel enthalten. Da der Elutionsmitteltransport in der Dünnschichtchromatographie im Gegensatz zur HPLC durch Kapillarkräfte erfolgt, können ferner an RP-Trägern mit wasserreichen Lösungsmitteln Benetzungsprobleme auftreten. Bei Verwendung von Lösungsmittelgemischen spielen häufig Sättigungsprobleme der Dünnschichtchromatographie eine Rolle. Für die Übertragbarkeit ist es deshalb wichtig, ob in großvolumigen Normalkammern oder in Schmalkammern gearbeitet wurde. Gut übertragbar sind Ergebnisse aus Normalkammern.

Beim Vergleich von Dünnschicht- und Säulenchromatogramm erscheint die Reihenfolge der Substanzen vertauscht (Abb. 10.1b). Der Unterschied ist verständlich: In der Säule legen alle Substanzen die gleiche Strecke zurück, wozu sie verschiedene Zeiten benötigen. Die zuletzt in den Detektor eintretende Verbindung hat die größte Peakbreite. Auf der Dünnschichtplatte wandern alle Stoffe die festgelegte Zeit, legen aber unterschiedliche Wege zurück. Verbindungen mit großer Verteilungskonstante verbleiben als schmale Flecken in Startnähe.

Der in der Dünnschichtchromatographie gebräuchliche R_F-Wert drückt die Laufstrecke z_i der Substanz i als Bruchteil der Gesamtlaufstrecke z_0 (Start-Front) aus (Abb. 10.1c). Diese Laufstrecken müssen sich naturgemäß umgekehrt wie die entsprechenden, auf die Strecke Start-Detektion bezogenen Laufzeiten bzw. Elutionsvolumina verhalten.

Zwischen dem R_F-Wert und dem Kapazitätsfaktor k_i, der in der Dünnschichtchromatographie auch Verteilungszahl heißt, läßt sich folgende Beziehung herstellen:

$$R_F = \frac{z_i}{z_0} = \frac{V_M}{V_{Ri}} = \frac{V_M}{V'_{Ri} + V_M} = \frac{1}{k_i + 1}. \tag{10.1}$$

Wenn man vom System her Gleichheit der Verteilungskonstanten der Substanzen in der Säule und an der Platte annimmt, ist i. allg. weitgehende Proportionalität zwischen den Kapazitätsfaktoren $k_{i(\text{Säule})}$ und $k_{i(\text{Platte})}$ zu erwarten. Dies wird durch Abb. 10.2 verdeutlicht. Eine Berechnung der Kapazitätsfaktoren für die Säule aus dünnschichtchromatographischen R_F-Werten ist bei entsprechendem Aufwand mit einer Genauigkeit von 1% möglich [7].

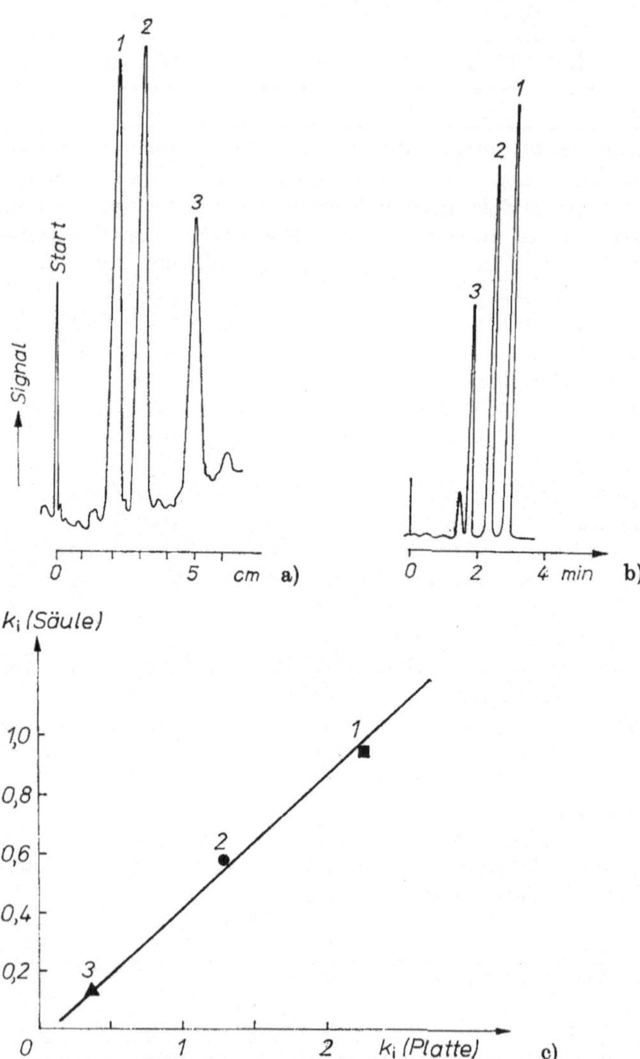

Abb. 10.2. Vergleich von k_i-Werten für Methylphenole an Aminosilikagel
Fluide Phase: Chloroform/Methanol 95/5 (V/V), Detektion bei 254 nm [6].
a) HPTLC-Platte NH_2F_{254s} (MERCK)
b) HPLC, LiChrosorb NH_2, 5 µm (MERCK)
c) graphische Beziehung zwischen $k_{i(Säule)}$ und $k_{i(Platte)}$, vgl. Gl. (10.1)

1 — p-Kresol, *2* — 2,3-Dimethylphenol, *3* — 2,4,6-Trimethylphenol

11. Literatur

Spezielle Literatur

Zu Abschn. 1:

[1] G. EPPERT, Z. Chem. **25** (1985), 214
[2] M. S. TSWETT, Ber. dtsch. bot. Ges. **24** (1906), 384
[3] A. J. P. MARTIN, R. L. M. SYNGE, Biochem. J. **35** (1941), 1358
[4] E. V. PIEL, Analytic. Chem. **38** (1966), 670
[5] E. HEFTMANN (Edit.), „*Chromatography*" (2. Aufl.), Reinhold Publishing Corporation, New York, 1967, S. 88

Zu Abschn. 2:

[1] G. TAYLOR, Proc. Roy. Soc. (London) Ser. A 219 (1953), 186
[2] I. HALÁSZ, P. WALKLING, Ber. Bunsenges. physik. Chem. **74** (1970), 66
[3] E. WICKE, Ber. Bunsenges. physik. Chem. **77** (1973), 160
[4] J. F. K. HUBER, R. VAN DER LINDEN, E. ECKER, M. OREANS, J. Chromatogr. **83** (1973), 267
[5] J. F. K. HUBER, G. VAN VUGHT, Ber. Bunsenges. physik. Chem. **69** (1965), 821
[6] H. OSTER, E. ECKER, Chromatographia **3** (1970), 220
[7] A. PETHÖ, Acta chim. Acad. Sci. hung. **49** (1966), 365
[8] E. GLUECKAUF, Trans. Faraday Soc. **51** (1955), 34
[9] J. C. GIDDINGS, J. chem. Educat. **35** (1958), 588
[10] J. F. K. HUBER, Ber. Bunsenges. physik. Chem. **77** (1973), 179
[11] G. EPPERT, Chem. Techn. **37** (1985), 384
[12] L. ROHRSCHNEIDER, Z. analyt. Chem. **277** (1975), 335
[13] J. C. GIDDINGS, „*Dynamics of Chromatography*", Marcel Dekker, New York, 1965
[14] J. J. VAN DEEMTER, F. J. ZUIDERWEG, A. KLINKENBERG, Chem. Eng. Sc. **5** (1956), 271
[15] M. J. E. GOLAY in „Gas Chromatography" (Symp. 1957). (Hrsg.: V. J. COATES, H. J. NOEBELS, I. S. FAGERSON), Academic Press Inc., Publ. New York, London, 1958, S. 1
[16] M. J. E. GOLAY in „Gas Chromatography 1958" (Hrsg.: D. H. DESTY), Butterworths Sc. Publ., London, 1958, S. 36
[17] J. P. FOLEY, J. G. DORSEY, Anal. Chem. **55** (1983), 730
[18] B. A. BIDLINGMEYER, F. V. WARREN, Jr., Analytic. Chem. **56** (1984), No. 14, 1583A
[19] G. EPPERT, Chem. Techn. **37** (1985), 294
[20] G. EPPERT, Z. Chem. **26** (1986), 325
[21] J. C. GIDDINGS, Analytic. Chem. **35** (1963), 1338

[22] J. H. KNOX, M. SALEEM, J. Chromatogr. Sci. **7** (1969), 745
[23] J. N. DONE, J. H. KNOX, J. LOHEAC, *„Applications of High-Speed Liquid Chromatography"*, John Wiley & Sons, London, 1974
[24] I. HALÁSZ, R. ENDELE, J. ASSHAUER, J. Chromatogr. **112** (1975), 37
[25] O. GRUBNER, Analytic. Chem. **43** (1971), 1934

Zu Abschn. 3:

[1] K. K. UNGER, Analytic. Chem. **55** (1983) No. 3, 361A
[2] R. P. W. SCOTT, J. Chromatogr. **122** (1976), 35
[3] J. B. CROWTHER, R. A. HARTWICK, Chromatographia **16** (1982), 349
[4] J. F. K. HUBER, M. PAWLOWSKA, P. MARKL, Chromatographia **17** (1983), 653
[5] J. F. K. HUBER, M. PAWLOWSKA, P. MARKL, Chromatographia **19** (1984), 19
[6] L. R. SNYDER, *"Principles of Adsorption Chromatography. The Separation of Nonionic Organic Compounds"*, Marcel Dekker, New York, 1968
[7] F. GEISS, *„Die Parameter der Dünnschichtchromatographie"*, Vieweg & Sohn, Braunschweig, 1972
[8] D. L. SAUNDERS, Analytic. Chem. **46** (1974), 470
[9] L. R. SNYDER, J. J. KIRKLAND, *"Introduction to Modern Liquid Chromatography"*, J. Wiley Interscience, New York, 1979
[10] J. J. KIRKLAND, J. Chromatogr. **83** (1973), 149
[11] P. ROUMELIOTIS, K. K. UNGER, J. Chromatogr. **185** (1979), 445
[12] F. E. REGNIER, Analytic. Chem. **55** (1983) No. 13, 1298A
[13] L. R. SNYDER, J. Chromatogr. **25** (1966), 274
[14] K. UNGER, N. BECKER, P. ROUMELIOTIS, J. Chromatogr. **125** (1976), 115
[15] I. SHAPIRO, I. M. KOLTHOFF, J. Amer. chem. Soc. **72** (1950), 776
[16] H. FRANK, Dissertation zur Promotion A, Karl-Marx-Universität Leipzig, 1985
[17] G. EPPERT, I. SCHINKE, J. Chromatogr. **260** (1983), 305
[18] G. GÜBITZ, Suppl. Chromatogr. 1985 (4) 6
[19] K. UNGER, Angew. Chem. **84** (1972), 331
[20] G. W. SEARS, Jr., Analytic. Chem. **28** (1956), 1981
[21] A. Y. MOTTLAU, N. E. FISHER, Analytic. Chem. **34** (1962), 714

Zu Abschn. 4:

[1] H. FRANK, T. WELSCH, HRC & CC **7** (1984), 220; 276
[2] T. TAKEUCHI, D. ISHII, J. Chromatogr. **285** (1984), 97
[3] D. ISHII, T. TAKEUCHI, J. Chromatogr. Sci. **22** (1984), 400
[4] T. TSUDA, G. NAKAGAWA, J. Chromatogr. **268** (1983), 369
[5] J. J. KIRKLAND, J. Chromatogr. Sci. **10** (1972), 593
[6] J. ASSHAUER, I. HALÁSZ, J. Chromatogr. Sci. **12** (1974), 139
[7] J. J. KIRKLAND, J. Chromatogr. Sci. **9** (1971), 206

[8] R. Endele, I. Halász, K. Unger, J. Chromatogr. **99** (1974), 377

[9] J. H. Knox, A. Pryde, J. Chromatogr. **112** (1975), 171

[10] L. R. Snyder, J. W. Dolan, S. van der Wal, J. Chromatogr. **203** (1981), 3

Zu Abschn. 5:

[1] G. Eppert, Chem. Techn. **37** (1985), 384

[2] L. R. Snyder, J. Chromatogr. **92** (1974), 223

[3] L. R. Snyder, J. W. Dolan, J. R. Gant, J. Chromatogr. **165** (1979), 3

[4] J. H. Hildebrand, R. L. Scott, *"The Solubility of Nonelectrolytes"* (3. Aufl.), Dover Publ., New York, 1964

[5] R. A. Keller, J. Chromatogr. Sci. **11** (1973), 49

[6] B. L. Karger, L. R. Snyder, C. Eon, J. Chromatogr. **125** (1976), 71

[7] L. R. Snyder, *"Principles of Adsorption Chromatography. The Separation of Nonionic Organic Compounds"*, Marcel Dekker, New York, 1968

[8] D. L. Saunders, Analytic. Chem. **46** (1974), 470

[9] D'Ans-Lax, „*Taschenbuch für Chemiker und Physiker*", Bd. III, Springer-Verlag, Berlin, 1970

[10] L. R. Snyder, J. Chromatogr. Sci. **16** (1978), 223

[11] C. Reichardt, K. Dimroth, Fortschr. Chem. Forschung **11** (1968), 1

Zu Abschn. 6:

[1] B. G. Belenkii, L. Z. Vilenchik, *"Modern Liquid Chromatography of Macromolecules"* (J. Chromatogr. Library, Vol. 25), Elsevier Publ. Comp., Amsterdam, 1983

[2] LC Column Reports, Du Pont Instruments

[3] G. A. Howard, A. J. P. Martin, Biochem. J. **46** (1950), 532

[4] S. K. Shukla, Chromatographia 8 (1975), 27

[5] E. J. Kikta, Jr., E. Grushka, Analytic. Chem. **48** (1976), 1098

[6] G. Eppert, G. Liebscher, J. Chromatogr. **238** (1982), 399

[7] G. Eppert, G. Liebscher, M. Ihrke, G. Arendt, J. Chromatogr. **350** (1985), 471

[8] G. Eppert, G. Liebscher, J. Chromatogr. **356** (1986), 372

[9] H. Small, T. S. Stevens, W. C. Bauman, Analytic. Chem. **47** (1975), 1801

[10] D. T. Gjerde, J. S. Fritz, G. Schmuckler, J. Chromatogr. **186** (1979), 509

[11] J. S. Fritz, D. T. Gjerde, R. M. Becker, Analytic. Chem. **52** (1980), 1519

[12] J. E. Girard, J. A. Glatz, Intern. Lab. **11** (1981) (8), 62

[13] T. Jupille, Intern. Lab. **15** (1985) (9), 82

[14] H. Small, T. E. Miller, Analytic. Chem. **54** (1982) 462

[15] P. E. Jackson, P. R. Haddad, J. Chromatogr. **346** (1985), 125

[16] P. R. Haddad, A. L. Heckenberg, J. Chromatogr. **252** (1982), 177

[17] M. Dizdaroglu, W. Hermes, J. Chromatogr. **171** (1979), 321

[18] G. P. AYERS, R. W. GILLETT, J. Chromatogr. **284** (1984), 510
[19] Z. ISKANDARANI, T. E. MILLER, Analytic. Chem. **57** (1985) 1591
[20] G. SCHWEDT, GIT Fachz. Lab. **29** (1985), 697
[21] E. L. JOHNSON, Intern. Lab. **12** (1982) (3), 110

Zu Abschn. 7:

[1] A. T. JAMES, J. R. RAVENHILL, R. P. W. SCOTT, Chem. and Ind. **18** (1964), 746
[2] H. H. WILLARD, L. L. MERRITT, J. A. DEAN, *,,Instrumental Methods of Analysis"*, D. van Nostrand Co., Inc., Princeton, 1965
[3] C. R. BLAKLEY, M. L. VESTAL, Analytic. Chem. **55** (1983), 750
[4] B. VANDEGINSTE, R. ESSERS, T. BOSMAN, J. REIJNEN, G. KATEMAN, Analytic. Chem. **57** (1985), 971

Zu Abschn. 8:

[1] J. L. GLAJCH, J. J. KIRKLAND, Analytic. Chem. **54** (1982), 2593
[2] S. NYIREDY, B. MEIER, C. A. J. ERDELMEIER, O. STICHER, J. HRC & CC **8** (1985), 186

Zu Abschn. 9:

[1] J. F. K. HUBER, J. A. R. J. HULSMAN, C. A. M. MEIJERS, J. Chromatogr. **62** (1971), 79
[2] M. OTTO, Z. Chem. **23** (1983), 204
[3] R. J. LAUB, J. H. PURNELL, J. Chromatogr. **112** (1975), 71
[4] J. L. GLAJCH, J. J. KIRKLAND, K. M. SQUIRE, J. M. MINOR, J. Chromatogr. **199** (1980), 57
[5] J. J. KIRKLAND, J. L. GLAJCH, J. Chromatogr. **255** (1983), 27
[6] J. L. GLAJCH, J. J. KIKRLAND, Analytic. Chem. **55** (1983) (2), 319 A
[7] E. KOVÁTS, Helv. chim. Acta **41** (1958), 1915
[8] R. KAISER, ,,Fehler in der Chromatographie", Teil I—IV, Chromatographia **4** (1971), 126, 220, 366, 485
[9] K. DOERFFEL, *,,Statistik in der analytischen Chemie"*, VEB Deutscher Verlag für Grundstoffindustrie, Leipzig, 1984

Zu Abschn. 10:

[1] E. STAHL, J. Chromatogr. **165** (1979) 59
[2] J. RIPPHAHN, H. HALPAAP, J. Chromatogr. **112** (1975), 81
[3] J. M. NEWMAN, Intern. Lab. **15** (1985) (5), 22
[4] N. A. ISMAILOW, M. S. SCHRAJBER, Farmazija (russ.) (1938) (3), 1; engl. Übers. in *"Advances in Chromatograhy"*, Bd. 3, S. 91, (Hrsg.: J. C. GIDDINGS, R. A. KELLER), Marcel Dekker, Inc., New York, 1966
[5] E. STAHL, Chemiker-Ztg. **82** (1958), 323
[6] W. JOST, H. E. HAUCK, F. EISENBEISS, Kontakte (Darmstadt) (1984) (3), 45
[7] F. GEISS, *,,Die Parameter der Dünnschichtchromatographie"*, Vieweg & Sohn, Braunschweig, 1972

Weiterführende und ergänzende Literatur

L. R. SNYDER, J. J. KIRKLAND, "*Introduction to Modern Liquid Chromatography*", J. Wiley & Sons, Inc., New York, 1979

H. ENGELHARDT, „*Hochdruck-Flüssigkeitschromatographie*", Springer-Verlag, Berlin, 1977

J. ASSHAUER, H. ULLNER, „*Flüssigkeits-Chromatographie*" in „*Ullmanns Encyklopädie der technischen Chemie*", Bd. 5, Verlag Chemie, Weinheim, 1980, S. 149—182

V. MEYER, „*Praxis der Hochleistungs-Flüssigchromatographie*", Diesterweg/ Salle-Sauerländer, Frankfurt/M., 1986

C. HORVÁTH (Ed.), "*High-Performance Liquid Chromatography — Advances and Perspectives*", Academic Press, New York, Vol. 1 (1980), Vol. 2 (1980), Vol. 3 (1983)

A. S. SAID, "*Theory and Mathematics of Chromatography*", A. Hüthig, Heidelberg, 1981

J. F. LAWRENCE, "*Organic Trace Analysis by Liquid Chromatography*", Academic Press, New York, 1981

T. M. VICKREY (Ed.), "*Liquid Chromatography Detectors*", Chromatographic Science Series, Vol. 23, Marcel Dekker, Inc., New York, 1983

W. W. YAU, J. J. KIRKLAND, D. D. BLY, "*Modern Size-Exclusion Liquid Chromatography* (Practice of Gel Permeation and Gel Filtration Chromatography)", J. Wiley & Sons, New York, 1979

J. S. FRITZ, D. T. GJERDE, C. POHLANDT, "*Ion Chromatography*", A. Hüthig, Heidelberg, 1982

G. SCHWEDT, "*Chromatographic Methods in Inorganic Analysis*", A. Hüthig, Heidelberg, 1981

G. SCHWEDT, „*Chemische Reaktionsdetektoren für die schnelle Flüssigkeits-Chromatographie* (Grundlagen und Anwendungen in der Spurenanalyse)", A. Hüthig, Heidelberg, 1981

J. F. LAWRENCE, "*Liquid Chromatography in Environmental Analysis*", Humana Press, Clifton, New Jersey (USA), 1984

P. KABRA, L. MARTON (Eds.), "*Liquid Chromatography in Clinical Analysis*", Humana Press Inc., Clifton, New Jersey, 1981

R. C. DENNEY, "*A Dictionary of Chromatography*", Macmillan, London, 1982

"*Journal of Chromatography Library*", Elsevier Science Publ., Amsterdam:

Bd. 13: J. F. K. HUBER, "Instrumentation for High-Performance Liquid Chromatography" (1983)

Bd. 22 A/22 B: E. HEFTMANN (Ed.), "Chromatography — Fundamentals and Applications of Chromatographic and Electrophoretic Methods" (1983)
Part A: Fundamentals and Techniques (388 S.),
Part B: Applications (564 S.)

Bd. 25: B. G. BELENKII, L. Z. VILENCHIK, "Modern Liquid Chromatography of Macromolecules" (1984)

Bd. 27: N. A. PARRIS, "Instrumental Liquid Chromatography — A Practical Manual on High-Performance Liquid Chromatographic Methods" (1984)

Bd. 28: P. KUCERA (Ed.), "Microcolumn High-Performance Liquid Chromatography" (1984)

Bd. 30: M. NOVOTNY, D. ISHII (Eds.), "Microcolumn Separations (Columns, Instrumentation and Ancillary Techniques)" (1985)

Bd. 31: P. JANDERA, J. CHURÁČEK, "Gradient Elution in Column Liquid Chromatography (Theory and Practice)" (1985)

Chromatographische Zeitschriften

— Gas & Liquid Chromatography Abstracts, Elsevier Applied Science Publishers Ltd., Barking, Essex, England

— Journal of Chromatography, Elsevier Science Publ., Amsterdam, Niederlande[1])

— Journal of Liquid Chromatography, Marcel Dekker, Inc., New York, USA

— Journal of High Resolution Chromatography & Chromatography Communications, A. Hüthig, Heidelberg, BRD

— Chromatographia, Vieweg & Sohn, Braunschweig, BRD

— Journal of Chromatographic Science, Preston Publications, Inc., Niles, Illinois, USA

— Liquid Chromatography Magazine, Aster Publishing Corp., Philadelphia, USA

— Chromatography International, World Media Ltd., Crawley, West Sussex, England

— International Laboratory (Issue Chromatography), Intern. Scientific Comm. Inc., Fairfield, Connecticut, USA

12.   Symbol- und Abkürzungsverzeichnis

(Wichtige und im Text nicht erklärte Symbole)

A	Fläche; Term der Eddy-Diffusion
A_a	spezifische Adsorbensoberfläche
a	Aktivität
α	Trennfaktor; Kennzahl der mittleren Oberflächenenergie; Polarisierbarkeit; Winkel; Kurbelwinkel (Tab. 7.1)
B	Term der Longitudinalvermischung
β	Phasenverhältnis; Konstante
C	Konstante
C_F	Term der Strömungsdispersion

---

[1]) einschließlich Chromatographic Reviews und Biomedical Applications (mit eigener Bandzählung)

C_F'	Massenaustauschterm der fluiden Phase
C_K	Massenaustauschterm der kompakten Phase
c	Konzentration; Leerrohrgeschwindigkeit
D	(binärer, molekularer) Diffusionskoeffizient
$\bar{D}$	mittlerer Porendurchmesser
d	Schichtdicke, Durchmesser
d_c	Kapillareninnendurchmesser
d_f	Filmdicke der Wirkphase
d_p	Partikeldurchmesser
d_{p50}	Partikeldurchmesser bei 50% Wahrscheinlichkeit
d_S	Säuleninnendurchmesser
$\mathfrak{D}_{LS}$	Koeffizient der Longitudinalvermischung gepackter Säulen
$\mathfrak{D}_T$	Koeffizient der TAYLOR-Dispersion
$\mathfrak{D}_{TS}$	Koeffizient der Konvektionsdispersion gepackter Säulen
δ_i	HILDEBRANDscher Löslichkeitsparameter
E	Effektivität; Einwaage
ε	Zellenwinkel
ε^0	Lösungsmittelstärke (SNYDER)
ε_f	Zwischenkornporosität
ε_λ	molarer dekadischer Extinktionskoeffizient
ε_m	Kolonnengesamtporosität
ε_p	Kornporosität
η	dynamische Viskosität
$F(x)$	Verteilungsfunktion
f	Ordinatenwert im Peakmaximum, Faktor
$f(x)$	Funktion allgemein
f_i	Aktivitätskoeffizient mit reiner, realer Komponente i als Bezugssubstanz
$f_{i\infty}$	Grenzaktivitätskoeffizient für $x_i \to 0$
f_r	Empfindlichkeits-(Wirkungs-)faktor
Φ	Säulenwiderstandsfaktor; Volumenanteil
φ	strömender Anteil der fluiden Phase; Winkel
G	Gerüstgewicht (Tab. 3.4)
$\Delta G^\ominus$	partielle molare freie Standardenthalpie
γ	Parameter der Longitudinaldiffusion (Labyrinthfaktor)
γ'	Proportionalitätsfaktor
γ_i	Aktivitätskoeffizient mit ∞ verdünnter Lösung der Komponente i als Bezugssubstanz
H_{eff}	effektive Trennstufenhöhe
H_T	theoretische Trennstufenhöhe
$\Delta H^\ominus$	partielle molare Standardenthalpie
h	reduzierte Trennstufenhöhe; Dreieckshöhe
K	Permeabilität; konventionelle Gleichgewichtskonstante
K_0	spezifische Permeabilität
K_G	Verteilungskonstante der Adsorption
K_{SEC}	Verteilungskonstante der Ausschlußchromatographie
K_x^{th}	thermodynamische Verteilungskonstante

Kp	Siedepunkt
k	Kapazitätsfaktor
k_{SEC}	Kapazitätsfaktor der Ausschlußchromatographie
k_z	Grenzkapazitätsfaktor
L	Säulenlänge; untere Nachweisgrenze
λ	Parameter der Eddy-Diffusion (geometrische Konstante); Wellenlänge
m	Masse
m_k	statistisches Moment
$\overline{m}_k$	zentrales statistisches Moment
μ	arithmetischer Mittelwert; Dipolmoment, chemisches Potential
$\mu^{\ominus}$	chemisches Standardpotential
N	Zahl der theoretischen Trennstufen
$\dot{N}$	Trennleistung
N_{eff}	Zahl der effektiven Trennstufen
$\dot{N}_{eff}$	effektive Trennleistung
n	Zahl allg.; Molzahl (Objektmenge mit der Einheit mol)
$n_D{}^{20}$	Brechungsindex
ν	Zeitparameter; reduzierte Geschwindigkeit; kinematische Viskosität
ω	Massenübergangsparameter für die fluide Phase (geometrische Konstante); Winkelgeschwindigkeit (Tab. 7.1)
P	Säuleneingangs-, Säulenausgangsdruck; statistische Sicherheit (Wahrscheinlichkeit)
P'	Polaritätsindex (SNYDER)
p	Druck allgemein
pK_a	Gleichgewichtsexponent (Säure)
Ψ	Peakkapazität
ψ	geometrische Konstante
Q	Substanzmenge; Testquotient; Trennsäulen-Leistungsparameter
$\dot{Q}$	Massenstrom
q	Querschnitt allg.; Vertrauensbereich des Mittelwertes
q_f	effektiver Strömungsquerschnitt
q_m	freier (gesamter von der fluiden Phase erfüllter) Säulenquerschnitt
R	allgemeine Gaskonstante
Re	REYNOLDSsche Zahl
R_F	Quotient Substanz-/Eluenslaufstrecke
R_S	Auflösung
r	Rohrinnenradius
ϱ	Dichte
ϱ_s	scheinbare Dichte
ϱ_w	wahre Dichte
S	Peakschiefe; Lösungsmittelstärke; Ionensolvatation; Meßsignal, Selektivität
$\Delta S^{\ominus}$	partielle molare Standardentropie

S_{ln}	Selektivität (Verwendung des natürlichen Logarithmus)
S_R	Störpegel
s	Standardabweichung der Meßreihe
σ	Standardabweichung der Grundgesamtheit
σ^2	Varianz
σ_{rel}	relative Standardabweichung
T	absolute Temperatur in K
T_C	Kapazitätsterm
T_E	Effektivitätsterm
TP	Einheit der theoretischen Trennstufenzahl
T_S	Selektivitätsterm
t	Zeit, Zeitkoordinate; STUDENT-Faktor
t_A	Analysenzeit
t_D	Diffusionszeit
t_M	Durchbruchszeit des Inertpeaks (Totzeit, Mobilzeit)
t_R	Bruttoretentionszeit
$t_R{'}$	Nettoretentionszeit
t_i	Aufenthaltszeit einer nicht ausgeschlossenen Komponente in den Poren
t_0	Ausschlußzeit
Θ	Druckkorrekturkoeffizient für η
ϑ	Formfaktor
τ	Zeitkonstante
u	lineare Wanderungsgeschwindigkeit
$u_i = L/t_{Ri}$	lineare (mittlere) Wanderungsgeschwindigkeit des Schwerpunktes der Komponente i
$u = L/t_M$	lineare (mittlere) Wanderungsgeschwindigkeit des Schwerpunktes der Inertkomponente
V	Volumen; Trennsäulenvolumen
ΔV	Peakvolumen
$\dot V$	Volumengeschwindigkeit (Volumen/Zeit)
V_G	Gerüstvolumen
V_K	Kornvolumen
V_M	Volumen der fluiden Phase; Retentionsvolumen des Inertpeaks
V_R	Bruttoretentionsvolumen
$V_R{'}$	Nettoretentionsvolumen
V_W	Wirkvolumen der Kompaktphase
V_Z	Detektorzellenvolumen
V_f	Zwischenkornvolumen
V_g	spezifisches Nettoretentionsvolumen
V_i	zugängliches Porenvolumen
V_0	Ausschlußvolumen ($= V_f$)
V_p	Porenvolumen
V_p^*	spezifisches Porenvolumen
v	Variationskoeffizient; Strömungsgeschwindigkeit über q_f
W	Wendepunkt; Wiederholbarkeit
X	Bezugsgröße der Kompaktphase; Merkmal (Zufallsgröße)

x Molenbruch; Wegkoordinate; Selektivitätsparameter; Einzel-
             wert der Zufallsgröße
z Peakbreite; Laufstrecke
$z_{1/2}$ Peakbreite in halber Höhe

Wichtige Indices

A Ausgangsgröße
c Konzentration; Kapillare
E Eingangsgröße; Effektivität
eff   effektiv
ex   extern
F Fluidphase (mobile Phase)
i individuelle Komponente(n); intern
K Kompaktphase (stationäre Phase)
L Länge
M Mischung
N Normalphasenchromatographie
RP Umkehrphasenchromatographie
S Trennsäule; Stützphase; Selektivität
t Zeitgröße
V Volumengröße

Wichtige Abkürzungen

BIE   Brechungsindexeinheiten
GC   Gaschromatographie
GFC   Gelfiltrationschromatographie
GPC   Gelpermeationschromatographie
IEC   Ionentauschchromatographie
IPC   Ionenpaarchromatographie
LC   Flüssigchromatographie
LLC   Flüssig-flüssig-Chromatographie
LSC   Flüssig-fest-Chromatographie
MS   Massenspektrometrie
NARP   Nichtwäßrige Umkehrphasenchromatographie
NPC   Normalphasenchromatographie
RP   Umkehrphase
RPC   Umkehrphasenchromatographie
SEC   Molekülgrößen-Ausschlußchromatographie
SFC   Superkritische Fluidchromatographie
TP   Theoretischer Boden (Zähleinheit)

13.   Sachregister

(Zur Schreibweise einiger Begriffe siehe Fußnote Seite 14)

Ablenkungswinkel 162
Absorptionsmaxima 150
Adsorbenzien 9, 183
—, unpolare 113
Adsorption 66
—, Verteilungskonstante der 68
Adsorptionsaktivität 71
Adsorptionschromatographie 14, 21,
    67, 69, 88, 104, 112, 114, 128,
    163, 164
—, bioselektive 14
Adsorptionsenthalpie, freie 68
Adsorptionsisotherme 80
Adsorptionssäulen 9
Adsorptionszentrum 71
Affinität 128
Affinitätschromatographie 11, 14
Agarosegel 65
Agglomerisation 83, 93, 94, 96
Aktivität 18, 67
Aktivitätsgrad 68, 183
Aktivitätskoeffizient 18, 21
Aktivitätsparameter 68
Alkaliionen 130
Alkaloide 169
Alkansulfonate 127
Alkylgruppen 74
n-Alkylreste 75
Alkylsilicat 70
Alterung, thermische 73
Aluminiumoxid 65, 68, 69, 94,
    114
Aminophase 132
Aminosäure-Analysator 11
Aminosäuren 130, 169
Aminosilane 73

Ammoninmverbindungen,
    quartäre 126
Analyse, Zeitbedarf 172
Analysenablauf 175
Analysenfehler 179
Analysenzeit 15
Anionen, eluensaktive 137
—, UV-absorbierende 135
Anionentauscher 79, 128, 134
Anionentrennung 132
Anzahlverteilung 82
Äquilibrierung 69
Arbeitsdrücke 139
Arbeitstemperatur 169
Arbeitsweise, isokratische 165
Aromatentrennung 118
L-Ascorbinsäure 119
Assoziation 120
Aufenthaltszeit, mittlere 44, 46
—, molekulare 22
Auflösung 33, 50, 51, 60, 163, 169,
    170, 171, 179
—, Definition 49
Auflösungsgleichung, allgemeine
    49, 50
Aufsetzer 175
Aufzeichnung, isometrische 156
Ausgangspeak 31
Ausgangssignal 16, 33
Ausreißertest 179
Ausschlußchromatographie,
    Molekülgrößen- 11, 14, 21, 42,
    48, 48, 70
Ausschlußeffekte 46, 70
Ausschlußvolumen 45
Ausschlußzeit 44

13*

Austauscher 136
—, konventionelle 129
Austauschertyp 129
Austauschkapazität 79, 129, 130, 132, 135
Auswerteverfahren 47
—, mittels Abstand der Tangentenschnittpunkte 47
—, mittels Asymmetrieparameters 47
—, mittels Messung von 5σ 47
—, mittels Messung Peakfläche, -höhe 47
—, mittels Momentenverfahren 47
—, mittels Peakbreite in 0,5 f 47
—, mittels Wendepunktabstand 47
Automatisierbarkeit 181
Autosampler 145

Bandenverbreiterung 34, 36, 41, 100
Basen, monoprotische 123
Basisliniendriftkorrektur 174
Basisrauschen 138
Bedeckungsgrad 75
Benetzungsprobleme 183
Bereich, linearer dynamischer 174
BET-Methode 80
Bezugssubstanz 172, 178
Bindemittel 183
Biomoleküle 71
Biotechnologie 12
Bisphenol A-Epoxidharz 121
Blindprogramm 164
Bodenhöhe, effektive 36
—, reduzierte 52
Böden, effektive 36, 48, 51
—, effektive, normierte 37
—, effektive pro Druckeinheit 37
—, fiktive 33
Bodenzahl, theoretische 36, 37, 47
Bourdon-Rohr 142
Boxcarchromatographie 100
Brechungsindex 102
Bulkeigenschaften 147, 164
Bürstentyp 73

Catecholamine 169
Charge-Transfer-Komplexe 76
Chelate 77
Chemometrische Methoden 155, 158
Chromatofokussierung 163
Chromatogramm 15, 17, 177, 183
—, dreidimensionales 157
—, Total-Ionenstrom- 156
Chromatogrammparameter 44
Chromatograph 15
—, rechnergesteuerter 174
Chromatographer 15
Chromatographie 9
—, Definition 13
—, dreidimensionale 13
—, Flüssig-fest- 14, 22, 99
—, Flüssig-flüssig- 14, 22, 66, 104
—, Gas-flüssig- 10
—, hydrodynamische 14
—, hydrophobe 10, 116
—, ideale lineare 20, 23
—, ideale nichtlineare 20
—, inverse 13
—, lineare 19
—, multidimensionale 97
—, nichtideale lineare 20
—, nichtideale nichtlineare 20
—, präparative 12
—, RP- 71, 89, 103, 110, 112
—, RP-, nichtwäßrige 118
—, Schnelle 17, 37, 139, 172
—, Solvophobe 116, 118
—, Superschnelle 56
—, technische 12
—, Theorie der 34
Chromatologie 9
Chromophore 150
Citrationen 131
clean-up 99
Coffein 119
Computer 60
Computer-Ausgleichsrechnung 125
Computerberechnung 170
Computerprogramm 171
Coulombsches Gesetz 102
Coulter-Teilchenzähler 83

CTK-Phase 78, 117
3-Cyanopropylrest 78

Dämpfung 146
„Dansyl"-Derivate 169
DARCYsche Differentialgleichung
   55
Darstellung, reduzierte 96
Datengeber 16, 17
Datenmanipulation 155
Datenverarbeitung, elektronische
   172
Decodierung 99
DEEMTER, VAN, Gleichung 38, 41,
   43
Deflexionsprinzip 158
Derivate, fluoreszierende 151
Derivatisierung 79; 152, 169, 173
—, postchromatographische 138
Derivativspektrum 156
Desaktivierung 68
Detektion, indirekte photome-
   trische 127
—, RI- 150
—, RI-, indirekte 137
—, UV- 127, 173
—, UV-, indirekte 137
Detektionsgrenzen 150
Detektionskanal 155
Detektionsprinzip 169
Detektor 16, 86, 146
—, amperometrischer 151
—, 1. Art 147
—, 2. Art 147
—, Brechungsindex- 137, 147,
   158ff.
—, differentialer 146
—, dynamischer Bereich 147
—, elektrochemischer 147, 151
—, Festwellenlängen- 149
—, Flammenionisations- 147
—, Fluoreszenz- 147, 149, 151
—, H-Zelle 153
—, Hauptzelle 162
—, Infrarot- 151
—, integraler 146
—, kommerzieller 148

Detektor, konzentrationsab-
   hängiger 146, 147
—, Laser-Lichtstreu- 151
—, Leitfähigkeits- 151
—, linearer dynamischer Bereich
   148
—, massenstromabhängiger 146,
   147
—, photodiode array- 151
—, Photodioden-Multikanal- 149,
   151, 155
—, photometrischer 33, 149
—, Reaktions- 151
—, selektiver 147
—, Spaltstromzelle 154
—, Transport- 147
—, Ultraviolett- 90, 147, 151,
   153, 164
—, U-Zelle 153
—, variabler Wellenlängen- 149
—, Vergleichszelle 162
—, Z-Zelle 153
Detektorbandbreite, spektrale 149
Detektordrift 148, 149, 154
Detektorempfindlichkeit 63, 133,
   135, 147, 148, 153, 161, 169
Detektorlinearitätsbereich 147, 153
Detektornachweisgrenze, untere
   147, 148
Detektorrauschanteile 148
Detektorrauschen 147, 149, 154
Detektorsignal 32
Detektorstörpegel 148, 153
Detektorwellenlängenbereich 149
Detektorzeitkonstante 147, 149
Detektorzelle 31
Detektorzellenschichtdicke 149
Detektorzellenvolumen 31, 32, 33,
   63, 149, 160, 162
Dibromethan 94
Dichte, scheinbare 81
—, wahre 81
Dichtefunktion 25, 26, 27
Dichtegleichgewicht 94
Dielektrizitätskonstante 102
Differentialrefraktometer 149,
   151, 158, 161, 164

Differentialrefraktometer, Deflex-
   ionsprinzip 161
—, Nachweisgrenze 158
—, Nullliniendrift 162
—, Reflexionsprinzip 158, 159
—, Stabilitätsverhalten 162
—, Thermostatisierung 162
—, Zelle 161
—, Zellenwinkel 161, 162
Diffusion 23
—, axiale 53
—, Eddy- 38
—, Longitudinal- 37
—, Radial- 37
—, Wirbel- 38
Diffusionsgeschwindigkeit 23, 52
Diffusionskoeffizient 23, 30, 31, 39,
   41
Diffusionswiderstand 43
2,4-Dinitrofluorbenzen 169
Dinucleosidmonophosphate 131
Diolphase 76
Dipol 102, 105
Dipolmoment 102, 103, 112
Dipolorientierung 112
Dispergierflüssigkeit 96
Dispersion 17, 32
—, elektrostatische 93, 94
— gepackter Säulen 37
—, Konvektions- 30, 37
—, Taylor- 30, 37, 43
—, viskose 93
Dispersionskräfte 101
Dispersionsparameter 106
Dispersionsterm 49
Dissoziationsgleichgewicht 122,
   129
Donnan-Ausschluß 132
Donorzahl 102
Dosierpumpe, Niederdruck-
   Doppelspritzen- 140
Dosierschleife 29
Dosierspritze 145
Dosiersystem 145
Dosiervolumen 28, 63, 90, 145, 146
Drehschieberventil 146
Dreiecksapproximation 175, 176

Dreiecksmethode 177
Druckeinheiten 139
Druckerzeugung 139
Druckgradient 54
Druckpumpen 139 ff.
Druckstabilität 70
Dünnschichtchromatogramm 183
Dünnschichtchromatographie 10,
   113, 169, 181, 182
—, Hochleistungs- 181
—, Überdruck- 181
—, zweidimensionale 97
Durchbruchszeit 22
Durchfluß 63
Durchflußschwankungen 140
Durchgangssummenkurve 82
Durchmischung, konvektive 38
Dynamische Gleichung 65

Echtzeit-IR-Spektrum 151
Echtzeitverfahren 174
Edelstahlfritten 84
Effektivität 36, 50
efficiency 36
Eichfaktoren 174
Eichung, äußere 177, 178
—, innere 177, 178
Eigenleitfähigkeit 133
Eingangsfunktion 15
Eingangssignal 16, 33
Einstein und Smoluchowski,
   Gleichung von 24
Einstrahlgeräte 153
Elektronenakzeptorkomplex 102
Elektronendonatorkomplex 102
Elektronenpolarisierbarkeit 102,
   105, 112
Elektronenstroßionisation 152
Elektroneutralitätsbedingung 136
Eluat 139
Eluensionen 132, 136
Eluensleitfähigkeit 133
Elution, isokratische 166
Elutionschromatographie 27
—, Säulen- 9
Elutionsflüssigkeit 144
Elutionskraft siehe Elutionsstärke

Elutionsmittel 67, 94, 101, 129, 135, 169
—, Forderungen an das 101
—, inkompressible 35
—, unpolare 75
Elutionsmittelgeschwindigkeit 38, 40
Elutionsmittelschnelltest 182
Elutionsmittelselektivität 129, 165
Elutionsmittelstärke 50, 103, 104, 112, 113, 129, 165, 171
Elutionsmittelstärkeparameter ε^0 68
Elutionsmittelvolumen 100
Elutionsmittelzuführung 144
Elutionsmittelzusammensetzung 170
Elutionsstärke 104, 105, 110, 113, 115, 122, 131, 166
Elutionsvolumen 45
Empfindlichkeit 175
Enantiomere 79
Enantioselektivität 79
endcapping 78
Enthalpie, freie 18
Enzyme 71
Epoxyäquivalentmasse 122
Erdalkaliionen 130, 139
Ermeto 145
Erwartungswert 25
ES-Gel 69
Estertyp 73
Ethoxyalkylsilane 74
E_3-Wert 113
Extinktion, dekadische 155
Extinktionskoeffizient 138, 150, 153, 155
Exzeßretention 108

Faktoranalyse 158
Faktorräume 170
Farbreaktionen 173
Fehler, mittlerer 181
—, mittlerer quadratischer 181
—, systematischer 47, 179
—, zufälliger 179
Festionen 128, 129
Festwellenlängenphotometer 153

Fickesches Gesetz 23
firmware 174
Fixphasen 76, 78, 79, 88, 114, 124
—, polare 104
—, unpolare 104, 122
Fixphasenchromatographie 14, 75, 114, 164
Flächenfehler 33
Flächenmessung 174
Flächennormalisierung 177
Flächenprozente 174
Fließgeschwindigkeitsminimum 120
Fließmittelgeschwindigkeit 35
Fluidchromatographie, superkritische 13
Fluidphase 13, 14, 169
—, chirale 79
—, Molekülanteil in der 48
Fluß, laminarer 29
Flußanzeige, elektronische 146
Flußkonstanz 139
Flußmessung, automatische 146
Flußprogrammierung 175
Flüssigchromatograph, Hochdruck- 144 ff.
Flüssigchromatographie 12, 13, 14, 53, 114
—, Hochdruck- 12
—, Hochleistungs- 9, 10, 12, 56, 64, 181
—, Kapillar- 27
—, Säulen- 9, 181
—, Schnelle 12, 16
Flüssigkeitssuspension 93
Formfaktor 56, 96
Förderkurven 140, 141, 142
Förderleistung 139, 140
Fragmentionen 152
Frequenzfenster 151
Fresnelsche Gleichungen 159
Frontalchromatographie 13
Funktionalität 76
Fülldruck 96
Füllgeschwindigkeit 96, 142
Füllrohr 88, 95
Fülltechniken 93

Gasadsorptionsmessung 80
Gaschromatographie 12, 13, 35, 36, 53, 67, 173
Gaslöslichkeit 144
GAUSS-Kurve 47
GAUSS-Peak 31, 35
GAUSS-Peaks, Überlappung 51
GAUSS-Profil 49, 59
GAUSSsches Integral 82
GAUSS-Verteilung 17, 23, 24
Gegenionen 128
Gel, halbfestes 96
Gelfiltrationschromatographie 11, 14, 21, 99
Gelpermeationschromatographie 11, 14, 21, 99, 151
Gelstruktur, innere 73
Gemischpolarität 110
Geschwindigkeit, reduzierte 52
GIBBS-ROOZEBOOM-Darstellung 167
GIBBS-ROOZEBOOM-Dreieck 108
Gittermonochromator 153
Glaskapillaren 88
Gläser, poröse 65
Gleichgewicht 19
Gleichgewichtsbedingung 40
Gleichgewichtskonstante 123
—, thermodynamische 59
Gleichgewichtskonzentration 40
Gleichgewichtslage 136
Gleichgewichtszustand 18
Glühverlust 82
Glykolphase 76
Gradient 117, 121, 127, 158, 165
—, isoselektiver 166, 168
—, Längs- 57
—, radialer 57
—, räumlicher 168
—, selektiver 166
Gradientenelution 100, 152, 153, 166, 171
Gradientenprogrammierung 175
Grenzkapazitätsfaktor 122, 123
GRIGNARD-Reagenzien 74
Größen, dimensionslose 52, 53
—, effektive 47
—, nicht effektive 47

Größen, reduzierte 52
Grundleitfähigkeit 133, 135
Grundlinienstörung 136
Grundlösungsmittel 110, 111, 113, 167, 171
Gruppen, funktionelle 173

HAGEN-POISEUILLEsches Gesetz 54, 55
Halogenalkylsilane 74
hardware 17
Harnstoff-Formaldehydleim 119
HETP 10
Hexamethyldisilazan 78
HILDEBRANDscher Löslichkeitsparameter 111
$h(\nu)$-Funktion 52, 53
Hochfrequenzrauschen 148
Höhe mal Halbwertsbreite-Methode 27
Höhenfehler 32
Hohlfaserionentauscher 132
Hohlfasersuppressor 134
Hohlräume 97
Homologe 173
HPLC-Säule, konventionelle 62
—, niedrigdisperse 62
$H_T(u)$-Funktion 38, 39, 42, 43, 96, 172
Hubfrequenz 140
Hubvolumen 142
Hydrathülle 129
Hydrogel 70
Hydrolysestabilität 73
Hydroniumionen 129, 131
Hydrophobie 120
Hydroxylgruppen-Konzentration, maximale 74
Hydroxylionen 129
Hypersil 69

Identifizierung 155
Immobilisierung 11
Imprägnieren 67
Impuls 30
Impulsbreite 28
Impulsrate 174

Impulsvolumen 28
in-column injection 90
Indexeinheit 158
Induktionsenergie 112
Induktionsparameter 106
Inertkomponente 36, 44, 46
Inertmoleküle, große 45
Inertpeak 22, 136
Inertsubstanz 172
Infrarottechnik, FOURIER-
    Transform- 151
Injektion 136
Injektionsblock 144, 145
Injektionspeak 137
Injektionsvolumen 88, 169
Injektionsvorrichtung 16
Injektionszeit 28
Injektor 28, 29, 86
Inkompressibilität 35
Input 15
in situ-Beladung 67
Integrator, elektronischer 174
Interface, elektronische 16
Ionen 105
—, anorganische 114, 130
—, organische, Trennung 130
—, Paarungs- 126
—, Retentionsfolgen 128, 129
—, Selektivitäten 129
—, UV-transparente 135
Ionenchromatograph 132
Ionenchromatographie 14
Ionengefälle 132
Ionenkonzentration 124
Ionenpaar 126, 127
Ionenpaarbildung 125
Ionenpaarchromatographie 14,
    125, 126, 130
Ionenquelle 151
Ionenstärke 129
Ionensuppression siehe Ionen-
    unterdrückung
Ionentausch 128
Ionentauschchromatographie 14,
    22, 71, 89, 99, 114, 129, 130,
    133
Ionentauscher 10, 11, 79, 128

Ionentauscher, Hydrolysestabilität
    129
—, schwache 76, 132
—, starke 76
Ionentauschkapazität 22
Ionenunterdrückung 122, 123, 124,
    126, 127, 130
Ionenwechselwirkung 124, 125
Ionenwechselwirkungschromato-
    graphie 126, 127
Ionisation 126
—, chemische 151
IR-Spektroskopie 151, 169
Isoextinktionslinien 157
Isokratengefälle 167
Isomere, Stellungs- 173
—, Stereo- 173

Kalrez 144
Kammertechnologie 133
Kammervolumen 142
Kapazität, hydraulische 146
Kapazitätsfaktor 46, 48, 49, 54, 116,
    122, 172, 183
—, SEC 46
Kapillaranalyse 9
Kapillarchromatographie 42, 43,
    54, 171
Kapillaren 30, 61, 88
Kapillarenradius 31
Kapillarkräfte 183
Kapillarsäulen 61, 63, 64, 83, 86,
    90, 139
Kartusche, Glas- 86, 87
Kationen 135
—, eluensaktive 137
Kationentauscher 79, 128, 130
Kationentrennung 132
Ketten, fluorierte 75
Kieselgel 94
Kieselgele, poröse 129
Kieselsäureesterbindung 73
Kieselsäurepolyester 70
Kieselsäuresol 70
Klassierung 80, 83
Kleinrechner 174
KNOX, Gleichung nach 52

Kohäsionsdichte 118
Kohlenstoff 65, 113
Kohlenstoffatom, asymmetrisches 77
Kohlenwasserstoffe, halogenierte 96
Kolonne siehe Trennsäule
Kolonnengesamtporosität 90, 92
Kompaktphase 14, 15, 46, 83, 105, 113, 120, 122, 126, 169, 171
—, Bezugsgröße der 22, 46
—, chirale 79
—, hydrophobe 116
—, Molekülanteil in der 48
Komplexe, innere 77
Komponente, ausgeschlossene 44
Kompressibilitätskoeffizient 142
Kompressionsfluß 143
Konditionierflüssigkeit 96
Konditionierung 94
Konfidenzbereich 180
Konkurrenzeffekte 65, 113
Konkurrenzionen 128
Kontaktfläche 117, 120
Kontakttheorie, 3-Punkt- 79
Konturendarstellung 157
Konturenkarte 170, 171
Konzentrationsänderungen 173
Konzentrationsdefizit 40, 136
Konzentrationsdichtefunktion 31
Konzentrationsgradient 23, 29, 33
Konzentrationsprofil 29
Konzentrationsüberschuß 41
Konzentrationsverteilung 30, 31
Kopplung 151
—, LC-MS- 152, 156, 173
—, LC-UV- 173
—, on-line 173
Kopplungsgleichung, Giddings-sche 38, 39, 43
Korndurchmesser 82
Korngerüst 80
Korngröße 183
Korngrößenverteilung 82, 83, 93, 94
—, reguläre 82
Kornporosität 81, 90

Kornumströmung 37
Korrekturfaktor 178, 179
—, stoffspezifischer 177
Kovalentchromatographie 14
Kozeny-Carman, Gleichung nach 55
Kugelpackung, dichteste 90
Kugelventile 140
Kurvenmaximum 25
Kurzzeitrauschen 148
Küvette 155

Laborzickzacksichter, Fliehkraft-Multiplex- 83
Labyrinthfaktor 37
Ladungskompensation 128
Ladungsübertragung 78
Lambert-Beersches Gesetz 154
Leading 19, 20, 45, 59
Leerrohrgeschwindigkeit 45, 55
Leerzeit 44
Leitfähigkeit, elektrolytische 134
—, spezifische 135
Leitfähigkeitsdetektion 135
—, direkte 137
Leitfähigkeitsmessung 132, 133
Lewis-Base 108
Lewis-Basenstärke 102
LiChrosorb NH$_2$ 184
LiChrosorb RP-8 121, 125, 127
LiChrospher 69, 71
Lichtintensität 154, 155
Liganden 79, 122, 126
Ligandenaustauschchromato-graphie 79
Ligandenschicht 75
Linearität 160
Linearkombination 61, 157
Lipide 118
Lipophilität 126
Longitudinalvermischung, Koeffizient der 30, 38
Löslichkeitsparameter 103, 104, 106, 110, 112
Lösungschromatographie 41, 66
Lösungsmittel 101, 113
—, amphiprotische 108

Lösungsmittel, aprotische 102, 108
—, Brechungsindex 107
—, Dichte 107
—, Einzelpolaritäten 109
—, Gesamtpolarität 109
—, Polarität 102, 104, 110, 111, 144
—, protische 102
—, Siedepunkt 107
—, unpolare 120
—, UV-Durchlässigkeit 107
—, Viskosität 107
—, wassergesättigtes 69
Lösungsmittelauswahl 99
Lösungsmittelbeständigkeit 144
Lösungsmitteleinsparung 63
Lösungsmittelentgasung 144
Lösungsmittelentmischung 113, 165
„Lösungsmittel erzeugte"-LLC 67
Lösungsmittelgemisch, binäres 113, 121
Lösungsmittelgemische, koexistente 67
Lösungsmittelgemisch, ternäres 121
Lösungsmittelgruppen 109
Lösungsmittelklassifikation 109
— nach DIMROTH und REICHARDT 103
Lösungsmittelprogramm 168
—, einfach-isokratisch 166
—, selektiv-isokratisch 166
Lösungsmittelreihe, eluotrope, für Silikagel 107
Lösungsmittelreinheit 144, 164
Lösungsmittelselektivität 113
Lösungsmittelstärke 106, 110, 166, 167
Lösungsmittelstärkeparameter ε^0 103, 104, 112
Lösungsmittelverbrauch 62
Lösungsmitslviskosität 146

make-up 88
Makroporen 70, 80
Manhattan Projekt 11

Massenaustausch 40
—, verzögerter 37, 38—40, 43, 54
Massenaustauschglieder 52, 53
Massenempfindlichkeit 61, 63
Massenfragmentgraphie 152
Massenspektren 152
Massenspektrometrie 62, 151
Massentransport 40
Massenübergang 20, 53, 97
Massenübergangsglied 54
Massenverteilung 82
Massenverteilungsverhältnis 19, 48, 49
Membranverfahren 133
„Memory"-Peaks 164
Meßprisma 160
Metallionen 131
Metallkapillaren 89
Methacrylatschicht, polymere 129
Methode der kleinsten Quadrate 125, 157
Methoxyalkylsilan 74
Methylgruppen 75
Methylrottest 75
Mikrochromatographie 89, 151
Mikroelektronik 11
Mikroliterbereich 88
Mikroporen 70, 80
Mikroprozessor 174
Mikroprozessorsteuerung 98
Mikrosphären, kolloidale 70
Mikrozellen 90
Miniaturisierung 12
Mischbarkeit 99
Mischkammer 164
Mischung, binäre 109, 164
—, Polarität der 110
Mischungsanteil 28, 29, 37, 52
Mischungseffekt 33
Mischungsglied 52, 54
Mischungskoeffizient, komplexer transversaler 37
Mittel, arithmetisches 25, 180
Mobilzeit 22, 44
Modell, diskontinuierliches 34
—, molekularstatistisches 34
Modifizierung, chemische 71

Modifizierungsreagenzien 74
Molekularsiebwirkung 71
Molekülfunktion 75
Molekülgrößen-Ausschlußchroma-
   tographie 114
Molekülionen 152
Molmassen-Ausschlußbereich 71
Moment, drittes zentrales 59
—, erstes 58
—, gewöhnliches 58
—, nulltes 58
—, statistisches 58
—, zentrales 58
—, zweites 59
—, zweites zentrales 59
Monochromator 155
Monosaccharide 150
Monoschicht, Fließmittel- 67
—, Wasser 68
Monoschichtbedeckung 69
Monoschichtträger 74
Multikationenchromatographie 138
Multikomponentenanalyse 157
Multilösungsmittelgemisch 66

Nachsilanisierung 78
Nachweissicherheit 173
Nanoliterbereich 88
NARP 118
Natriumsilicat 70
Nettoretentionsvolumen, spezifi-
   sches 23
Nettoretentionszeitverhältnis 48
Nichtgleichgewichtstheorie 41
Niederdruckstufenprogramm 165
Nitrilphase 119
Normalisierung, einfache 177
Normalkammer 183
Normalphasen 78
Normalphasenchromatographie 14,
   89, 99, 104, 110, 111, 112, 114,
   115, 118, 152
Normalphasenmechanismus 114,
   115
Nucleophilität 102
Nucleosil 69
Nukleinsäuren 114

Oberfläche 22
—, inhomogene 70
—, spezifische 70, 75, 80, 81
Oberflächenbedeckung 75
Oberflächenenergie, Kennzahl der
   mittleren 67
—, spezifische 67
Oberflächenmodifizierung 73
Oberflächenschichten, vernetzte 73
Oberflächenspannung 117
Optimierung 163, 169
Optimierungsstrategien 169
Optimum, globales 170
—, lokales 170
OPTON-Teilchengrößenanalysator
   83
Organische Reste, hydrolysestabile
   12
Orientierungsparameter 106
ORM-Verfahren 170

Paarungsreagenzien 127, 130
Packung 88
—, homogene 97
—, ideale 52
Packungsunregelmäßigkeiten 41
Papierchromatographie 10
—, frontale 9
Paraffin-Imprägnierung 116
Parameter-Zeitfunktion 163, 164
PAR-Indikator 138
Partikel, kleine 42
Partikeldurchmesser 42, 52, 56,
   93, 96
Partisil 10 SAX 131
Partisil 10 SCX 138
Peak 17
—, negativer 135
Peakasymmetrie 78
Peakauflösung 28, 36
Peakbreite 17, 27, 31, 36, 183
— in halber Höhe 34
Peakcharakterisierung 172
Peakdispersion 23, 27, 33
Peakelutionsvolumen 32
Peakfläche 27, 32, 173
Peakflächen, fehlerhafte 140

Peakflächenermittlung 175
Peakflanken 40
Peakhöhe 175
Peakidentifizierung 153, 173
Peakkapazität 51
Peakmaximum 20
—, Ordinatenwert 25
Peakprofil, nicht Gauss-förmiges
   58
Peaks, asymmetrische 20
—, schnelle 28
Peakschiefe 59
Peakschwerpunkt 59
Peakvarianz 34, 169
Peakverbreiterung 20, 31, 33
Peakvolumen 32, 60, 62, 63
Peptide 130
Permeabilität 55, 56, 82, 96, 97
Permeabilitätskonstanten 55, 56,
   64
Pesticide 78
pH-Arbeitsbereich 79
Pharmazeutika 151
Phase 13, 18, 21
—, fluide 19, 34, 40, 65, 66
—, kompakte 18, 19, 34, 40, 65, 66
—, mobile 14, 19
—, multifunktionelle 66
—, RP- 118
—, stagnierende fluide 42
—, stationäre 14, 19
Phasensystem, chromatographi
   sches 13, 15, 27, 36, 97, 104,
   172
Phasenübergang 18, 21
Phasenverhältnis 19, 54, 122
pH-Bereich 124
Phenacylderivate 169
Phenolcarbonsäuren 123, 125
Phenylgruppen 75
pH-Gradient 123
Photoelektronenvervielfacher 155
Photometrie, indirekte 135, 136,
   137
Phthalationen 131
o-Phthalsäure 135
pH-Wert 129, 131, 170

Pilottechnik 181, 182
L-Pipecolinsäure 79
pK-Werte 125
Planarchromatographie 13, 181
3D-Plot 156, 175
Polarisierbarkeit 108, 128
Polarität 66, 75, 105, 109, 110
Polaritätsindex 103, 104, 107, 108,
   112, 115
Polaritätsmaß 104
Polaritätsskalen 104, 107, 112
Polarplanimeter 175
Polydextrangele 11, 65
Polymere, hydrophile 71
Polymere, lipophile 71
Polymethacrylatgele 65
Polynom 171
Polyole 119
Polystyrendivinylbenzenharze
   129
Polystyrengele 11, 65, 79
Porendurchmesser 69, 70, 75, 80
—, mittlerer 81
Porengrößenverteilung 80, 81
Porensystem 44
Porenvolumen 44, 70
—, spezifisches 75, 81
—, zugängliches 45
Porenzugänglichkeit 46
Porosität 80, 81, 90
—, Korn- 41
—, Zwischenkorn- 41
Porositätsparameter 91, 92
Potential, chemisches 18
Primärteilchen 70
Proben, lipophile 118
Probenimpuls 17
Probeninjektion 16, 144, 145
Probenmenge 20
Probenpeak 137
Probenschleife 28
Probenteller 145
Probenverdünnung 63
Probenzusammensetzung 169
Programmfunktion 165
Programmiereinheit 165
Programmiermethode 163

Programmierung, Druck- 163
—, Hochdruck- 164
—, Lösungsmittel- 163, 164, 165
—, Niederduck- 164
—, Temperatur- 163
Proteine 71, 114
Protonenakzeptor 103, 105, 108, 112
Protonenakzeptorparameter 106
Protonendonator 103, 105, 108, 112
Protonendonatorparameter 106
Protonierung 132
Prozentbildung 177
Profer 129
Pufferlösung 122, 123
Pulsationsdämpfer 140
Pulsationsfreiheit 144
Pumpen, Doppelkolben- 142
—, druckkonstante 142
—, Druckverstärker- 141, 142
—, Einzylinder- 141
—, flußkonstante 142
—, Kolbenmembran- 140, 141
—, Kurzhubkolben- 140, 141
—, Langhubkolben- 141, 142
—, Mikrospritzen- 90
—, oszillierende Verdränger- 139, 140
—, Spritzen- 139
— mit Tauchkolben 141
Pumpenkopf 140

Quadrupol-Massenfilter 152
Quarzglaskapillare 89
Quasimolekülionen 152
Quecksilberpenetrationsmessung 80, 81

Racemattrennung 79
Radialdiffusion 29, 30
Rauschpegel 162, 175
Rauschsignal 61
RC-Glied 142
Reaktionsisobare, VAN'T HOFFsche 20
Reaktive Gruppen 74
Rechteckverteilung 25
Referenzspektren 152

Regelplunger 140
Regeneration 132
Registrierung 16
Regression, lineare 35
R_F-Wert 183
Rehydratisierbarkeit 73
Reibungskräfte 57
Reihen, homologe 120, 129
Reihenschaltung 35, 58
Reproduzierbarkeit 179
Resonanzlinie 153
Response 15
Responsefaktor 147, 178
Restadsorption 164
Reste, chemisch fixierte 74, 75
Restpulsation 140
Restsilanole 75, 124
Retentionsgrößen 57, 172
—, Netto- 46
Retentionsindex 173
Retentionskapazität 48
Retentionsmechanismus, gemischter 78
Retentionsparameter 110
Retentionsvolumen 45
—, Brutto- 45
Retentionswertfehler 32
Retentionszeit 15, 34, 45, 58, 140, 174
—, Brutto- 22, 25, 44, 59
—, effektive 45
—, Gesamt- siehe Retentionszeit, Brutto-
—, Netto- 15, 22, 45, 170
reversed phase, Name 104
Richtigkeit 179
RP-Material 65
Rückstandsanalyse 99
Rückstandssummenkurve 82

SAID-Gleichung 49, 50, 51
Salicylationen 131
Säule(n) siehe auch HPLC-Säule(n)
—, adiabatische 57
—, Edelstahl 84
—, englumige 151
—, Glas- 84

Säule(n), Guard- 12
—, Hochleistungs- 84
—, Kapillar- 12
—, konventionelle 61, 64, 84
—, Korrosionsbeständigkeit 84
—, Kurz- 62, 63
—, Microbore- siehe Säulen, PMB-
—, Mikro- 58, 61, 85, 86, 88, 90, 139
—, Oberflächenqualität 84
—, PMB- 12, 61, 62, 63, 84, 86, 87, 139, 151
—, radial komprimierbare 84
—, regelmäßig gepackte 92
—, Schnelle 12, 61
—, Verbindungselemente 85
Säulenchromatographie 13, 181
—, klassische 56
—, *n*-dimensionale 97
Säulendurchmesser 62
Säulenfüllung 55
Säulenkaliber 62
Säulenkapazität 63
Säulenlänge 35, 172
Säulenmantel 83
Säulenpacken 56
Säulenpackung 53, 69, 145
Säulenpatrone 86
Säulenschalten 97
—, end cutting 98
—, front cutting 98
—, heart cutting 98, 99, 100
—, off-line-Technik 98
—, on-column concentration 100
—, on-line kompatible Methoden 99
—, on-line-Technik 98
—, Rückspülen 99
—, Speicherinformation 99
Säulenschalttechnologie 98
Säulenvordruck 101, 143
Säulenwiderstandsfaktor 54, 82, 97
Säulenwirksamkeit 101
Säuren, monoprotische 123
Schaltventile 98
Schichten, achsnahe 29
—, randnahe 29
Schichtenbildung 72

Schichtträger 129
—, poröse 92
Schmalkammer 183
Schreiber 16
Schüttdichte 80
Schwebesuspension 93, 95
Schwebesuspensionsverfahren 94
Schwermetallionen 135, 139
SEARS, Methode nach 80, 81
Sedimentationsanalyse 83
Sedimentationsverfahren 83
Selektivität 49, 51, 65, 66, 97, 99, 104, 105, 109, 112, 116, 123, 132, 166, 167, 171
Selektivitätsanteile 112
Selektivitätsbeitrag 49
Selektivitätsdreieck 168, 170
Selektivitätsgruppen 108, 110
Selektivitätskoeffizient 48, 49, 170
Selektivitätsparameter 103, 108
Selektivitätsprisma 166, 167, 171
Separon 69
Septum 144
Serie, eluotrope 105, 107
Shift-Reagenzien 156
Si—C-Bindung 74
Sicherheit, statistische 181
Si—C-Spaltung 74
Signal 16
Signalgewinn 63
Signal-Rausch-Verhältnis 156
Signalstörpegel 61
Signalverarbeitung 173, 179
Silanole, abgeschirmte 75
—, unumgesetzte 75
Silanolgruppen 71, 72, 74, 75, 80, 120
—, freie 71
—, gebundene 71
—, reaktive 70, 71
Silanolgruppenabstand 71
Silanolgruppenpaar, reaktives 72
Silikagel 65, 68, 69, 70, 114
—, chemisch modifiziertes 65
—, engporiges 71
—, großporiges 71
—, Oberfläche von 72

Silikagel, sphärisches 71
—, Synthese 70
Silikagelpartikel, poröse 11
Silikontyp 73
Siloxanbindung 73
Siloxanbrücken 73, 75
SIM-Technik 152
slope sensitivity 174
SNELLIUS, Brechungsgesetz von
   158, 161
software 17
Solvatation 128
Solvatationseffekt 65
Solvatationsvermögen 105
Solvenshülle 128
Solvensstärke 104
Solvophobieeffekt 65
Sorbensoberfläche 113
Sorbenzien 67, 80
Sorptionsprozeß 67
Spacer 75
Spannungs-Frequenz-Konverter
   174
Spannweite 180, 181
Speichersäulen 98, 100
Speicherung, dynamische 100
Spektralphotometer 153
Spektrenaufnahme 155
Spektrenidentifizierung 175
Splitinjektion 90
splitting 88
Spritzendosierung 145
Spurenverunreinigungen 178
Stabilisatoren 114
Stabilität, hydrolytische 78
Standard 174
Standardabweichung 24, 172, 180
Standardaktivität 68
Standardenthalpie 18
Standardentropie 20, 21
Sterine 118
Steroide 78
Stoffaustausch 33, 41
Stoffbilanzmodell 34, 41
Stoffklassen 150
Stoffklassentrennung 116
Stofftransport 13, 58

Stoffverteilung 46
STOKESsches Gesetz 93
„stop-flow"-Injektion 143
stop-flow-Technik 155
Störgrößen 179
Störimpulse 174
Strahlenteiler 161
Strahlung, polychromatische 155
Streuung 181
Strömung, laminare 54
—, turbulente 29
Strömungsgeschwindigkeit 42
Strömungsquerschnitt 42
Strömungswiderstand 54, 55, 57,
   143
STUDENT-Faktor 180
Stützphase 15, 41, 67
Substanz, analyseneigene 178
Substanzbelastbarkeit 75
Substanzprofil 60
Substanztransport 36
Suchalgorithmen 170
Suppressor 135
Suppressorsäule 132, 133
Suspension 96
Suspensionsflüssigkeit 94
Suspensionstechniken 67, 88, 97
Suspensionsverfahren siehe Suspen-
   sionstechniken
Swagelok 145
Symmetrieparameter 45
System, dynamisches 15
—, kybernetisches 15
Systempeak 137
Systemtheorie 15

Tailing 19, 20, 30, 33, 45, 59, 68, 78,
   123, 177
TAIT-Gleichung 143
Tangentenmethode 175
Tauchkolben 140
TAYLOR-Dispersion 29
Teflon 86
Teilchensegregation 93
Teilsystem 17
Teilvarianz 17
Temperaturausgleich 161

Temperatureffekte 101
Temperaturgradient 57, 58
Term 38, 43
—, A- 38, 43
—, B- 39
—, C- 41
—, Effektivitäts- 49, 50
—, Geschwindigkeits- 49
—, Kapazitäts- 50
—, Massenaustausch- 40, 42, 43
—, Selektivitäts- 49, 50
Testquotient 179
Texturdaten 70, 71
Texturparameter 80
Thermospray-Interface 152
Tieflochbohrverfahren 84
Titration nach MOTTLAU und
    FISHER 81
Tortuositätsfaktor 37
Totalionenstrom 152
Totalreflexion, Grenzwinkel der
    159
Totgrößenvielfaches 48
Totvolumen 45
Totzeit 22, 44, 173
Transportgeschwindigkeit 52
Transversaldispersion 29
Trapezapproximation 176, 177
Träger, feste 64, 65
—, Gerüstvolumen 91
—, halbfeste 64, 65
—, hydrophile 67
—, irreguläre 69, 93
—, Packungsdichte 90
—, pH-Stabilität 126
—, poröse 56
—, Raumerfüllung 90
—, RP- 75, 78, 94, 130, 183
—, Säulenpacken 96
—, sphärische 12, 69, 91, 93
—, weiche 64, 65
Trägeraktivität 69, 75
Trägerbett 91
Trägercharakterisierung 80
Trägermatrix 117
Trägeroberfläche, spezifische 50, 67
Trägerphase 15

Trägerporen 41
Trenneffektivität 51
Trennfaktor 48
Trennflüssigkeit 67
Trennleistung 36, 64
—, effektive 48
Trennmechanismus 78
Trennsäulen 16, 44, 95
—, englumige 60, 61
—, gepackte 60
—, kurze 42
—, ungefüllte 60
Trennsäulenpackung 53, 67, 97
Trennsäulenregeneration 164
Trennschärfe 36
Trennstufen, effektive 48
—, theoretische 33, 34, 49
Trennstufenhöhe 33, 35, 42, 47,
    59
Trennstufenzahl 35, 169, 171, 172,
    181
Trennung 15, 16, 21, 36, 49
—, superschnelle 63
—, vollständige 50
Trennwirksamkeit 36, 181
Trennzeit 15, 37, 50
Triglyceride 118
Trimethylchlorsilan 74, 78
Trockenpackungstechniken 93

Überführung 16
Übergangsporen 80
Überschichtungsverfahren 83
Übertragbarkeit 183
Übertragung 16
Ultraschall 88
Umkehrphase, Name 104
Umkehrphasenchromatographie
    10, 14, 65, 75, 99, 110, 114, 116
Umkehrphasenmechanismus 119
Umwegfaktor 37, 41
Unterdrückung, spektrale 156
UV, kurzwelliges 150
UV-Photometer 135
UV-Spektren 155
UV-Transparenz 119
UV-VIS-Bereich 153

Vakynzchromatographie 13
Varianz 17, 24, 25, 30, 59
Varianzen, externe (äußere) 27, 28,
    35, 60, 62, 63, 88
Varianzzunahme 60
Variationsbreite 180
Variationskoeffizient 181
Verbindungen, lithiumorganische
    74
Verdampfungsenergie, molare 111
Verdampfungsenthalpie, molare
    111
Verdampfungswärme, innere 111
Verdrängungschromatographie 13
Vergleichschromatogramm 173
Verhalten, dynamisches 17
Vermischung, longitudinale 30
—, radiale 30, 37
Verschiebung, bathochrome 156
Verteilung 66
—, ideale statistische 24
Verteilungsbreite 82
Verteilungschromatographie 9, 66
—, Flüssig-flüssig- 20
Verteilungsdichtekurve 82
Verteilungsfunktion 25, 26
Verteilungsgleichgewicht 17
Verteilungsisotherme 19, 20
Verteilungskonstante 15, 21, 22, 46,
    48, 65, 66, 104, 105, 108, 183
—, SEC 46
—, Temperaturabhängigkeit 20
—, thermodynamische 18
Verteilungssatz, NERNSTscher 19
Verteilungssummenkurve 82
Verteilungszahl 183
Vertex-Säule 85, 86
Vertrauensbereich 180
Verweilzeit, molekulare 30
Verzögerungszeit 46
Viskosität 101, 143
—, dynamische 55
—, kinematische 54
Viskositätsanstieg 57
Viskositätsmaximum 120
Vitamine 118
Viton 144

Volumendurchsatz 45
Volumengeschwindigkeit 22, 45
Volumengröße 45
Volumenkompression 143
Volumenparameter 34
Volumenverminderung 35
Vordruck 172

Wachse 118
Wahrscheinlichkeitsdichtekurve 58
Wahrscheinlichkeitsnetz 82
Wahrscheinlichkeitsverteilung 179
Wanderungsgeschwindigkeit 20, 45
Wanderungszeit, mittlere 44
Wärmeabführung 57
Wärmetauscher 162
Wassergehalt 69
Wasserschicht 66
Wasserstoffbrücken 71, 102, 112, 113
Wechselwirkung 104
—, dispersive 112, 120
—, elektrostatische 128
—, enantioselektive 77
—, hydrophobe 118
—, nichtspezifische 101
—, solvophobe 117
—, spezifische 101, 102
Wechselwirkungschromatographie
    14, 21, 65, 66
—, Ionen- 122
Wechselwirkungsdreieck 66
Wellenlängenoptimierung 150
Wendepunkt 60
Wendepunktabstand 26
Wendetangente 35, 175, 177
WHEATSTONEsche Brücke 162
WHEELER, Gleichung von 70, 81
Widerstand, kinetischer 20
Wiederfindungsrate 179
Wiederholbarkeit 181
Window-Diagramm, zweidimen-
    sionales 170
—, Verfahren 170
Windsichtverfahren 83
Wirkphase 15, 19, 41, 43, 78
Wirkphase, flüssige 66
  , polare 67

Wirkphasen, chemisch gebundene
  73
Wirkstoffe, pharmazeutische 114
Wirkungsfaktor 147
Wirkvolumen 22, 45

Xerogel 70

Zählgröße 36
Zeitgesetz 33
Zeitgröße 45
Zeitinvarianz 16
Zeitkonstante 33

Zeitparameter 34
Zentrochiralität 77
Zink-Ethylendiamintetraacetat
  139
Zirkularmethode 10
Zorbax CN 115
Zorbax SIL 69
Zucker 119
Zuverlässigkeit 179
Zweistrahlgeräte 153
Zwischenkornporosität 56, 90, 92
Zwischenkornvolumen 45
Zwischenkornvolumenanteil 97